信息科学技术学术著作丛书

数据驱动的工业过程监控与故障诊断

王　晶　周靖林　陈晓露　著

科学出版社

北　京

内 容 简 介

本书阐述数据驱动的工业过程监控与故障诊断的理论与应用方法，主要内容包括：过程监控必要的基础知识、常见测量方法、检测指标、控制限设计和仿真平台；面向间歇过程的故障检测方法，包括软过渡PCA监控、基于核费希尔包络分析的故障识别、基于局部特征相关性的故障诊断；面向质量监控的全局与局部特征融合的故障诊断方法，包括基于全局加局部偏最小二乘模型、局部保持偏最小二乘模型、局部线性嵌入潜结构偏最小二乘的投影模型和鲁棒 L_1 偏最小二乘模型的多种质量监控方法；面向故障溯源的数据与机理融合诊断方法，包括基于贝叶斯因果模型的离散系统故障预测与溯源方法、基于连续变量的故障溯源与定位方法。

本书适合工业自动化、过程监控、系统安全等相关领域科技人员参考使用，也可供高校相关专业的高年级本科生和研究生学习。

图书在版编目（CIP）数据

数据驱动的工业过程监控与故障诊断 / 王晶，周靖林，陈晓露著. -- 北京 : 科学出版社，2024. 10. -- （信息科学技术学术著作丛书）. -- ISBN 978-7-03-079595-3

Ⅰ. TP277

中国国家版本馆 CIP 数据核字第 2024M57R61 号

责任编辑：孙伯元 郭 媛 / 责任校对：崔向琳
责任印制：赵 博 / 封面设计：无极书装

科 学 出 版 社 出版
北京东黄城根北街 16 号
邮政编码：100717
http://www.sciencep.com

北京华宇信诺印刷有限公司印刷
科学出版社发行 各地新华书店经销

*

2024 年 10 月第 一 版 开本：720×1000 1/16
2025 年 1 月第二次印刷 印张：16 1/2
字数：328 000

定价：145.00 元

（如有印装质量问题，我社负责调换）

“信息科学技术学术著作丛书”序

21 世纪是信息科学技术发生深刻变革的时代，一场以网络科学、高性能计算和仿真、智能科学、计算思维为特征的信息科学革命正在兴起。信息科学技术正在逐步融入各个应用领域并与生物、纳米、认知等交织在一起，悄然改变着我们的生活方式。信息科学技术已经成为人类社会进步过程中发展最快、交叉渗透性最强、应用面最广的关键技术。

如何进一步推动我国信息科学技术的研究与发展？如何将信息科学技术发展的新理论、新方法与研究成果转化为社会发展的推动力？如何抓住信息科学技术深刻发展变革的机遇，提升我国自主创新和可持续发展的能力？这些问题的解答都离不开我国科技工作者和工程技术人员的求索和艰辛付出。为这些科技工作者和工程技术人员提供一个良好的出版环境和平台，将这些科技成就迅速转化为智力成果，将对我国信息科学技术的发展起到重要的推动作用。

“信息科学技术学术著作丛书”是科学出版社在广泛征求专家意见的基础上，经过长期考察、反复论证之后组织出版的。这套丛书旨在传播网络科学和未来网络技术，微电子、光电子和量子信息技术、超级计算机、软件和信息存储技术，数据知识化和基于知识处理的未来信息服务业、低成本信息化和用信息技术提升传统产业，智能与认知科学、生物信息学、社会信息学等前沿交叉科学，信息科学基础理论，信息安全等几个未来信息科学技术重点发展领域的优秀科研成果。丛书力争起点高、内容新、导向性强，具有一定的原创性，体现出科学出版社“高层次、高水平、高质量”的特色和“严肃、严密、严格”的优良作风。

希望这套丛书的出版，能为我国信息科学技术的发展、创新和突破带来一些启迪和帮助。同时，欢迎广大读者提出好的建议，以促进和完善丛书的出版工作。

中国工程院院士

原中国科学院计算技术研究所所长

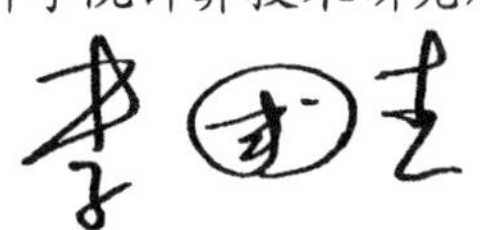

前　言

经过数十年发展，我国流程工业产业结构逐步优化，关键技术不断取得突破，已成为世界规模最大的流程工业制造国家。然而，在总体效能上仍与国际先进水平存在差距。为实现“新工业革命”时代下流程工业模式创新与企业变革，利用现代信息技术，以企业生产及经营全过程的安全、高效、绿色为目标，推进智能优化制造，对促进中国流程工业智能再造、转型发展具有重大意义。

安全生产一直是流程工业智能优化制造的生命线，随着对生产安全和产品质量要求的不断提高，过程监控和故障诊断在学术研究乃至工业应用中都受到极大的关注。传感器网络和分布式控制系统的广泛使用方便了获取丰富的过程数据。如何有效地运用过程数据和工艺机理知识进行大型复杂流程工业系统的过程监控和故障诊断是一个值得探索的课题。近年来，该领域产生了丰硕的学术成果，并在实际生产过程中相继得到广泛应用。

本书作者致力于数据驱动的工业过程监控与故障诊断的理论方法与应用研究工作，深感数据驱动故障诊断技术的蓬勃发展。本书从多变量统计过程监控与贝叶斯推理诊断两方面，介绍基本的多变量统计建模方法，以及作者围绕实际工业需求在多过渡过程监控、故障分类与识别、质量相关故障检测、故障溯源分析等方面的最新成果。本书给出的主要创新研究成果如下。

① 多阶段软过渡的间歇过程高精度监控。大多数间歇生产过程都存在若干个过程特性明显不同的操作时段，其数据也呈现明显的三维状态，具有严重的非线性、时变性。因此，难以将多变量统计方法直接应用于间歇过程的监控。为此，围绕间歇过程的子时段划分及监控问题，本书提出基于软过渡过程建模的诊断方法，即结合机理知识与现场数据分析，给出基于支持向量数据描述(support vector data description，SVDD)的两步阶段划分方法，通过 SVDD 超空间距离对各时段进行细化，并计算过渡过程各时刻数据对不同时段的隶属度，构建带有动态软过渡的统计监控模型。同时，对传统的平方预测误差(squared prediction error，SPE)、Hotelling-T^2 统计量解构，在原始测量空间构建融合监控指标，快速定位故障变量。所提方法分别从软过渡过程设计、统计量解构、融合指标监控三方面进行提升，可以大大提高间歇过程故障检测与诊断的精度。

② 生产周期可变的间歇过程故障分类与识别。间歇过程不可避免地会受到初始条件和外界环境变化的影响，设备老化等问题也会造成生产周期的改变。此

外，间歇过程通常只采集终点数据，缺乏统计监控时必须的完整生产轨迹数据。目前针对间歇过程监控的方法一般都要求相等的生产周期和完整的批次生产数据。可变周期和完整轨迹中未知值估计已经成为提高间歇过程故障诊断性能的瓶颈。为此，本书给出基于核费希尔包络分析(kernel Fisher envelope analysis，KFEA)的间歇过程故障诊断方法，分别针对正常工况和各故障工况建立包络模型，并给出基于该模型的在线故障诊断流程。进一步，充分发挥主成分分析(principal component analysis，PCA)的故障检测能力和核费希尔判别分析(kernel Fisher discriminant analysis，KFDA)的故障诊断能力，提出KFEA和PCA融合的间歇过程故障诊断方法，从而有效解决不等长批次生产过程的故障分类与识别。

③ 全局与局部特征融合的质量相关故障检测。制造业的关键是保障产品的最终质量指标，然而在线实时获取质量数据通常是比较困难的，或者费用极其昂贵。因此，监控对最终产品质量输出有影响的过程变量，并进一步实现质量相关的故障检测与诊断具有重要的现实意义。本书提出一种全局与局部特征融合的质量相关投影思想，给出质量变量和过程变量的定量统计表达。众所周知，偏最小二乘投影算法可以根据协方差最大化方向提取数据的全局结构变化信息，却不能很好地刻画局部邻近结构特征。局部保持投影或流形学习的方法恰好可以弥补这个缺陷，并利用线性近似达到非线性映射的目的。本书方法可以构建包含全局与局部信息的潜结构模型，用有意义的低维结构信息表征高维过程变量和质量数据的关系，有效地实现强非线性、强动态过程的质量相关故障检测。

④ 融合过程机理的贝叶斯故障溯源。由于工业系统的组成部分之间存在很多错综复杂、关联耦合的相互关系，同一个故障在不同的过程变量中会有不同形式的表现征兆，导致基于过程数据监控的多元统计监控及传统的贡献图方法难以实现故障的有效溯源。为此，本书提出一种基于概率论和图论的不确定性知识表达推理思想，结合多变量因果分析和贝叶斯网络(Bayesian network，BN)学习构建因果图模型，解决系统的故障诊断与溯源问题。针对离散报警变量和连续过程变量的溯源，本书通过推导因果图模型表达和诊断推理策略，对系统报警状态或过程变量进行实时动态分析。该方法可以克服传统BN的离散化处理或者分布函数的假设，适用性更强。正向推理可以实现对系统单变量和多变量报警或故障事件的预测，反向推理则可以进行精确的故障溯源和定位。

本书共计14章，分为4个部分。第一部分，第1～4章为数学基础。第1章给出过程监控中常见的测量方法、检测指标及其控制限设计。第2、3章重点介绍基本的多变量统计方法，包括PCA、偏最小二乘(partial least square，PLS)、典型相关分析(canonical correlation analysis，CCA)、典型变量分析(canonical variable analysis，CVA)、费希尔判别分析(Fisher discriminant analysis，FDA)。为帮助读者学习监控理论方法，第 4 章介绍田纳西-伊士曼(Tennessee Eastman，TE)连续过程仿真平台和盘尼西林(PenSim)半间歇过程仿真平台。读者可以通过上述平台收集合适的过程数据，进行相应的仿真实验。

第二部分，第 5～8 章围绕本书的主要成果①和②展开，对多时段、周期不等长的间歇化工生产过程的高精度监控、故障分类与识别问题提供解决方案。第 5、6 章旨在对多时段过程进行高精度监控，给出基于 SVDD 的软过渡过程建模和基于统计分解的融合监控指标设计。第 7、8 章基于 KFEA 和局部线性指数判别分析(local linear exponential discriminant analysis，LLEDA)，对可变生产周期的复杂间歇过程进行故障识别。

第三部分，第 9～12 章围绕本书的主要成果③展开。为了构建过程变量和质量变量之间的非线性相关统计模型，给出两种不同的策略。第一种策略是在全局与局部特征融合的思想下，充分考虑流形结构来有效地提取它们之间的非线性关系。基于全局协方差最大化和局部邻接结构最小化这两类性能指标的有效融合，构建统一的空间优化投影框架。第 9～11 章针对不同的性能组合方法，分别得到全局加局部偏最小二乘(global plus local partial least square，GLPLS)、局部保持偏最小二乘(local projection partial least square，LPPLS)和局部线性嵌入潜结构偏最小二乘(local linear embedding partial least square，LLEPLS)的投影模型。另一种策略是将非线性视为不确定性，在第 12 章提出鲁棒 L_1 PLS 方法，基于 L_1 范数构建潜结构投影模型，提升 PLS 方法的鲁棒性。本书对上述组合方法的有效性和适用性进行了充分的讨论。

第四部分，第 13、14 章围绕本书的主要成果④展开。融合已知的工业过程流程结构，从工业大数据历史的出发，通过多元因果分析方法建立过程变量间的定性因果关系；在该网络结构下，利用条件概率密度确定过程变量之间的定量因果依赖性，构建复杂系统的因果图模型，进而实现过程变量的故障预测和逆向溯源。第 13、14 章分别给出上述溯源思想在离散报警变量分析和连续过程变量分析中的具体实施。

过程监控及故障诊断是现代复杂工业过程的核心主题之一，吸引了来自控制、机械、数学、工程和自动化等领域科学家和工程师的关注。本书主要给出各种数据驱动分析方法及其在工业过程监控及故障诊断方面的应用，特别针对复杂工业过程的数据建模、故障检测、故障分类、故障隔离和推理进行了深入的研究。本书围绕工业大数据和工业人工智能，融合多元统计分析、贝叶斯推理、机器学习等智能分析方法，实现复杂流程工业的智能化升级，进一步提高工业生产过程的安全性和可靠性。

本书的研究工作得到国家自然科学基金的大力支持(No. 61573050，

61973023，61473025，62073023)。北京化工大学信息科学与技术学院的刘莉、魏华彤、钟彬、王瑞璇和张顺丽等同学在系统设计和程序编写方面做了很多工作。在此向他们表示衷心的感谢！

限于作者水平，书中难免存在不妥之处，恳请读者批评指正。

目　　录

第1章 背　　景

1.1 引　　言

故障检测与诊断(fault detection and diagnosis，FDD)技术是20世纪中叶随着科学和数据技术的飞速发展而兴起的一个科学领域。它表现为在生产制造过程中对异常情况的准确感知，或对特定设备、现场、机械的健康监控。这种诊断技术包括异常监控、异常原因识别和根本原因定位。通过对现场过程和历史数据的定性和定量分析，操作人员和管理人员能及时发现影响产品质量或引起重大工业事故的故障，及时切断故障路径，修复异常。

1.1.1 过程监控方法

一般而言，故障检测与诊断可以分为故障检测、故障隔离、故障识别和故障诊断[1,2]。故障检测是确定是否发生故障，即观测的变量是否超过阈值。一旦成功检测到故障(或错误)发生，就需要进行损害评估，即故障隔离[3]。故障隔离在于确定故障的类型、位置、大小、时间。需要注意的是，故障隔离并不是阻止故障(或错误)传播而隔离系统的特定组件。从某种意义上说，故障识别是一个更准确的描述，它还具有确定故障及时变化的能力。在故障检测与诊断相关的英文文献中，隔离和识别两个词较为常见，并且没有严格的区分。故障诊断是指确定引发故障(或变量超阈值)的原因，也称故障溯源。

故障检测与诊断技术涉及控制理论、概率统计、信号处理、机器学习等诸多领域。相关的方法通常可以分为基于解析模型的方法、基于经验知识的方法、基于数据驱动的方法[4]。故障检测与诊断方法的分类如图1.1所示。

(1) 基于解析模型的方法

对于早期的工业系统，主要使用基于解析模型的方法进行故障诊断。该方法从工程系统的数学、物理、化学等机理出发，建立能够表征工业系统的数学模型，实现对系统的实时监控。解析模型构建方法主要包含状态估计法[5]、参数估计法[6]、等效空间法[7]、分析冗余法[8]等。虽然基于解析模型的方法看起来比较简单，但是它存在一定的局限性。该方法要求解析模型必须与工业流程的机理严格匹配，这对于现代复杂工业系统来说是不切实际的。受系统强非线性、强耦合、不确定

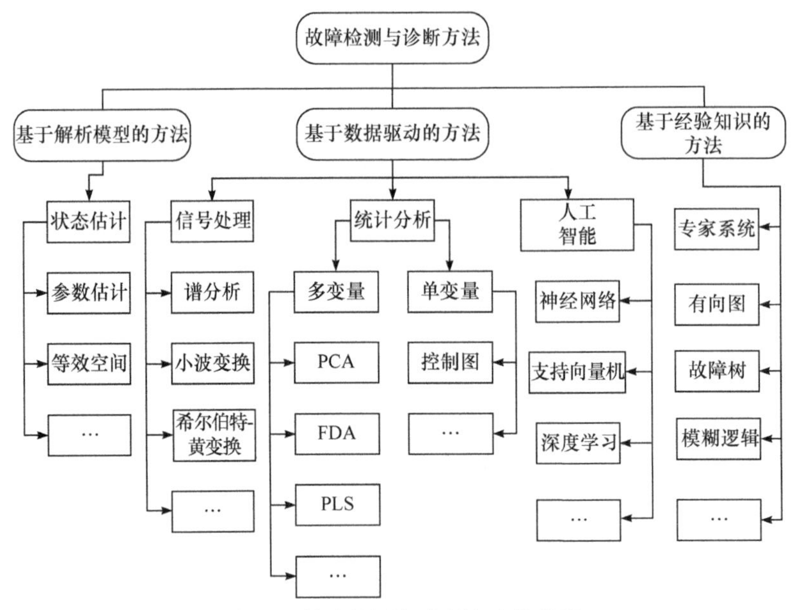

图 1.1　故障检测与诊断方法的分类

性等复杂特性的影响，建立精确的数学模型并不是件容易的事，因此基于解析模型的故障诊断方法在实践中难以推广。

(2) 基于经验知识的方法

基于经验知识的故障检测不需要精确的数学模型。它的基本思想是利用专家知识或定性关系建立故障检测的过程模型。这种方法主要包括故障树诊断[9]、专家系统诊断[10]、有向图、模糊逻辑等[11]。基于经验知识的模型应用强依赖完备的工艺经验知识。在从专家经验、用户数据库和历史数据等储备资源中获取被诊断对象的信息后，就可以构造多种规则进行推理。但是，过程经验和知识的积累并非一朝一夕，对于一个新型流程，甚至不同工况下的同一流程都需要花费大量的时间和人力成本进行知识储备。因此，这种方法不具有普适性，只适合人们熟悉的工程系统。

(3) 基于数据驱动的方法

数据驱动的故障诊断方法以现代信息技术的兴起为背景。实际上，数据驱动的故障诊断方法涉及多种学科和技术，包括统计学、数学分析、信号处理等。随着集散控制系统、物联网和智能仪器的广泛应用，过程运行状态信息被大量存储和积累。利用数据分析技术挖掘数据中包含的隐藏信息，建立系统输入输出之间的数据模型，可以帮助操作员实时监控系统状态，达到故障诊断的目的。业内公认的基于数据驱动的方法主要分为三类，即基于信号处理的方法、基于统计分析的方法和基于人工智能的方法[12, 13]。这些方法的共同点是将高维变量投影到低维空间，提取系统的关键特征。这种方法不需要精确的模型，因此更具有普适性。

基于解析模型、经验知识和数据驱动的故障诊断方法各有优点，同时都存在一定的局限性。因此，结合机理知识和数据，采用多方法融合往往能弥补单一技术的不足。本书探讨以多元统计分析为数学基础的过程监控与故障诊断问题。

1.1.2　基于多元统计分析的过程监控

近年来，基于多元统计分析的故障检测与诊断技术发展迅速，涌现大量的成果。这类方法在历史数据基础上，利用多元投影把样本空间分解成低维的主成分子空间和残差子空间，然后构造相应的统计量来监控观测变量。因此，这类方法也称潜变量投影方法。下面重点围绕这类方法的故障检测、故障隔离或识别、故障诊断或溯源问题进行分析。

(1) 故障检测

常用的多元统计故障检测方法包括主成分分析(principal component analysis，PCA)、偏最小二乘(partial least square，PLS)、典型相关分析(canonical correlation analysis，CCA)、典型变量分析(canonical variable analysis，CVA)及其扩展。其中，PCA 和 PLS 作为最基本的方法，常用于监控具有高斯分布的过程。这些方法通常使用 Hoteling-T^2 和平方预测误差(squared prediction error，SPE 或 Q)统计量来监控过程信息的变化。

值得注意的是，这些技术通过最大化过程变量的方差或协方差来提取过程的特征。它们只利用一阶统计量(数学期望)和二阶统计量(方差和协方差)的信息，忽略了高阶统计量信息(高阶矩和高阶累积量)。实际系统中很少有过程服从高斯分布，而高阶统计量(三阶及以上)中包含大量潜在过程信息的特征。传统的 PCA 和 PLS 由于忽略了高阶统计量，无法从非高斯过程中提取有效特征，因此在某种程度上降低了监控效果。

大量的实际生产条件，如强非线性、强动态性、非高斯分布等使基本的多元监控方法难以直接应用。为了解决这些实际问题，各种扩展的多元统计监控方法蓬勃发展起来。例如，为了处理动态过程，有学者开发了动态主成分分析(dynamic principal component analysis，DPCA)和动态偏最小二乘(dynamic partial least square，DPLS)方法考虑变量之间的自相关和互相关[14]。为了处理非高斯分布，独立成分分析(independent component analysis，ICA)方法得到了发展[15]。此外，为了处理过程非线性，一些扩展的核方法应运而生，如核主成分分析(kernel principal component analysis，KPCA) [16]、核偏最小二乘(kernel partial least square，KPLS)[17]和核独立成分分析(kernel independent component analysis，KICA) [18] 等。

(2) 故障隔离或识别

在多元统计方法中，常用的分离故障方法是贡献图。它是一种无监督的方法，只使用过程数据查找故障变量，而无需其他先验知识。贡献图分离包括以下性质，即在正常运行时，各变量的贡献值均值相同；在故障条件下，故障变量的贡献值远大于其他正常变量的贡献值。Alcala 等[19, 20]总结了常用的贡献图技术，如完全分解贡献图(complete decomposition contributions，CDC)、部分分解贡献图(partial decomposition contributions，PDC)和基于重构的贡献图(reconstruction based contributions，RBC)。

然而，贡献图通常存在拖尾效应，即非故障变量的贡献值较大，故障变量的贡献值较小。文献[21]指出，在执行 PCA 的过程中，一个变量可能影响其他变量，从而产生拖尾效应。文献[22]通过分析 CDC、PDC 和 RBC 三种贡献图的拖尾效应，从数学分解的角度指出拖尾效应是变量的压缩和扩张操作引起的。然而，这些操作在数据从测量空间到潜变量空间的投影过程是不可避免的。为了消除拖尾效应，文献[23]在动态计算当前和以往残差平均值的基础上，给出了几个新的贡献指标。

如果将收集的历史数据分类到几个不同的类中，其中每一类都是属于一种特定的故障，那么可以将故障隔离或识别转换为模式分类问题。常见的统计方法也可以应用于工业实践解决这一问题，如费希尔判别分析(Fisher discriminant analysis，FDA)[24]。FDA 通过三个步骤将数据分配到两个或更多的类别中。如果历史数据没有分类标签，那么可以采用无监督聚类分析方法将数据分类[25]，如 K 均值聚类算法(k-means clustering algorithm，记为 K-means)。近年来，由统计分析理论发展而来的神经网络和机器学习技术也得到越来越多的关注，如支持向量数据描述(support vector data description，SVDD)。

(3) 故障诊断或溯源

基于贝叶斯网络(Bayesian network，BN)的故障溯源是一种典型的将机理知识与过程数据相结合的诊断方法。BN 也称概率网络或因果网络，是典型的因果图模型。自 20 世纪末以来，由于其在描述和推理不确定知识方面具有优越的理论特性，逐渐成为研究热点。BN 由 Pearl 在 1985 年提出，用来解决人工智能中不确定信息的问题。它以有向无环图的形式表示因果变量之间的关系。在工业系统故障诊断过程中，观测变量作为节点，包含系统中设备、控制量和故障的所有信息。变量之间的因果关系被定量描述为具有条件概率分布函数的有向边[26]。基于 BN 的故障诊断过程包括 BN 结构建模、BN 参数建模、BN 正向推理和 BN 逆向溯源。

除了 BN 这种因果图模型，其他因果图模型也快速发展。例如，基于假设检验的方法通过确定系统操作单元之间的因果关系[27,28]，检验因果关系的方向。通常是在某些假设前提下建立生成模型(线性或非线性)，解释数据的生成过程，即因果关系。最典型的是线性非高斯无环模型(linear non-Gaussian acyclic model，

LiNGAM)及其改进版本[28, 29]。它的优点在于，无需预先指定变量的因果顺序就可以确定其因果结构。这些结果推动了因果图模型的发展，并在故障诊断领域发挥着重要作用。

1.2　故障检测指标

数据驱动方法的有效性通常取决于对过程数据变化特征的描述。一般情况下，过程数据的变化有两种类型，即共因变化和特因变化。共因变化指完全由随机噪声引起的过程变化，而特因变化泛指所有非共因引起的数据变化，如脉冲干扰等。常见的过程控制策略能够有效抑制大多数由特因引发的数据变化，但是不能消除过程数据中固有的共因变化。由于过程数据的变化是不可避免的，统计理论在大多数过程监控中起着重要的作用。

将过程故障看作一种异常的操作条件，统计理论在实际过程监控及故障检测中的应用主要基于如下合理假设，即除非系统发生故障，否则过程数据变化特征几乎是不变的。这意味着，尽管过程数据的实际值可能是无法测量或预测的，但是该数据波动的特征，如平均值和方差，在相同的操作条件下是可重复的。统计属性的可重复性提供了自动确定测量数据的度量阈值，可以有效地定义超限的条件。统计过程监控(statistical process monitoring，SPM)是利用正常过程数据建立过程模型，进而确定过程数据的检测指标和度量阈值。

在多变量过程监控中，通常采用残差平方和来表征、评价主成分子空间(principal component subspace，PCS)和残差子空间(residual subspace，RS)的数据变化，分别对应 Hotelling-T^2 统计量和 Q 统计量。基于这两种指标的互补性，有很多研究工作给出综合指标的设计，用于故障检测与诊断。另一个衡量残差子空间中数据变化的统计量是 Hawkins 统计量[30]。此外，也可以采用全局马哈拉诺比斯距离(Mahalanobis distance)对主成分空间和残差空间的联合数据变化进行度量。本节总结了多元 SPM 中常用的故障检测指标，并给出统一的表示。

1.2.1　T^2 统计

假设已收集的样本数据包括 m 个测量变量 $x=[x_1,x_2,\cdots,x_m]$，每个变量有 n 个测量值，则样本数据堆叠为

$$X=\begin{bmatrix} x_{11} & x_{12} & \cdots & x_{1m} \\ x_{21} & x_{22} & \cdots & x_{2m} \\ \vdots & \vdots & & \vdots \\ x_{n1} & x_{n2} & \cdots & x_{nm} \end{bmatrix} \tag{1.1}$$

首先，将矩阵 $X \in \mathrm{R}^{n\times m}$ 标准化，缩放到均值为零。其样本协方差矩阵为

$$S = \frac{1}{n-1} X^{\mathrm{T}} X \tag{1.2}$$

协方差矩阵 S 的特征值分解可以揭示其相关结构，记为

$$S = \bar{P}\bar{\Lambda}\bar{P}^{\mathrm{T}} = [P \quad \tilde{P}]\mathrm{diag}\{\Lambda, \tilde{\Lambda}\}[P \quad \tilde{P}]^{\mathrm{T}} \tag{1.3}$$

其中，P 是正交的，即 $PP^{\mathrm{T}} = I$ [31]。

当 n 非常大时，有

$$\Lambda = \frac{1}{n-1} T^{\mathrm{T}} T = \mathrm{diag}\{\lambda_1, \lambda_2, \cdots, \lambda_k\}$$

$$\tilde{\Lambda} = \frac{1}{n-1} \tilde{T}^{\mathrm{T}} \tilde{T} = \mathrm{diag}\{\lambda_{k+1}, \lambda_{k+2}, \cdots, \lambda_m\}$$

$$\lambda_1 \geqslant \lambda_2 \geqslant \cdots \geqslant \lambda_m, \quad \sum_{i=1}^{k} \lambda_i > \sum_{j=k+1}^{m} \lambda_j$$

$$\lambda_i = \frac{1}{N-1} t_i^{\mathrm{T}} t_i \approx \mathrm{var}(t_i)$$

其中，得分向量 t_i 定义为 $\bar{T} = [T, \tilde{T}]$ 的第 i 列。

若将主成分子空间记为 $S_p = \mathrm{span}\{P\}$，残差子空间记为 $S_r = \mathrm{span}\{\tilde{P}\}$，那么样本矩阵 X 可以分解为

$$X = \bar{T}\,\bar{P}^{\mathrm{T}} = \hat{X} + \tilde{X} = TP^{\mathrm{T}} + \tilde{T}\tilde{P}^{\mathrm{T}} = XPP^{\mathrm{T}} + X(I - PP^{\mathrm{T}}) \tag{1.4}$$

其中， $\bar{T}$ 和 $\bar{P} = [P, \tilde{P}]$ 分别为得分矩阵和载荷矩阵。

将新的观测向量 x 分别投影到 PCS 和 RS 上，可得

$$x = \hat{x} + \tilde{x} \tag{1.5}$$

$$\hat{x} = PP^{\mathrm{T}} x \tag{1.6}$$

$$\tilde{x} = \tilde{P}\tilde{P}^{\mathrm{T}} = (I - PP^{\mathrm{T}})x \tag{1.7}$$

假设 S 是可逆的(即 Λ 的逆存在)，令

$$z = \Lambda^{-\frac{1}{2}} P^{\mathrm{T}} x \tag{1.8}$$

HoTelling-T^2 统计[4]记为

$$T^2 = z^{\mathrm{T}} z = x^{\mathrm{T}} P \Lambda^{-1} P^{\mathrm{T}} x \tag{1.9}$$

观测向量 x 通过 $y = P^{\mathrm{T}} x$ 投影到一组不相关变量 y 中，其中旋转矩阵 P 直接来自 x 的协方差矩阵，从而保证 y 是与 x 对应的。Λ 矩阵对 y 的元素进行缩放，进

而将其投影为一组具有单位方差的变量 z 。以二维观测空间为例($m=2$)，T^2 统计量的协方差转换示意图如图 1.2 所示[4]。

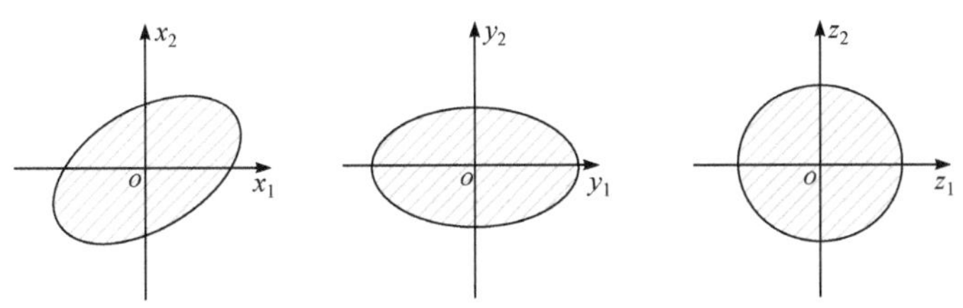

图 1.2　T^2 统计量的协方差转换示意图

T^2 统计量采用适当的阈值监控整个 m 维观测空间中的数据变化。人们通常根据适当的概率分布和给定的显著性水平 α 来确定 T^2 统计量的阈值。假设观测值是随机抽样的且服从多元正态分布，正常操作中采样的观测值的均值向量和协方差矩阵分别与真实的均值向量和协方差矩阵相等，T^2 统计量服从有 m 个自由度 χ^2 分布[4]，则有

$$T_{\alpha}^{2}=\chi_{\alpha}^{2}(m) \tag{1.10}$$

设 $T^2\leqslant T_{\alpha}^{2}$ 为观测空间中的椭圆置信区域，以二维测量空间为例，两个过程变量 T^2 统计量的椭圆置信区域如图 1.3 所示。式(1.10)可以监视任何异常的变化。如果观测向量投影在置信区域内，说明此时过程数据处于可控状态；如果投影在其外部，说明观测向量发生异常或故障[4]。

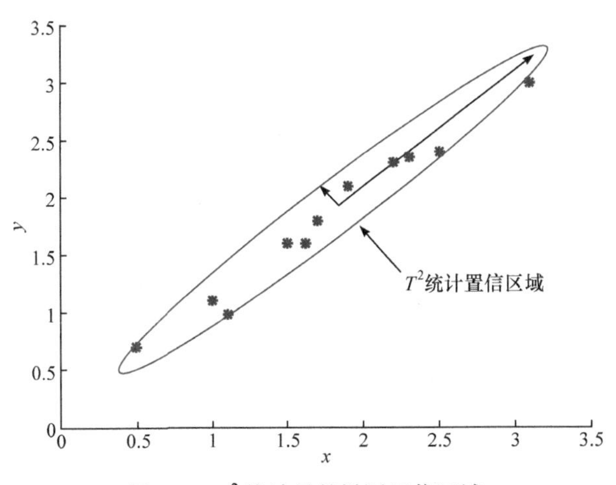

图 1.3　T^2 统计量的椭圆置信区域

如果正常操作状态下的实际协方差矩阵是未知的，则需要利用样本协方差矩阵(式(1.2))的估计值来代替。此时，T^2 故障检测的阈值为

$$T_{\alpha}^{2}=\frac{m(n-1)(n+1)}{n(n-m)}F_{\alpha}(m,n-m) \tag{1.11}$$

其中，F 为具有 m 和$n-m$个自由度的 F 分布；$F_{\alpha}(m,n-m)$ 为该分布上 α 的临界点[4]。

对于相同的显著性水平α，式(1.11)计算得到的控制上限比式(1.10)更大(更保守)。随着观测量的增加$(n\to\infty)$，这两个公式的极限逐渐接近[32]。

1.2.2　平方预测误差

SPE 用来度量观测向量 x 在残差子空间上的投影，定义为

$$\mathrm{SPE}=\|\tilde{x}\|^{2}=\|(I-PP^{\mathrm{T}})x\|^{2} \tag{1.12}$$

若

$$\mathrm{SPE}\leqslant\delta_{\alpha}^{2} \tag{1.13}$$

成立，则该过程被认为在正常范围内，其中δ_{α}^{2}是显著水平为α时 SPE 的控制上限，其计算方式为[33]

$$\delta_{\alpha}^{2}=\theta_{1}\left[\frac{z_{\alpha}\sqrt{2\theta_{2}h_{0}^{2}}}{\theta_{1}}+1+\frac{\theta_{2}h_{0}(h_{0}-1)}{\theta_{1}^{2}}\right]^{1/h_{0}} \tag{1.14}$$

其中

$$\theta_{i}=\sum_{j=k+1}^{m}\lambda_{j}^{i},\quad i=1,2,3 \tag{1.15}$$

$$h_{0}=1-\frac{2\theta_{1}\theta_{3}}{3\theta_{2}^{2}} \tag{1.16}$$

其中，k 为保留的主成分数；z_{α} 为$1-\alpha$ 上百分位对应的正态偏差。

值得指出的是，上述结果是在以下条件得到的。

① 样本向量 x 服从多元正态分布。

② 在推导控制限时，对这个分布做一个近似，当θ_{1}非常大时，这个分布近似是有效的。

③ 无论统计模型中保留多少个主成分，这个结果都成立。

当故障发生时，故障样本向量 x 由正常部分和故障部分叠加而成。该故障导致 SPE 超出阈值δ_{α}^{2}，进而由 SPE 检测出故障。

文献[34]的结果，Nomikos 等[35]利用给出另一种 SPE 阈值计算方法，即

$$\delta_{\alpha}^{2}=g\chi_{h;\alpha}^{2} \tag{1.17}$$

其中

$$g=\theta_2/\theta_1, \quad h=\theta_1^2/\theta_2 \tag{1.18}$$

SPE 阈值式(1.14)与阈值式(1.17)的关系为[35]

$$\delta_\alpha^2 \cong gh\left(1-\frac{2}{9h}+z_\alpha\sqrt{\frac{2}{9h}}\right)^3$$

1.2.3 马哈拉诺比斯距离

马哈拉诺比斯距离可以看作一种全局的 Hotelling-T^2 检验，定义为

$$D=X^{\mathrm{T}}S^{-1}X\sim\frac{m(n^2-1)}{n(n-m)}F_{m,n-m} \tag{1.19}$$

其中，S 为 X 的样本协方差矩阵。

当 S 奇异，即 $\mathrm{rank}(S)=r<m$ 时，文献[36]利用 S 的伪逆计算降阶协方差矩阵的马哈拉诺比斯距离，即

$$D_r=X^{\mathrm{T}}S^{+}X\sim\frac{r(n^2-1)}{n(n-r)}F_{r,n-r} \tag{1.20}$$

其中，S^+ 为 Moore-Penrose 伪逆。

容易看出，全局马哈拉诺比斯距离是主成分子空间的 T^2 和残差子空间的 $T_H^2=x^{\mathrm{T}}\tilde{P}\tilde{\Lambda}^{-1}\tilde{P}^{\mathrm{T}}x$ 之和[30]，即

$$D=T^2+T_H^2 \tag{1.21}$$

当观测数 n 足够大时，全局马哈拉诺比斯距离近似服从自由度为 m 的 χ^2 分布，即

$$D\sim\chi_m^2 \tag{1.22}$$

类似地，降阶马哈拉诺比斯距离为

$$D_r\sim\chi_r^2 \tag{1.23}$$

可以利用 D 和 D_r 的控制限检测故障的发生。

1.2.4 综合指标

在某些情况下，使用综合指标而不是两个独立的指标来监控过程可以获得更好的监控性能。文献[37]给出一种 SPE 和 T^2 相结合的故障检测综合指标，即

$$\phi=\frac{\mathrm{SPE}(X)}{\delta_\alpha^2}+\frac{T^2(X)}{\chi_{l;\alpha}^2}=X^{\mathrm{T}}\Phi X \tag{1.24}$$

其中

$$\Phi = \frac{P\Lambda^{-1}P^{\mathrm{T}}}{\chi_{l,\alpha}^2} + \frac{I - PP^{\mathrm{T}}}{\delta_\alpha^2} = \frac{P\Lambda^{-1}P^{\mathrm{T}}}{\chi_{l,\alpha}^2} + \frac{\tilde{P}\tilde{P}^{\mathrm{T}}}{\delta_\alpha^2} \tag{1.25}$$

注意，Φ 是对称且正定的，其阈值可以根据文献[34]的结果导出。文献[34]提供了一个近似分布，前两个时刻的 χ_h^2 与精确分布相同。利用文献[34]给出的近似分布，可以将统计量 ϕ 近似为

$$\phi = X^{\mathrm{T}}\Phi X \sim g\chi_h^2 \tag{1.26}$$

其中，系数 g 为

$$g = \frac{\mathrm{tr}(S\Phi)^2}{\mathrm{tr}(S\Phi)} \tag{1.27}$$

其中，$\mathrm{tr}(\cdot)$ 为矩阵的迹。

χ_h^2 分布的自由度为

$$h = \frac{(\mathrm{tr}(S\Phi))^2}{\mathrm{tr}(S\Phi)^2} \tag{1.28}$$

其中

$$\mathrm{tr}(S\Phi) = \frac{l}{\chi_{l,\alpha}^2} + \frac{\sum_{i=l+1}^{m}\lambda_i}{\delta_\alpha^2} \tag{1.29}$$

$$\mathrm{tr}(S\Phi)^2 = \frac{l}{\chi_{l,\alpha}^4} + \frac{\sum_{i=l+1}^{m}\lambda_i^2}{\delta_\alpha^4} \tag{1.30}$$

在计算 g 和 h 之后，给定显著性水平 α，就可以得到 ϕ 的控制上限 $g\chi_{h,\alpha}^2$。若

$$\phi > g\chi_{h,\alpha}^2 \tag{1.31}$$

成立，则利用综合统计指标 ϕ 检测故障。

文献[38]给出另一个综合指标，即

$$\phi' = c\frac{\mathrm{SPE}(X)}{\delta_\alpha^2} + (1-c)\frac{T^2(X)}{\chi_{l,\alpha}^2} \tag{1.32}$$

其中，$c \in (0,1)$ 为常数。

文献[38]给出根据该指标监控过程的基本规则。当 $\phi' < 1$ 时，监控的过程是正常的。然而，文献[31]指出，即使该统计值小于 1，也可能会有 $\mathrm{SPE} > \delta_\alpha^2$ 或者

$T^2(X) > \chi^2_{l,\alpha}$，导致错误的监控结果。

1.2.5 非高斯分布的控制限

非线性特性是当前过程监控研究的热点。许多非线性方法，如核 PCA、神经网络和流形学习等，都广泛应用于非线性过程数据的主成分提取。这种方法提取的主成分可以独立于高斯分布。因此，通过非参数核密度估计(kernel density estimation，KDE)方法进行对T^2和SPE统计量的概率密度函数进行估计，进而计算它们的阈值，即

$$\begin{aligned}&\int_{-\infty}^{\mathrm{Th}_{T^2,\alpha}} g(T^2)\mathrm{d}T^2 = \alpha\\&\int_{-\infty}^{\mathrm{Th}_{\mathrm{SPE},\alpha}} g(\mathrm{SPE})\mathrm{dSPE} = \alpha\end{aligned} \tag{1.33}$$

其中

$$g(z) = \frac{1}{lh}\sum_{j=1}^{l} K\left(\frac{z - z_j}{h}\right)$$

其中，K为核函数；h为带宽或平滑参数。

主成分子空间和残差子空间的故障检测逻辑为

$$\begin{aligned}&\text{如果}T^2 > \mathrm{Th}_{T^2,\alpha}\text{或}T_{\mathrm{SPE}} > \mathrm{Th}_{\mathrm{SPE},\alpha}，\quad\text{有故障发生}\\&\text{如果}T^2 \leqslant \mathrm{Th}_{T^2,\alpha}\text{且}T_{\mathrm{SPE}} \leqslant \mathrm{Th}_{\mathrm{SPE},\alpha}，\quad\text{无故障发生}\end{aligned} \tag{1.34}$$

参 考 文 献

[1] Hwang I, Kim S, Kim Y, et al. A survey of fault detection, isolation, and reconfiguration methods. IEEE Transactions on Control Systems Technology, 2010, 18(3): 636-653.

[2] Zhou D H, Hu Y Y. Fault diagnosis techniques for dynamic systems. Acta Automatica Sinica, 2009, 35: 748-758.

[3] Yang C L, Masson G M, Leonetti R A. On fault isolation and identification in t1 diagnosable systems. IEEE Transactions on Computers, 2006, C-35: 639-643.

[4] Chiang L H, Russell E L, Braatz R D. Fault Detection and Diagnosis in Industrial Systems. London: Springer, 2001.

[5] Wang J, Shi Y R, Zhou M, et al. Active fault detection based on set-membership approach for uncertain discrete-time systems. International Journal of Robust and Nonlinear Control, 2020, 30(14): 5322-5340.

[6] Yu D. Fault diagnosis for a hydraulic drive dystem using a parameter-estimation method. Control Engineering Practice, 1997, 5(9): 1283-1291.

[7] Ding S X. Model-based Fault Diagnosis Techniques. London: Springer, 2013.

[8] Suzuki H, Kawahara T, Matsumoto S. Fault diagnosis of space vehicle guidance and control systems using analytical redundancy. Macromolecules, 1999, 31: 86-95.

[9] Chang J R, Chang K H, Liao S H, et al. The reliability of general vague fault-tree analysis on weapon systems fault diagnosis. Soft Computing, 2006, 10(7): 531-542.

[10] Gath S J, Kulkarn R V. A review: expert system for diagnosis of myocardial infarction. International Journal of Computer Science and Information Technologies, 2012, 3(6): 5315-5321.

[11] Miranda G, Felipe J C. Computer-aided diagnosis system based on fuzzy logic for breast cancer categorization. Computers in Biology & Medicine, 2015, 64: 334-346.

[12] 周东华, 李钢, 李元. 数据驱动的工业过程故障诊断技术. 北京: 科学出版社, 2011.

[13] Bersimis S, Psarakis S, Panaretos J. Multivariate statistical process control charts: an overview. Quality and Reliability Engineering International, 2007, 23(5): 517-543.

[14] Li R G, Gang R. Dynamic process fault isolation by partial DPCA. Chemical and Biochemical Engineering Quarterly, 2006, 14(4): 486-493.

[15] Chang K Y, Lee J M, Vanrolleghem P A, et al. On-line monitoring of batch processes using multiway independent component analysis. Chemometrics and Intelligent Laboratory Systems, 2004, 71(2): 15163.

[16] Cheng C Y, Hsu C C, Chen M C. Adaptive kernel principal component analysis (KPCA) for monitoring small disturbances of nonlinear processes. Industrial & Engineering Chemistry Research, 2011, 49(5): 2254-2262.

[17] Zhang Y, Chi M. Fault diagnosis of nonlinear processes using multiscale KPCA and multiscale KPLS. Chemical Engineering Science, 2011, 66(1): 64-72.

[18] Zhang Y. Enhanced statistical analysis of nonlinear processes using KPCA, KICA and SVM. Chemical Engineering Science, 2009, 64(5): 801-811.

[19] Alcala C F, Qin S J. Reconstruction-based contribution for process monitoring. Automatica, 2009, 45(7): 1593-1600.

[20] Alcala C F, Qin S J. Analysis and generalization of fault diagnosis methods for process monitoring. Journal of Process Control, 2011, 21(3): 322-330.

[21] Westerhuis J A, Gurden S P, Smilde A K. Generalized contribution plots in multivariate statistical process monitoring. Chemometrics and Intelligent Laboratory Systems, 2000, 51(1): 95-114.

[22] Pieter V, Vanlaer J, Gins G, et al. Analysis of smearing-out in contribution plot based fault isolation for statistical process control. Chemical Engineering Science, 2013, 104: 285-293.

[23] Wang J, Ge W S, Zhou J L, et al. Fault isolation based on residual evaluation and contribution analysis. Journal of the Franklin Institute, 2017, 354: 2591-2612.

[24] Chiang L H, Russell E L, Braatz R D. Fault diagnosis in chemical processes using Fisher discriminant analysis, discriminant partial least squares, and principal component analysis. Chemometrics and Intelligent Laboratory Systems, 2000, 50(2): 243-252.

[25] Jain A K, Duin R P W, Mao J. Statistical pattern recognition: a review. IEEE Transactions on Pattern Analysis & Machine Intelligence, 2002, 27(11): 1502.

[26] Cai B, Lei H, Min X. Bayesian networks in fault diagnosis. IEEE Transactions on Industrial Informatics, 2017, 13(5): 2227-2240.

[27] Zhang K, Hyvärinen A. Distinguishing causes from effects using nonlinear acyclic causal models// Proceedings of the 2008 International Conference on Causality: Objectives and Assessment, 2008:157-164.

[28] Shimizu S, Hoyer P O, Hyvrinen A, et al. A linear non-Gaussian acyclic model for causal discovery. Journal of Machine Learning Research, 2006, 7(4): 2003-2030.

[29] Shimizu S, Inazumi T, Sogawa Y, et al. DirectLiNGAM: a direct method for learning a linear non-Gaussian structural equation model. Journal of Machine Learning Research, 2011, 12(2): 1225-1248.

[30] Hawkins D M. The detection of errors in multivariate data using principal components. Journal of the American Statistical Association, 2001, 69: 340-344.

[31] Qin S J. Statistical process monitoring: basics and beyond. Journal of Chemometrics, 2003, 17(8-9): 480-502.

[32] Tracy N D, Young J C, Mason R L. Multivariate control charts for individual observations. The Journal of Quality Control, 1992, 24: 88-95.

[33] Jackson J E, Mudholkar G S. Control procedures for residuals associated with principal component analysis. Technometrics, 1979, 21(3): 341-349.

[34] Box E G. Some theorems on quadratic forms applied in the study of analysis of variance problems, I. effect of inequality of variance in the one-way classification. Annals of Mathematical Statistics, 1954, 25(2): 290-302.

[35] Nomikos P, MacCregor J F. Multivariate SPC charts for monitoring batch processes. Technometrics, 1995, 37(1): 41-59.

[36] Brereton R G. The Mahalanobis distance and its relationship to principal component scores. Journal of Chemometrics, 2015, 29(3): 143-145.

[37] Yue H H, Qin S J. Reconstruction based fault identification using a combined index. Industrial & Engineering Chemistry Research, 2001, 40(20): 4403-4414.

[38] Raich A, Cinar A. Statistical process monitoring and disturbance diagnosis in multivariate continuous processes. AIChE Journal, 1996, 42(4): 995-1009.

第 2 章　单观测空间的多元统计

连续工业过程采集的数据通常有两大类，即过程数据和质量数据，其对应的工业数据解析主要针对这两类数据进行多元统计分析。过程数据通常由集散控制系统(distributed control system，DCS)实时采集得到，采样频率较高(一般采样周期为 1s)。例如，流程工业中典型的五大变量包括温度、压力、流量、液位和成分，其中温度、压力、流量和液位就属于过程变量，可以通过 DCS 实时监控。然而，受成分采集与传感装置的限制，一般对成分的检测很难达到实时，通常都是通过抽样、化验及实验室分析等手段获得，其采样频率远低于过程数据。例如，产品成分、黏度、分子量分布等相关参数，都需要将样品送入实验室，通过成分分析仪、凝胶色谱仪、质谱仪等各种分析仪器获得。

过程数据和质量数据分属于两个不同的观测空间，因此对应的工业数据统计解析方法也可以分成单一观测空间的多元统计分析方法和多观测空间的多元统计方法。本书从这两类方法的角度对多元统计分析技术进行介绍。本章以单一观测空间的分析方法为主，包括 PCA 和 FDA 方法。这类方法的核心在于构建面向样本分散度或多类样本分离等不同需求的空间投影，在多变量数据降维的同时提取有效特征。下一章以两个观测空间的多元统计分析方法为主，包括 PLS、CCA 和 CVA 方法。这类方法以不同观测空间中变量的相关性最大化为目标，通过空间投影实现多变量数据降维和特征提取。

2.1　主成分分析

随着现代工业生产系统日益庞大和复杂,其产生的历史数据不但具有高维性，而且各过程变量之间呈现强耦合性和强相关性。这使同时监视众多过程变量变得困难。因此，需要找到一种合理的数据降维方法，在减少监控变量的同时，尽可能地将原始变量中包含的信息损失降到最小。如果能够使用少量的变量来准确反映系统的运行状况，操作人员就可以只监控这几个变量，从而达到监控整个生产过程的目的。

PCA 是应用最广泛的多元统计监控算法之一[1-3]，主要用于监控高维、强线性相关性的过程数据。PCA 通过空间投影建立模型，将高维过程变量分解为若干个独立的主成分。投影提取的主特征构成 PCA 的主成分子空间。该空间包含系统的绝大部分变化。剩余特征构成残差子空间，主要包含监控过程中的噪声、干扰，以及少量的系统变化信息[4]。PCA 能够克服变量多重相关性造成的信息重叠，实现高维数据的降维，同时突出主成分的主要功能，即消除噪声、冗余和一些不重要的功能。

2.1.1　PCA 的数学原理

假设矩阵 $X \in \mathrm{R}^{n\times m}$，其中 m 为变量数目，n 为对每个变量的观察数目，可以将矩阵 X 分解为 k 个向量的外积和[5,6]，即

$$X = t_1 p_1^{\mathrm{T}} + t_2 p_2^{\mathrm{T}} + \cdots + t_k p_k^{\mathrm{T}} \tag{2.1}$$

其中，t_i 为得分向量，也称矩阵 X 的主成分；p_i 为主成分 t_i 对应的特征向量，也称载荷向量。

式 (2.1) 可以写成矩阵形式，即

$$X = TP^{\mathrm{T}} \tag{2.2}$$

其中，$T = [t_1\ \ t_2\ \ \cdots\ \ t_k]$ 为得分矩阵；$P = [p_1\ \ p_2\ \ \cdots\ \ p_k]$ 为载荷矩阵。

得分向量是正交的，即

$$t_i^{\mathrm{T}} t_j = 0,\quad i \neq j \tag{2.3}$$

载荷向量之间存在以下关系，即

$$\begin{cases} p_i^{\mathrm{T}} p_j = 0, & i \neq j \\ p_i^{\mathrm{T}} p_j = 1, & i = j \end{cases} \tag{2.4}$$

结果表明，载荷向量也正交，每个载荷向量的长度为 1。

式(2.2)的右边乘以载荷向量，结合式(2.4)，可得

$$t_i = X p_i \tag{2.5}$$

其中，每个得分向量 t_i 是原始数据 X 在载荷向量 P_i 方向上的投影，其长度反映原始数据 X 在载荷向量 p_i 方向上的覆盖程度，长度越长，数据矩阵在 p_i 方向上的覆盖程度或变化范围越大[7]。

令得分向量排列为

$$\| t_1 \| > \| t_2 \| > \| t_3 \| > \cdots > \| t_k \| \tag{2.6}$$

载荷向量 p_1 表示数据矩阵 X 变化最大的方向，p_2 正交于 p_1，表示数据矩阵 X 变化第二大的方向。类似地，载荷向量 p_k 表示数据矩阵 X 变化最小的方向。当方差大部分包含在前 r 个载荷向量中，后 $k-r$ 个载荷向量的方差几乎为零时，后者可以忽略不计。因此，可以将数据矩阵 X 分解为

$$X = t_1 p_1^{\mathrm{T}} + t_2 p_2^{\mathrm{T}} + \cdots + t_r p_r^{\mathrm{T}} + E = \hat{X} + E = TP^{\mathrm{T}} + E \tag{2.7}$$

其中，$\hat{X}$ 为主成分矩阵；E 为残差矩阵，包含的信息主要由测量噪声和干扰引起。

PCA 将原始数据空间分解为主成分子空间和残差子空间。这两个空间是正交、互补的。主成分子空间主要反映正常数据的变化。残差子空间主要反映噪声和干扰的变化。

PCA 通过求解优化问题计算最优载荷向量 p_i，即

$$J = \max_{p \neq 0} \frac{P^{\mathrm{T}} X^{\mathrm{T}} X P}{P^{\mathrm{T}} P} \tag{2.8}$$

主成分的数量 r 通常由累积方差百分比(cumulative percentage of variance，CPV)得到。对 X 的协方差矩阵进行特征值分解或奇异值分解(singular value decomposition，SVD)，可以得到所有的特征值 λ_i。CPV 的定义为

$$\mathrm{CPV} = \frac{\sum_{i=1}^{r} \lambda_i}{\sum_{i=1}^{n} \lambda_i} \tag{2.9}$$

一般情况下，当 CPV ⩾ 85% 时，可以得到对应的 r 。

2.1.2 主成分提取算法

有两种算法(记为算法 1 和算法 2)能够实现主成分提取。算法1基于协方差矩阵的 SVD 得到各主成分，算法 2 基于非线性迭代偏最小二乘(nonlinear iterative partial least squares，NIPALS)得到各主成分。NIPALS 算法最初用于 PCA，后来用于 PLS[8]。与协方差矩阵的 SVD 相比，它可以给出更精确的数值结果，但是计算速度较慢。

PCA 的降维思想可以用简单的二维随机数据加以说明。图 2.1 所示为二维空间中原始随机数据样本。图 2.2 所示为原始数据在一维主轴上的分布及其椭圆置信区域。其中，较长的射线给出原始数据方差最大的方向，较短射线显示第二大方差的方向。

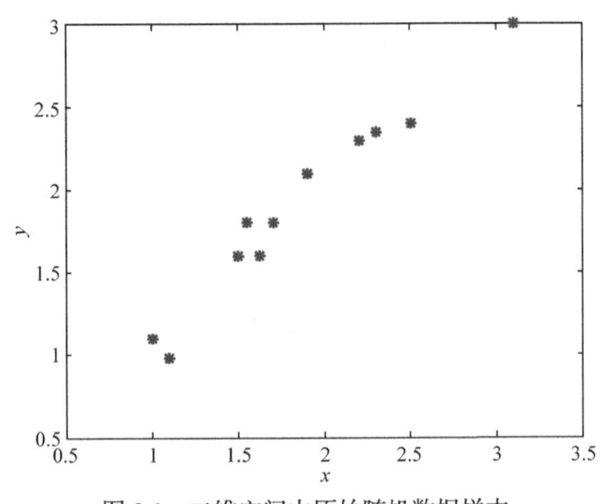

图 2.1　二维空间中原始随机数据样本

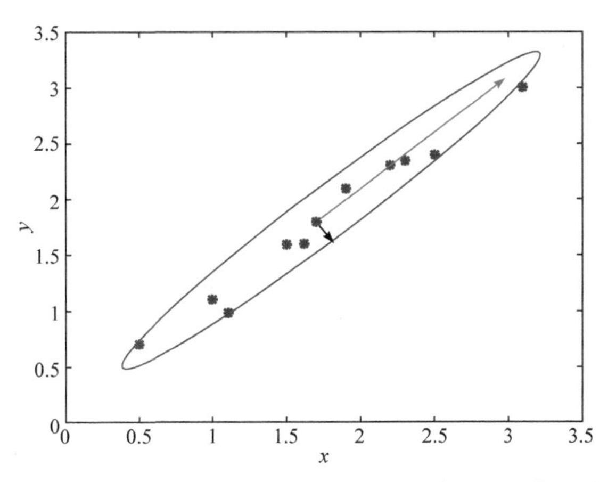

图 2.2　原始数据在一维主轴上的分布及其椭圆置信区域

PCA 将二维空间中的原始数据 X 沿着最大方差方向投影到一维子空间。图 2.3 所示为降维结果。

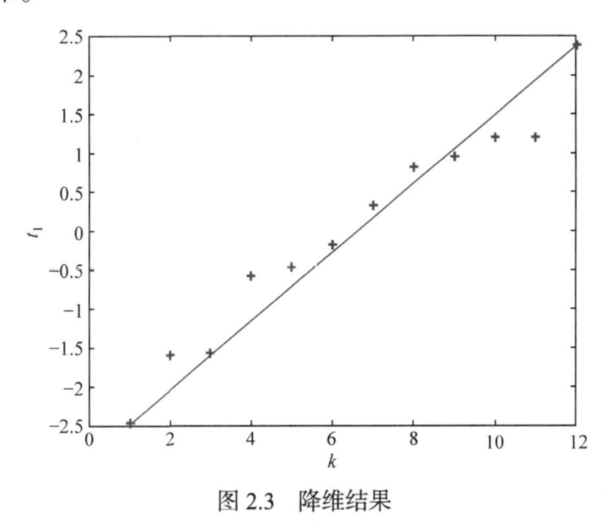

图 2.3　降维结果

算法 1：基于协方差矩阵的 SVD 主成分提取算法。

输入：数据矩阵 X 。

输出：r 维主成分。

① 对原始数据集 X 做标准化处理，$X=[x(1)^{\mathrm{T}}\ \ x(2)^{\mathrm{T}}\ \ \cdots\ \ x(n)^{\mathrm{T}}]^{\mathrm{T}}\in \mathrm{R}^{n\times m}$，其中 $x=[x_1,x_2,\cdots,x_m]\in \mathrm{R}^{1\times m}$ 均值为 0，方差为 1。

② 计算标准化数据矩阵 X 的协方差矩阵 S 为

$$S=\frac{1}{n-1}XX^{\mathrm{T}} \tag{2.10}$$

③ 通过特征值分解法求协方差矩阵 S 的特征值和特征向量，即

$$|\lambda_i I - S| = 0$$

$$(\lambda_i I - S) p_i = 0 \tag{2.11}$$

④ 将特征值从大到小排序，根据CPV确定前 r 个特征值 $D = (\lambda_1, \lambda_2, \cdots, \lambda_r)$，并构造相应的特征向量矩阵 $P = [p_1 \ \ p_2 \ \ \cdots \ \ p_r]$。

⑤ 根据式(2.12)计算得分矩阵，即

$$X = TP^{\mathrm{T}} \tag{2.12}$$

⑥ 归一化后的数据矩阵 X 分解为

$$X = \hat{X} + \tilde{X} = TP^{\mathrm{T}} + \tilde{X} \tag{2.13}$$

其中，$\hat{X}$ 为数据的主成分部分；$\tilde{X}$ 为残差部分。

⑦ 返回 r 维主成分。

算法 2：基于 NIPALS 的主成分提取算法。

输入：数据矩阵 X 。

输出：r 维主成分。

① 对原始数据集 X 进行标准化处理。

② 设 $i = 1$，从 X 中选择一列 x_j，记为 $t_{1,i}$，即 $t_{1,i} = x_j$ 。

③ 计算载荷向量 p_1，即

$$p_1 = \frac{X^{\mathrm{T}} t_{1,i}}{t_{1,i}^{\mathrm{T}} t_{1,i}} \tag{2.14}$$

④ 将 p_1 标准化为

$$p_1 = \frac{p_1^{\mathrm{T}}}{\| p_1 \|} \tag{2.15}$$

⑤ 计算得分向量，即

$$t_{1,i+1} = \frac{X p_1}{p_1^{\mathrm{T}} p_1} \tag{2.16}$$

⑥ 比较 $t_{1,i}$ 和 $t_{1,i+1}$，如果 $\| t_{1,i+1} - t_{1,i} \| < \varepsilon$，转至步骤⑦，其中 ε 是一个很小的正数；如果 $\| t_{1,i+1} - t_{1,i} \| \geqslant \varepsilon$，则令 $i = i + 1$，转至步骤③。

⑦ 计算余量 $E_1 = X - t_1 p_1^{\mathrm{T}}$，将 X 替换为 E_1，转至步骤②计算下一个主成分 t_2，直至符合 CPV。

⑧ 得到 r 个主成分，即

$$X = t_1 p_1^{\mathrm{T}} + t_2 p_2^{\mathrm{T}} + \cdots + t_r p_r^{\mathrm{T}} + \tilde{X} = TP^{\mathrm{T}} + \tilde{X} \tag{2.17}$$

⑨ 返回 r 维主成分。

2.1.3　基于 PCA 的故障检测

PCA 可用于解决各种数据分析问题，如高维数据集的解析、可视化、压缩、降维、消除数据冗余、去噪等。当它应用于故障诊断领域时，整个过程分为离线建模和在线监控两部分[9-11]。

(1) 离线建模

利用训练数据构建 PCA 模型，计算监控统计量，如 SPE、T^2 及其阈值。

(2) 在线监控

当获得一个新的样本向量 x 时，将其分解为在 PCS 和 RS 的投影[12]，即

$$\begin{aligned} x &= \hat{x} + \tilde{x} \\ \hat{x} &= PP^{\mathrm{T}}x \\ \tilde{x} &= (I - PP^{\mathrm{T}})x \end{aligned} \tag{2.18}$$

其中，$\hat{x}$ 为样本 x 在 PCS 中的投影；$\tilde{x}$ 为样本 x 在 RS 中的投影。

分别计算新样本基于残差空间的 SPE 和基于主成分空间的 T^2 两个统计量。将新样本的统计量与训练数据得到的阈值进行比较，如果新样本的统计量超过阈值，则表示系统发生故障，否则认为系统处于正常运行状态。

$\hat{x}$ 和 $\tilde{x}$ 不但是正交的 ($\hat{x}^{\mathrm{T}}\tilde{x} = 0$)，而且是相互独立的 ($E(\hat{x}^{\mathrm{T}}\tilde{x}) = 0$)。因此，将 PCA 算法应用于过程监控具有天然的优势。基于 PCA 算法的故障检测流程如图 2.4 所

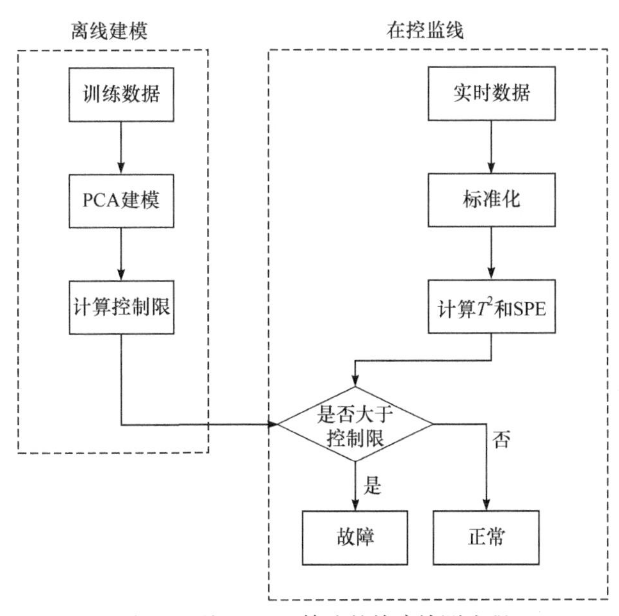

图 2.4　基于 PCA 算法的故障检测流程

示。一般来说，基于多元统计分析的故障检测过程与基于 PCA 方法的监控过程相似，只是统计模型和统计指标不同。

2.2 费希尔判别分析

自动化程度较高的工业过程通常都安装了大量的检测仪表，收集大量的数据并存储在数据库中。在不同故障条件下收集到的数据可以明显地划分为不同的类别，每个类别都与特定的故障相关。如果收集到的数据没有明确的故障标签，也可以采用聚类分析方法对数据进行分类。

2.2.1 FDA 的数学原理

FDA 考虑类间的信息，在模式分类问题中得到广泛的应用。当其在故障诊断领域中应用时，等价于将不同故障条件下收集的数据进行分类，其中每个类代表一种特定的故障。同时，FDA 也是一种经典的线性降维技术，以最大化分离不同类别的数据为目标[13,14]。它的主要思想是将数据从高维空间投影到低维空间时，确保该投影使不同类之间的散度最大化，同时也使每个类内的散度最小化。它将同一类高维数据投影到低维空间并聚集一起，同时保证不同类的距离很远。

考虑样本数据 $X \in \mathrm{R}^{n\times m}$，其中 n 和 m 分别表示采样的样本数和观测的变量数。n 组样本中包含 p 类，第 j 类对应的样本数为 n_j，即 $j=1,2,\cdots,p; n=\sum_{j=1}^{p} n_j$。首先定义散度矩阵来量化评价数据的分散度。总散度矩阵为

$$S_t = \sum_{i=1}^{n} (x(i)-\overline{x})(x(i)-\overline{x})^{\mathrm{T}} \tag{2.19}$$

其中，$x(i)$ 为 m 个观测变量的第 i 次样本向量；总平均向量 $\overline{x}$ 为

$$\overline{x} = \frac{1}{n}\sum_{i=1}^{n} x(i) \tag{2.20}$$

第 j 类的类内散度矩阵为

$$S_j = \sum_{X(i)\in\chi_j} (x(i)-\overline{x}_j)(x(i)-\overline{x}_j)^{\mathrm{T}} \tag{2.21}$$

其中，χ_j 为属于第 j 类的向量 $x(i)$ 的集合；第 j 类的平均向量 $\overline{x}_j$ 为

$$\overline{x}_j = \frac{1}{n_j}\sum_{X(i)\in\chi_j} x(i) \tag{2.22}$$

类内散度矩阵为

$$S_w = \sum_{j=1}^{p} S_j \tag{2.23}$$

类间散度矩阵为

$$S_b = \sum_{j=1}^{p} n_j (\overline{x}_j - \overline{x})(\overline{x}_j - \overline{x})^{\mathrm{T}} \tag{2.24}$$

显然，以下关系始终成立，即

$$S_t = S_b + S_w \tag{2.25}$$

FDA 的投影原则是保证最大的类间散度，即不同类的样本中心在投影后尽可能的远离 ($\max w^{\mathrm{T}} S_b w$) 和最小的类内散度，即投影后同一类的样本点尽可能聚在一起 ($\min w^{\mathrm{T}} S_w w, |S_w| \neq 0, w \in \mathrm{R}^m$)。基于该原则，FDA 的最佳投影指标可表示为

$$J = \max_{w \neq 0} \frac{w^{\mathrm{T}} S_b w}{w^{\mathrm{T}} S_w w} \tag{2.26}$$

其中，w 为投影向量。

考虑分子、分母都有 w，w 与 $\alpha w (\alpha \neq 0)$ 有相同效果，令 $w^{\mathrm{T}} S_w w = 1$，则式(2.26)变为

$$\begin{aligned} J &= \max_{w} w^{\mathrm{T}} S_b w \\ \text{s.t.} \quad & w^{\mathrm{T}} S_w w = 1 \end{aligned} \tag{2.27}$$

首先，考虑第一个方向向量 w_1 的优化，使用拉格朗日乘子法求解，即

$$L(w_1, \lambda_1) = w_1^{\mathrm{T}} S_b w_1 - \lambda_1 (w_1^{\mathrm{T}} S_w w_1 - 1)$$

求 L 对 w_1 的偏导数，并令其等于零，即

$$\frac{\partial L}{\partial w_1} = 2 S_b w_1 - 2 \lambda_1 S_w w_1 = 0$$

将其转化为广义特征值问题，即

$$S_b w_1 = \lambda_1 S_w w_1 \rightarrow S_w^{-1} S_b w_1 = \lambda_1 w_1 \tag{2.28}$$

第一个 FDA 向量 w_1 可以归结为找到矩阵 $S_w^{-1} S_b$ 最大特征值对应的特征向量。

接下来，计算 FDA 的第二个方向向量。它在所有垂直于第一个 FDA 向量的方向上都能保证类内散度最小化和类间散度最大化。对于其余的 FDA 向量也是如此。第 k 个 FDA 的方向向量为

$$S_w^{-1}S_b w_k = \lambda_k w_k$$

其中，$\lambda_1 \geqslant \lambda_2 \geqslant \cdots \geqslant \lambda_{p-1}$，$\lambda_k$通过将数据投影到$w_k$上表示各类别之间的整体可分程度。

当S_w可逆时，FDA的各个方向向量可以由广义特征值问题计算得出。只要采样的次数n明显大于测量变量个数m，S_w就可逆，这一点在实际采样中通常都能够满足。如果S_w是不可逆的，那么可以在执行FDA之前使用PCA将数据降维为m_1维，这里的m_1是协方差矩阵S_t非零特征值的个数。通常$m_1 < n$，可以保证S_w的可逆性。

FDA的第一投影方向是与最大特征值相关的特征向量，第二投影方向是与第二大特征值相关的特征向量，依此类推。较大的特征值λ_k表明，当数据投影到相关的特征向量w_k方向时，相对于类内方差而言，类间均值的距离更大，因此类间沿w_k方向有更大程度的分离。由于S_b的秩小于p，并且至多有$p-1$个特征值不等于零，FDA只在这些方向上提供了一个有用特征向量的排序。

可以在故障类之外额外定义一个正常数据类别，收集正常操作条件下的数据，通过FDA判别是否属于正常数据类别，从而实现故障检测。定义a个特征向量矩阵$W_a = [w_1, w_2, \cdots, w_a] \in \mathrm{R}^{m \times a}$，判别函数可推导为

$$g_j(x) = -\frac{1}{2}(x-\overline{x}_j)^{\mathrm{T}} W_a \left(\frac{1}{n_j-1} W_a^{\mathrm{T}} S_j W_a\right)^{-1} W_a^{\mathrm{T}}(x-\overline{x}_j) + \ln(p) - \frac{1}{2}\ln\left(\det\left(\frac{1}{n_j-1} W_a^{\mathrm{T}} S_j W_a\right)\right) \tag{2.29}$$

使用式(2.29)进行故障检测的可靠性取决于正常运行条件的数据与训练集中的故障类数据之间的相似性。当投影变换W能够保证正常操作条件的数据可以合理地与其他故障类数据分离时，使用FDA故障检测方法对已知故障类产生的漏报率较小。

2.2.2 FDA与PCA的比较

作为对单个测量空间下的数据集进行降维的两种经典技术，PCA和FDA在许多方面都表现出相似的特性。PCA和FDA可用式(2.8)和式(2.26)中的数学优化问题求解，也可以分别改写为

$$J_{\mathrm{PCA}} = \max_{w} \frac{w^{\mathrm{T}} S_t w}{w^{\mathrm{T}} w} \tag{2.30}$$

$$J_{\mathrm{FDA}} = \max_{w \neq 0} \frac{w^{\mathrm{T}} S_t w}{w^{\mathrm{T}} S_w w} \tag{2.31}$$

特殊情况下，若 $S_w = aI$，$a \neq 0$，则它们的投影向量优化结果是相同的。如果每个类的数据可以用一个均匀分布的球(即没有主导方向的球)来描述，即使这些球的大小不同，也会出现上述特殊情况。当描述一类数据的球是非均匀，即被拉长时，PCA 和 FDA 这两种技术之间的区别才会体现出来。这些非均匀或扁长形状的描述形式通常会出现在高度相关的数据集上，例如工业过程中收集的数据。因此，当 FDA 和 PCA 以相同的方式处理过程数据时，FDA 的方向向量和 PCA 的载荷向量是显著不同的。式(2.30)和式(2.31)的不同目标表明，FDA 在区分故障类别方面比 PCA 有更好的表现。

FDA 与 PCA 的二维比较如图 2.5 所示。它将这些分离超平面定义为每个类的区域边界，一旦通过在线数据检测到故障发生，就可以通过该所处的故障区域进行故障诊断。

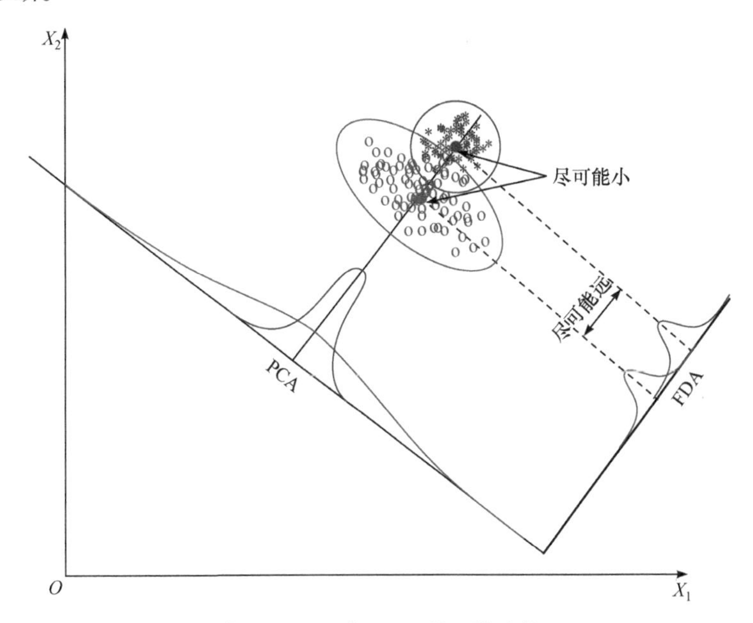

图 2.5 FDA 与 PCA 的二维比较

由图 2.5 可以看出 PCA 和 FDA 之间的区别，FDA 的第一个方向向量和 PCA 载荷向量几乎是垂直的。PCA 将整个数据集映射到能够依方差最大地表示这组数据的坐标轴上。这种映射过程不使用任何分类信息。因此，虽然 PCA 可以降低维数，减少信息的损失，使整个数据集更便于表示，但是它可能会变得更难以分类。通过 FDA 降维映射，这两组数据在低维空间中更容易区分。

为了更清楚地说明 PCA 和 FDA 之间的区别，我们给出一个二元分类的数值例子，即

$$x_1 = [5 + 0.05\mu(0,1); 3.2 + 0.9\mu(0,1)] \in \mathrm{R}^{2\times100}$$

$$x_2 = [5.1 + 0.05\mu(0,1); 3.2 + 0.9\mu(0,1)] \in \mathrm{R}^{2\times100}$$

$$X = [x_1, x_2] \in \mathrm{R}^{2\times100}$$

其中，$\mu(0,1) \in \mathrm{R}^{2\times100}$ 为[0,1]上的均匀分布的随机向量；X 为双变量数据。

FDA 与 PCA 的二维数据投影比较如图 2.6 所示。图中，$X_1 = [x_{11}, x_{21}]^{\mathrm{T}}$，$X_2 = [x_{12}, x_{22}]^{\mathrm{T}}$。显然，投影后的数据在 FDA 第一方向向量上比在 PCA 的第一个载荷向量上更容易分离。

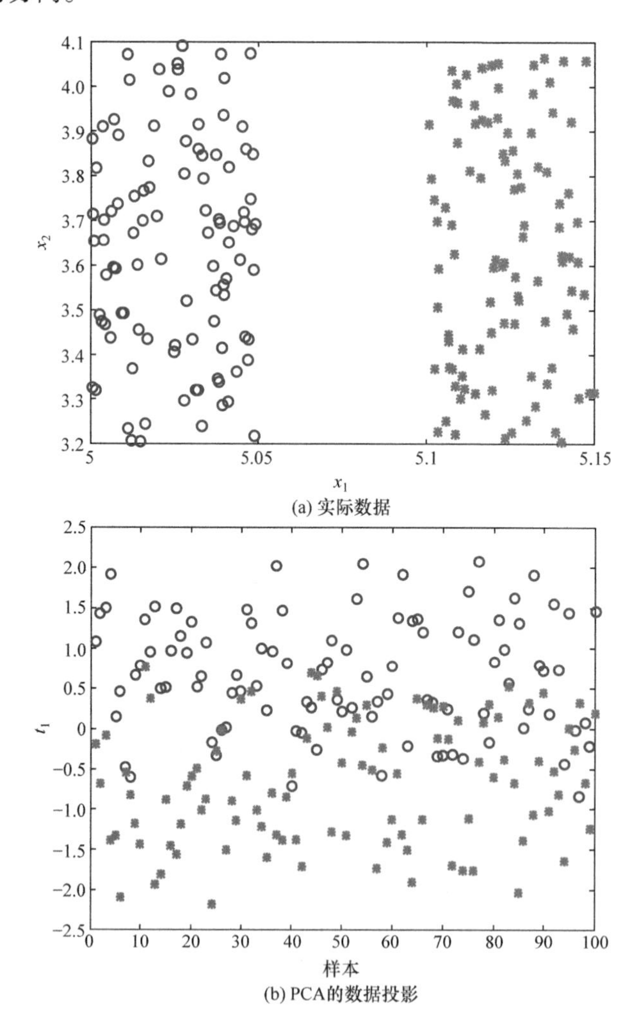

(a) 实际数据

(b) PCA的数据投影

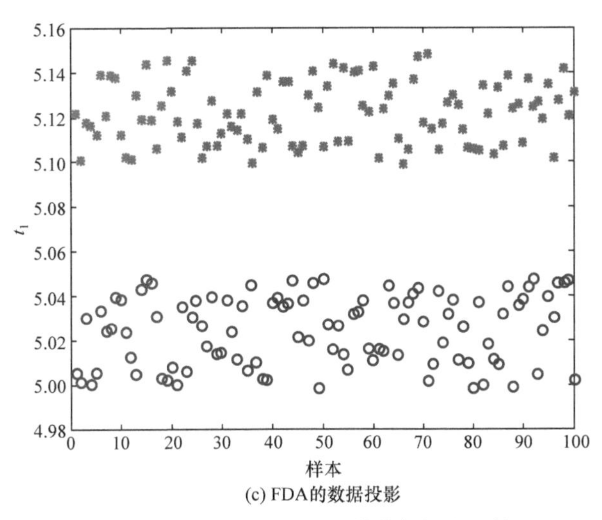

(c) FDA的数据投影

图 2.6　FDA 与 PCA 的二维数据投影比较

PCA 和 FDA 都可以对降维后的数据进行分类。考虑 PCA 本身是一种无监督方法，即没有分类标签，降维后需要使用 K-means 或自组织映射网络等无监督算法进行分类。FDA 是有监督的分类方法，同时考虑类内和类间的散度目标对训练数据进行降维，然后找到一个线性判别函数对数据的类别进行判断。FDA 与 PCA 的异同总结如下。

(1) 相同点

① 两者都可以用于数据降维。

② 两者都适用于高斯分布的数据。

(2) 不同点

① FDA 是有监督的降维方法，PCA 是无监督的方法。

② FDA 降维最多可以减少到类别数为 $k-1$，其中 k 是训练样本的类别数量，PCA 降维则没有这个限制。

③ FDA 中散度矩阵更依赖样本均值信息。如果更依赖方差，则效果不如 PCA。

④ PCA 投影的目的是保证所有样本在最大分散度的前提下降低数据冗余维度，FDA 是在保证同类别数据紧凑，不同类别数据尽量相互远离的前提下，选择最佳投影方向以达到降维目标。

参 考 文 献

[1] 潘立登，李大宇，马俊英. 软测量技术原理与应用. 北京：中国电力出版社, 2009.

[2] Yang G, Zhao Y, Gu X. A novel Bayesian framework with enhanced principal component analysis for chemical fault diagnosis. IEEE Transactions on Instrumentation and Measurement, 2021, 70:

1-9.

[3] Ding S X. Data-driven Design of Fault Diagnosis and Fault-tolerant Control Systems. London: Springer, 2014.

[4] Wiesel A A. Decomposable principal component analysis. IEEE Transactions on Signal Processing, 2009, 57(11): 4369-4377.

[5] 王树东, 李军, 高翔. 指数加权主元分析法及其在故障诊断中的应用. 工业仪表与自动化装置, 2016, (6): 117-119.

[6] 曹立学. 主元分析法在 MIMO 系统中的故障检测与诊断研究. 机械工程与自动化, 2013, (5): 116-118.

[7] 韩同瑞. 基于主元分析法的工业锅炉故障诊断的研究. 大连: 大连海事大学, 2012.

[8] Wold S. Nonlinear partial least squares modelling II. Spline inner relation. Chemometrics & Intelligent Laboratory Systems, 1992, 14(1-3): 71-84.

[9] Harmouche J, Delpha C, Diallo D. Improved fault diagnosis of ball bearings based on the global spectrum of vibration signals. IEEE Transactions on Energy Conversion, 2015, 30(1): 376-383.

[10] Cai B, Zhao Y, Liu H, et al. A data-driven fault diagnosis methodology in three-phase inverters for PMSM drive systems. IEEE Transactions on Power Electronics, 2017, 32(7): 5590-5600.

[11] Zhang S, Wang S. Spectral radius-based interval principal component analysis (SR-IPCA) for fault detection in industrial processes with imprecise data. Journal of Process Control, 2022, 114: 105-119.

[12] Zhang K, Dong J, Peng K. A novel dynamic non-Gaussian approach for quality-related fault diagnosis with application to the hot strip mill process. Journal of the Franklin Institute, 2016, 354(2): 702-721.

[13] Qiu T, Yi C, Jqa B, et al. Industrial process monitoring based on Fisher discriminant global-local preserving projection. Journal of Process Control, 2019, 81: 76-86.

[14] 陈晓露, 王瑞璇, 王晶, 等. 基于混合型判别分析的工业过程监控及故障诊断. 自动化学报, 2020, 46(8): 1600-1614.

第3章　双观测空间的多元统计分析

正如上一章提到的，工业数据通常分为过程数据和质量数据，分属不同的测量空间。绝大部分的智能制造问题，如软测量、控制、监控、优化等，都不可避免地需要建立两类变量之间的数据关系模型。如何用多元统计分析的方法发现两个测量空间中变量间的关系，或者说，如何依赖变量间的相关性进行多变量数据解析是本章的主题。

依赖变量间相关性的多元统计数据解析方法一般包括PLS、CCA和CVA。它们都是以找到两个测量空间中的最大变量关联为目标进行线性降维，区别在于CCA和CVA以最大化变量相关性为目标，而PLS以最大化协方差为目标。尽管CCA和CVA具有相似的统计理论，适用于两个变量集的关联分析，但是CVA更多是应用于时序数据的分析，它的经典算法表现为直接基于数据的状态空间辨识；CCA采用经典的多元统计分析策略，利用广义SVD的架构求解。本章仅对CCA和PLS方法进行详细描述。

3.1　典型相关分析

CCA于1936年由Hotelling首次提出[1]。它是一种多元统计分析方法，利用两个复合变量之间的相关性反映两组数据集之间的整体相关性。CCA算法广泛应用于数据相关性分析，也是PLS的基础。此外，它还用于特征融合、数据降维和故障检测等领域[2-7]。

3.1.1　CCA的数学原理

假设有l个因变量$y=(y_1,y_2,\cdots,y_l)^{\mathrm{T}}$和$m$个自变量$x=(x_1,x_2,\cdots,x_m)^{\mathrm{T}}$，为了捕捉因变量和自变量之间的相关性，将$n$组样本构成两个数据集，分别为

$$X=[x(1),x(2),\cdots,x(n)]^{\mathrm{T}}\in\mathrm{R}^{n\times m}$$

$$Y=[y(1),y(2),\cdots,y(n)]^{\mathrm{T}}\in\mathrm{R}^{n\times l}$$

CCA利用成分提取的思想提取典型主成分u和v，分别是关于x_i和y_i的线性组合。在提取过程中，需要使u和v之间的相关性最大化。u与v的相关度大致可以反映X和Y之间的相关度。

不失一般性，假设原始变量都是标准化的，即数据集 X、Y 的每列均值为 0，方差为 1。协方差矩阵 $\mathrm{cov}(X,Y)$ 等价于二者的相关系数矩阵，记为

$$\mathrm{cov}(X,Y)=\frac{1}{n}\begin{bmatrix} X^{\mathrm{T}}X & X^{\mathrm{T}}Y \\ Y^{\mathrm{T}}X & Y^{\mathrm{T}}Y \end{bmatrix}=\begin{bmatrix} \Sigma_{xx} & \Sigma_{xy} \\ \Sigma_{xy}^{\mathrm{T}} & \Sigma_{yy} \end{bmatrix}$$

PCA 主要依赖 Σ_{xx} 或 Σ_{yy}，而 CCA 的主成分提取依赖 Σ_{xy}。

现在的问题是如何求解合适方向向量 α 和 β，构造典型分量，使 u 和 v 之间的相关性最大，即

$$\begin{aligned} u &= \alpha_1 x_1 + \alpha_2 x_2 + \cdots + \alpha_m x_m \\ v &= \beta_1 y_1 + \beta_2 y_2 + \cdots + \beta_l y_l \end{aligned} \tag{3.1}$$

其中，$\alpha=[\alpha_1,\alpha_2,\cdots,\alpha_m]^{\mathrm{T}}\in\mathrm{R}^{m\times1}$；$\beta=[\beta_1,\beta_2,\cdots,\beta_l]^{\mathrm{T}}\in\mathrm{R}^{l\times1}$。

显然，u 和 v 的样本均值为 0，其样本方差可以表示为

$$\mathrm{var}(u)=\alpha^{\mathrm{T}}\Sigma_{xx}\alpha$$

$$\mathrm{var}(v)=\beta^{\mathrm{T}}\Sigma_{yy}\beta$$

u 和 v 之间的协方差为

$$\mathrm{cov}(u,v)=\alpha^{\mathrm{T}}\Sigma_{xy}\beta$$

一种最大化 u 和 v 之间相关性的方法是使相应的相关系数最大化，即

$$\max\rho(u,v)=\frac{\mathrm{cov}(uv)}{\sqrt{\mathrm{var}(u)\mathrm{var}(v)}} \tag{3.2}$$

在 CCA 中，通常采用的优化目标为

$$\begin{aligned} &J_{\mathrm{CCA}}=\max\langle u,v\rangle=\alpha^{\mathrm{T}}\Sigma_{xy}\beta \\ &\text{s.t.}\quad \alpha^{\mathrm{T}}\Sigma_{xx}\alpha=1;\beta^{\mathrm{T}}\Sigma_{yy}\beta=1 \end{aligned} \tag{3.3}$$

由此可见，CCA 优化目标可归纳为求 X 子空间一个单位向量 α 和 Y 子空间的一个单位向量 β，使 u、v 之间的相关性最大化。从几何空间上看，$\rho(u,v)$ 又等于 u,v 向量夹角的余弦值。因此，式(3.3)又等价于使 u、v 之间的夹角 w 取最小值。

从式(3.3)可以看出，CCA 算法是一个凸优化过程。优化目标为 X、Y 之间的相关系数矩阵，对应的 α 和 β 分别对应 X 和 Y 的投影向量，也称线性系数。在得到第一对典型相关变量之后，可以类似地计算第 2 对到第 k 对彼此不相关的典型相关变量。

CCA 算法的基本原理图如图 3.1 所示。

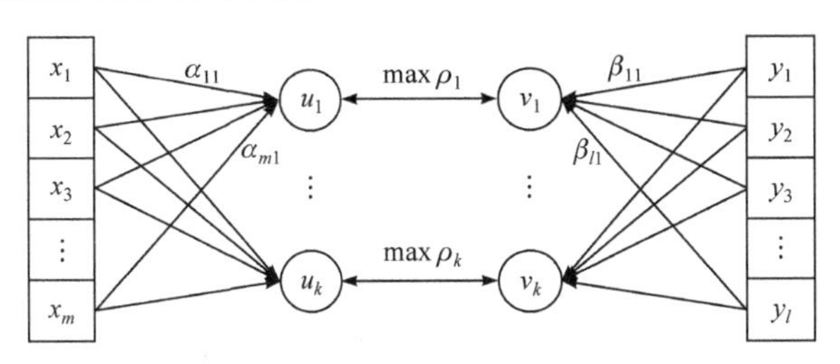

图 3.1　CCA 算法的基本原理图

对CCA目标函数进行优化得到α和β主要有两种方法，即特征值分解和SVD。

3.1.2　基于特征值分解的 CCA 求解

利用拉格朗日函数，将式(3.3)的目标函数变换为

$$\max J_{\mathrm{CCA}}(\alpha,\beta)=\alpha^{\mathrm{T}}\Sigma_{xy}\beta-\frac{\lambda_1}{2}(\alpha^{\mathrm{T}}\Sigma_{xx}\alpha-1)-\frac{\lambda_2}{2}(\beta^{\mathrm{T}}\Sigma_{yy}\beta-1) \tag{3.4}$$

令$\dfrac{\partial J}{\partial \alpha}=0,\ \dfrac{\partial J}{\partial \beta}=0$，可得

$$\begin{aligned}\Sigma_{xy}\beta-\lambda_1\Sigma_{xx}\alpha=0\\ \Sigma_{xy}^{\mathrm{T}}\alpha-\lambda_2\Sigma_{yy}\beta=0\end{aligned} \tag{3.5}$$

令$\lambda=\lambda_1=\lambda_2=\alpha^{\mathrm{T}}\Sigma_{xy}\beta$，分别用$\Sigma_{xx}^{-1}$和$\Sigma_{yy}^{-1}$左乘式(3.5)，可得

$$\begin{aligned}\Sigma_{xx}^{-1}\Sigma_{xy}\beta=\lambda\alpha\\ \Sigma_{yy}^{-1}\Sigma_{yx}\alpha=\lambda\beta\end{aligned} \tag{3.6}$$

将式(3.6)中的第二个公式代入第一个公式，可得

$$\Sigma_{xx}^{-1}\Sigma_{xy}\Sigma_{yy}^{-1}\Sigma_{yx}\alpha=\lambda^2\alpha \tag{3.7}$$

根据式(3.7)对矩阵$\Sigma_{xx}^{-1}\Sigma_{xy}\Sigma_{yy}^{-1}\Sigma_{yx}$进行特征值分解，可得最大特征值和对应的最大特征向量α。采用类似的方法可得

$$\Sigma_{yy}^{-1}\Sigma_{yx}\Sigma_{xx}^{-1}\Sigma_{xy}\beta=\lambda^2\beta$$

进而求得对应的最大特征值和特征向量β。此时可以得到一组典型相关变量的投影向量α和β。

3.1.3　基于 SVD 分解的 CCA 算法

令$\alpha=\Sigma_{xx}^{-1/2}a,\ \beta=\Sigma_{yy}^{-1/2}b$，可得

$$\begin{gathered}\alpha^{\mathrm{T}}\Sigma_{xx}\alpha=1\rightarrow a^{\mathrm{T}}\Sigma_{xx}^{-1/2}\Sigma_{xx}\Sigma_{xx}^{-1/2}a=1\rightarrow a^{\mathrm{T}}a=1\\ \beta^{\mathrm{T}}\Sigma_{yy}\beta=1\rightarrow b^{\mathrm{T}}\Sigma_{yy}^{-1/2}\Sigma_{yy}\Sigma_{yy}^{-1/2}b=1\rightarrow b^{\mathrm{T}}b=1\\ \alpha^{\mathrm{T}}\Sigma_{xy}\beta=a^{\mathrm{T}}\Sigma_{xx}^{-1/2}\Sigma_{xy}\Sigma_{yy}^{-1/2}b\end{gathered}\tag{3.8}$$

换句话说，目标函数式(3.3)转化为

$$\begin{gathered}J_{\mathrm{CCA}}(a,b)=\arg\max_{a,b}a^{\mathrm{T}}\Sigma_{xx}^{-1/2}\Sigma_{xy}\Sigma_{yy}^{-1/2}b\\ \text{s.t.}\quad a^{\mathrm{T}}a=b^{\mathrm{T}}b=1\end{gathered}\tag{3.9}$$

则矩阵 M 的 SVD 为

$$M=\Sigma_{xx}^{-1/2}\Sigma_{xy}\Sigma_{yy}^{-1/2}=\Gamma\Sigma\Psi^{\mathrm{T}},\quad \Sigma=\begin{bmatrix}\Lambda_{\kappa} & 0\\ 0 & 0\end{bmatrix}\tag{3.10}$$

其中，κ 为主成分数或者非零奇异值数，$\kappa\leqslant\min(l,m)$；$\Lambda_{\kappa}=\mathrm{diag}(\lambda_1,\cdots,\lambda_{\kappa})$，$\lambda_1\geqslant\cdots\geqslant\lambda_{\kappa}\geqslant 0$。

因为 Γ 和 Ψ 的所有列为标准正交基，所以 $a^{\mathrm{T}}\Gamma$ 和 $\Psi^{\mathrm{T}}b$ 都是只有一个元为 1，其余元为 0 的向量。由此可得

$$a^{\mathrm{T}}\Sigma_{xx}^{-1/2}\Sigma_{xy}\Sigma_{yy}^{-1/2}b=a^{\mathrm{T}}\Gamma\Sigma\Psi^{\mathrm{T}}b=\sigma_{ab}\tag{3.11}$$

可以看出，式(3.11)实际上是将 $a^{\mathrm{T}}\Sigma_{xx}^{-1/2}\Sigma_{xy}\Sigma_{yy}^{-1/2}b$ 的最大化问题转化为矩阵 M 最大奇异值对应的左右奇异向量问题。因此，使用相应的左奇异向量 Γ 和右奇异向量 Ψ，可以得到一组典型相关变量的投影向量 α 和 β，即

$$\begin{gathered}\alpha=\Sigma_{xx}^{-1/2}a\\ \beta=\Sigma_{yy}^{-1/2}b\end{gathered}\tag{3.12}$$

3.1.4 基于 CCA 的故障检测

当获得系统中有明确输入输出关系的两类数据时，可采用 CCA 设计有效的故障检测系统。基于 CCA 的故障检测被认为是基于 PCA 故障检测的替代方法和基于 PLS 故障检测的扩展方法[6]。

令

$$\begin{gathered}J_s=\Sigma_{xx}^{-1/2}\Gamma(:,1:\kappa)\\ L_s=\Sigma_{yy}^{-1/2}\Psi(:,1:\kappa)\\ J_{\mathrm{res}}=\Sigma_{xx}^{-1/2}\Gamma(:,\kappa+1:l)\\ L_{\mathrm{res}}=\Sigma_{yy}^{-1/2}\Psi(:,\kappa+1:m)\end{gathered}$$

$J_s^{\mathrm{T}}x$ 与 $L_s^{\mathrm{T}}y$ 是密切相关的。在实际的系统中，测量变量不可避免地会受到噪声的影响，$J_s^{\mathrm{T}}x$ 和 $L_s^{\mathrm{T}}y$ 之间的相关性可以表示为

$$L_s^{\mathrm{T}}y(k)=\Lambda_k^{\mathrm{T}}J_s^{\mathrm{T}}x(k)+v_s(k) \tag{3.13}$$

其中，v_s 为噪声项，与 $J_s^{\mathrm{T}}x$ 弱相关。

据此，残差向量为

$$r_1(k)=L_s^{\mathrm{T}}y(k)-\Lambda_k^{\mathrm{T}}J_s^{\mathrm{T}}x(k) \tag{3.14}$$

假设输入和输出数据服从高斯分布。已知线性变换不会改变随机变量的分布，所以残差信号 r_1 也服从高斯分布。其协方差矩阵为

$$\Sigma_{r1}=\frac{1}{N-1}(L_s^{\mathrm{T}}Y-\Lambda_\kappa^{\mathrm{T}}J_s^{\mathrm{T}}X)(L_s^{\mathrm{T}}Y-\Lambda_\kappa^{\mathrm{T}}J_s^{\mathrm{T}}U)^{\mathrm{T}}=\frac{I_\kappa-\Lambda_\kappa^2}{N-1} \tag{3.15}$$

同样，也可以得到另一个残差向量为

$$r_2(k)=J_s^{\mathrm{T}}x(k)-\Lambda_\kappa L_s^{\mathrm{T}}y(k) \tag{3.16}$$

协方差矩阵为

$$\Sigma_{r2}=\frac{1}{N-1}(J_s^{\mathrm{T}}U-\Lambda_\kappa L_s^{\mathrm{T}}Y)(J_s^{\mathrm{T}}U-\Lambda_\kappa L_s^{\mathrm{T}}Y)^{\mathrm{T}}=\frac{I_\kappa-\Lambda_\kappa^2}{N-1} \tag{3.17}$$

由式(3.15)和式(3.17)可知，残差 r_1 和 r_2 的协方差是一样的。对于故障检测问题，构造两个统计量，即

$$T_1^2(k)=(N-1)r_1^{\mathrm{T}}(k)(I_\kappa-\Lambda_\kappa^2)^{-1}r_1(k) \tag{3.18}$$

$$T_2^2(k)=(N-1)r_2^{\mathrm{T}}(k)(I_\kappa-\Lambda_\kappa^2)^{-1}r_2(k) \tag{3.19}$$

3.2　偏最小二乘

多元线性回归是常见的一种统计分析方法。这类回归方法一般采用最小二乘法估计回归系数。但是，当数据中的自变量之间存在多重相关或者样本数小于变量数时，最小二乘法往往会失效。PLS 技术可以有效解决这个问题。Wold 等[8]首次提出 PLS，并将其应用于化学领域。它针对两组具有高相关性的多变量进行回归建模，集成了多元线性回归分析、PCA 和 CCA 的基本功能。由于 PLS 在数据结构和相关性上的简化模型设计，也被称为第二代回归分析方法[9]。近年来，PLS 及其扩展方法发展迅速，并广泛应用于各个领域[10, 11]。

3.2.1　PLS 的数学基础

假设有 l 个因变量 $(y_1,y_2,\cdots,y_l)$ 和 m 个自变量 $(x_1,x_2,\cdots,x_m)$。为了研究因变量与自变量之间的统计关系，记录 n 个观测样本，并构成一个自变量和因变量的数据集 $(X=[x_1,x_2,\cdots,x_m]\in \mathrm{R}^{n\times m}, Y=[y_1,y_2,\cdots,y_l]\in \mathrm{R}^{n\times l})$。

为了解决 X 和 Y 之间的多元回归问题，PLS 引入成分提取的概念。首先回顾 PCA 的基本思想，对于单测量空间的数据矩阵 X，PCA 可以找到最能表征原始数据中信息的复合变量。用原始数据 X 的最大方差信息提取的主成分 T 为

$$\max \operatorname{var}(T) \tag{3.20}$$

PLS 分别从 X 和 Y 中提取成分向量 t_i 和 u_i，即 t_i 是 $(x_1,x_2,\cdots,x_m)$ 的线性组合，u_i 是 $(y_1,y_2,\cdots,y_l)$ 的线性组合。在主成分提取过程中，为了达到回归分析的需要，应满足两个要求：t_i 和 u_i 分别携带各自对应数据集的变异信息；t_i 和 u_i 间的相关性最大。

这两个要求表明，t_i 和 u_i 应该尽可能表征数据集 X 和 Y 的变异信息，而且自变量的分量 t_i 最能解释因变量的分量 u_i。

3.2.2　PLS 算法

用于提取 PLS 成分向量的流行算法是 NIPALS。首先，为方便计算，对数据进行标准化。数据 X 和 Y 经过标准化后，分别对应矩阵 E_0 和 F_0，即

$$E_0=\begin{bmatrix} x_{11} & \cdots & x_{1m} \\ \vdots & & \vdots \\ x_{n1} & \cdots & x_{nm} \end{bmatrix},\quad F_0=\begin{bmatrix} y_{11} & \cdots & y_{1l} \\ \vdots & & \vdots \\ y_{n1} & \cdots & x_{nl} \end{bmatrix} \tag{3.21}$$

第一步，设 $t_1(t_1=E_0w_1)$ 为 E_0 的第一个分量，w_1 为 E_0 的第一个单位方向向量，即 $w_1=1$。类似地，设 $u_1(u_1=F_0c_1)$ 为 F_0 的第一个分量，c_1 为 F_0 的第一个单位方向向量，即 $c_1=1$。

根据 PCA 原理，为了更好地表示 X 和 Y 中的数据变化信息，t_1 和 u_1 应满足以下条件，即

$$\begin{gathered} \max \operatorname{var}(t_1) \\ \max \operatorname{var}(u_1) \end{gathered} \tag{3.22}$$

另外，回归建模需要进一步要求 t_1 对 u_1 具有最好的解释能力。根据 CCA 的思路，t_1 和 u_1 的相关性 r 应该达到最大值，即

$$\max r(t_1,u_1) \tag{3.23}$$

PLS 回归常采用 t_1 和 u_1 的协方差来描述二者的相关性，即

$$\mathrm{cov}(t_1,u_1)=\sqrt{\mathrm{var}(t_1)\mathrm{var}(u_1)r(t_1,u_1)} \tag{3.24}$$

转化为标准化的形式，则 t_1 和 u_1 可以由以下优化问题求解，即

$$\begin{aligned}&\max_{w_1,c_1}\langle E_0w_1,F_0c_1\rangle\\&\text{s.t.}\quad\begin{cases}w_1^{\mathrm{T}}w_1=1\\c_1^{\mathrm{T}}c_1=1\end{cases}\end{aligned} \tag{3.25}$$

因此，需要在约束条件 $\|w_1\|^2=1$ 和 $\|c_1\|^2=1$ 下计算 $w_1^{\mathrm{T}}E_0^{\mathrm{T}}F_0c_1$ 的最大值。

在这种情况下，拉格朗日函数为

$$s=w_1^{\mathrm{T}}E^{\mathrm{T}}F_0c_1-\lambda_1(w_1^{\mathrm{T}}w_1-1)-\lambda_2(c_1^{\mathrm{T}}c_1-1) \tag{3.26}$$

计算 s 关于 w_1、c_1、λ_1、λ_2 的偏导数，并令它们为零，可得

$$\frac{\partial s}{\partial w_1}=E_0^{\mathrm{T}}F_0c_1-2\lambda_1w_1=0 \tag{3.27}$$

$$\frac{\partial s}{\partial c_1}=E_0^{\mathrm{T}}F_0w_1-2\lambda_2c_1=0 \tag{3.28}$$

$$\frac{\partial s}{\partial \lambda_1}=-(w_1^{\mathrm{T}}w_1-1)=0 \tag{3.29}$$

$$\frac{\partial s}{\partial \lambda_2}=-(c_1^{\mathrm{T}}c_1-1)=0 \tag{3.30}$$

由此可得

$$2\lambda_1=2\lambda_2=w_1^{\mathrm{T}}E_0^{\mathrm{T}}F_0c_1=\langle E_0w_1,F_0c_1\rangle \tag{3.31}$$

令 $\theta_1=2\lambda_1=2\lambda_2=w_1^{\mathrm{T}}E_0^{\mathrm{T}}F_0c_1$，则 θ_1 是优化问题(3.25)的目标函数值。式(3.27)和式(3.28)可重写为

$$E_0^{\mathrm{T}}F_0c_1=\theta_1w_1 \tag{3.32}$$

$$F_0^{\mathrm{T}}E_0w_1=\theta_1c_1 \tag{3.33}$$

将式(3.33)代入式(3.32)，可得

$$E_0^{\mathrm{T}}F_0F_0^{\mathrm{T}}E_0w_1=\theta_1^2w_1 \tag{3.34}$$

类似地，将式(3.32)代入式(3.33)，可得

$$F_0^{\mathrm{T}}E_0E_0^{\mathrm{T}}F_0c_1=\theta_1^2c_1 \tag{3.35}$$

式(3.34)显示 w_1 是矩阵 $E_0^{\mathrm{T}}F_0F_0^{\mathrm{T}}E_0$ 的特征值 θ_1^2 对应的特征向量，其中 θ_1 是目标函数值。若想得到 θ_1 的最大值，w_1 应该是矩阵 $E_0^{\mathrm{T}}F_0F_0^{\mathrm{T}}E_0$ 最大特征值对应的单

位特征向量。同理，c_1 应该是矩阵 $F_0^{\mathrm{T}} E_0 E_0^{\mathrm{T}} F_0$ 最大特征值对应的单位特征向量。

然后，根据方向向量 w_1 和 c_1 计算第 1 个成分分量 t_1 和 u_1，即

$$\begin{aligned} t_1 &= E_0 w_1 \\ u_1 &= F_0 c_1 \end{aligned} \tag{3.36}$$

由 t_1 和 u_1 可以求得 E_0 和 F_0 间的回归方程，即

$$\begin{aligned} E_0 &= t_1 p_1^{\mathrm{T}} + E_1 \\ F_0 &= u_1 q_1^{\mathrm{T}} + F_1^* \\ F_0 &= t_1 r_1^{\mathrm{T}} + F_1 \end{aligned} \tag{3.37}$$

其中，E_1、F_1^* 和 F_1 为 3 个回归方程的残差矩阵，相关的回归系数向量分别为

$$\begin{aligned} p_1 &= \frac{E_0^{\mathrm{T}} t_1}{\| t_1 \|^2} \\ q_1 &= \frac{F_0^{\mathrm{T}} u_1}{\| u_1 \|^2} \\ r_1 &= \frac{F_0^{\mathrm{T}} t_1}{\| t_1 \|^2} \end{aligned} \tag{3.38}$$

分别用残差矩阵 E_1 和 F_1 替换 E_0 和 F_0，可以找到第 2 对方向向量 w_2 和 c_2，以及第 2 对成分分量 t_2 和 u_2，即

$$\begin{aligned} t_2 &= E_1 w_2 \\ u_2 &= F_1 c_2 \\ \theta_2 &= w_2^{\mathrm{T}} E_1^{\mathrm{T}} F_1 c_2 \end{aligned} \tag{3.39}$$

同理，w_2 是矩阵 $E_1^{\mathrm{T}} F_1 F_1^{\mathrm{T}} E_1$ 最大特征值对应的单位特征向量，c_2 是矩阵 $F_1^{\mathrm{T}} E_1 E_1^{\mathrm{T}} F_1$ 最大特征值对应的单位特征向量。计算回归系数，即

$$\begin{aligned} p_2 &= \frac{E_1^{\mathrm{T}} t_2}{\| t_2 \|^2} \\ r_2 &= \frac{F_1^{\mathrm{T}} t_2}{\| t_2 \|^2} \end{aligned} \tag{3.40}$$

更新回归方程为

$$\begin{aligned} E_1 &= t_2 p_2^{\mathrm{T}} + E_2 \\ F_1 &= t_2 r_2^{\mathrm{T}} + F_2 \end{aligned} \tag{3.41}$$

按照上述步骤重复计算。如果 X 的秩为 R，得到的回归方程为

$$
\begin{aligned}
E_0 &= t_1 p_1^{\mathrm{T}} + \cdots + t_R p_R^{\mathrm{T}} \\
F_0 &= t_1 r_1^{\mathrm{T}} + \cdots + t_R r_R^{\mathrm{T}} + F_R
\end{aligned}
\tag{3.42}
$$

如果 PLS 建模中使用的特征向量数量足够大，则残差可能为零。一般情况下，只需从中选取 $d(d \ll R)$ 个主成分分量即可得到预测精度较好的回归模型。建模所需的主成分数量由 3.2.3 节的交叉验证确定。一旦确定合适的主成分数量 d，输入变量矩阵 X 的外部关系为

$$
X = TP^{\mathrm{T}} + \bar{X} = \sum_{h=1}^{d} t_h p_h^{\mathrm{T}} + \bar{X} \tag{3.43}
$$

输出变量矩阵 Y 的外部关系为

$$
Y = UQ^{\mathrm{T}} + \bar{Y} = \sum_{h=1}^{d} u_h q_h^{\mathrm{T}} + \bar{Y} \tag{3.44}
$$

其内部关系表示为

$$
\hat{u}_h = b_h t_h, \quad b_h = t_h^{\mathrm{T}} u_h / t_h^{\mathrm{T}} t_h \tag{3.45}
$$

3.2.3　交叉验证

在绝大多数情况下，PLS 回归方程不需要选择所有的成分分量进行回归建模，而是像 PCA 一样，可以通过截断的方式选择前 $d(d \leqslant l)$ 个主成分，仅使用这些主成分就可以获得不错的预测模型。事实上，如果后续的成分分量不再提供更有意义的信息来解释因变量，使用过多的成分分量只会破坏对统计趋势的理解，导致错误的预测结论。通过交叉验证确定建模所需的主成分数量，可以防止由模型过于复杂引起的过拟合。

交叉验证也称循环估计，是一种统计上常用的方法[12,13]。它将数据样本切割成更小的子集，先在一个子集上完成回归分析，其他子集对此回归分析结果进行后续确认和校验。用于分析的子集称为训练集，其他子集称为验证集，通常与测试集是不同的。实践中经常使用的两种交叉验证方法是 K-fold 交叉验证(K-fold cross validation，K-CV)和留一法交叉验证(leave-one-out cross verification，LOO-CV)。

K-CV 就是将 n 个原始数据分成 K 个组(一般是均分)，将每个数据子集分别放入一次验证集，其余的 $K-1$ 子集数据作为训练集。如此可以得到 K 个回归模型。一般情况下，K 取值在 5～10 之间。LOO-CV 本质上是 n-CV 方法。下面以 LOO-CV 为例，详细说明确定主成分个数的过程。

所有 n 个样本可以分为两个子集。第一个子集是除某个样本 i 之外的所有样本集(包含 $n-1$ 个样本)，作为训练集拟合得到基于 d 个主成分的回归方程；第二个子集是测试集，只包含刚刚排除在拟合回归方程中的第 i 个样本，将其代入回

归方程得到预测值 $\hat{y}_{(i)j}(d), j=1,2,\cdots,l$ 。对每个 $i=1,2,\cdots,n$ ，重复上述测试，定义每个因变量 y_j 的预测误差平方和 $\text{PRESS}_j(d)$ 为

$$\text{PRESS}_j(d)=\sum_{i=1}(y_{ij}-\hat{y}_{(i)j}(d))^2,\quad j=1,2,\cdots,l \tag{3.46}$$

全部因变量 $Y=(y_1,y_2,\cdots,y_l)^{\mathrm{T}}$ 的预测误差平方和为

$$\text{PRESS}(d)=\sum_{j=1}^{l}\text{PRESS}_j(d) \tag{3.47}$$

显然，如果回归方程的鲁棒性不好，则误差较大，因此对样本的变化非常敏感。这种扰动误差的影响会增加 $\text{PRESS}(d)$ 。

另外，使用所有样本点拟合基于 d 个主成分的回归方程。在这种情况下，第 i 个样本点的拟合值为 $\hat{y}_{ij}(d)$ 。类似地，定义每个因变量 y_j 的预测误差平方和 $\text{SS}_j(d)$ 为

$$\text{SS}_j(d)=\sum_{i=1}^{n}(y_{ij}-\hat{y}_{ij}(d))^2 \tag{3.48}$$

全部因变量 Y 的预测误差平方和为

$$\text{SS}(d)=\sum_{i=1}^{l}\text{SS}_j(d) \tag{3.49}$$

$\text{SS}(d)$ 是拟合所有样本得到的拟合误差， $\text{PRESS}(d)$ 是所有样本测试误差的累积，明显包含未知扰动导致的误差。因此，一般情况下，$\text{PRESS}(d)$ 大于 $\text{SS}(d)$ 。此外，全部样本的拟合误差一定随着主成分数量的增加而减小，即 $\text{SS}(d)$ 小于 $\text{SS}(d-1)$ 。接下来，比较 $\text{SS}(d-1)$ 和 $\text{PRESS}(d)$ 。如果带有扰动误差的 d 分量回归方程比 $d-1$ 分量回归方程的拟合误差小一些，即 $\text{PRESS}(d)<\text{SS}(d-1)$ ，则认为增加一个分量 t_d 会明显改善预测的准确性。因此，总是期望 $\dfrac{\text{PRESS}(d)}{\text{SS}(d-1)}$ 的比值越小越好，一般设置为

$$\frac{\text{PRESS}(d)}{\text{SS}(d-1)}\leqslant(1-0.05)^2=0.95^2 \tag{3.50}$$

如果 $\text{PRESS}(d)\leqslant 0.95^2\text{SS}(d-1)$，则认为添加新的成分分量有益于改善预测精度；反之，如果 $\text{PRESS}(d)\geqslant 0.95^2\text{SS}(d-1)$ ，则认为新加入的成分分量对降低回归方程的预测精度没有明显效果。

对于每个因变量 y_j ，定义

$$Q_{dj}^2=1-\frac{\text{PRESS}_j(d)}{\text{SS}_j(d-1)} \tag{3.51}$$

对于全部因变量Y，交叉验证指标定义为

$$Q_d^2 = 1 - \frac{\text{PRESS}(d)}{\text{SS}(d-1)} \tag{3.52}$$

分量t_d对回归模型预测精度的边际贡献可以从上述两种交叉验证指标来分析。

① 如果$Q_d^2 > 1 - 0.95^2 = 0.0975$，那么认为$t_d$分量的边际贡献显著。

② 如果对于$k = 1,2,\cdots,l$，至少有一个k使$Q_{dj}^2 > 0.0975$成立，此时添加t_d分量至少能够保证因变量y_k的预测精度显著提升。因此，也可以认为分量t_d的边际贡献是显著的。

参考文献

[1] Hotelling H. Relations between two sets of variates. Biometrika Trust, 1936, 28(3/4): 321-377.

[2] 李文平, 杨静, 张健沛, 等. 基于 CCA 的个性化轨迹隐私保护算法. 吉林大学学报(工学版), 2015, 45(2): 630-638.

[3] 张克军, 窦建君. 基于 CCA 的图像特征匹配算法. 云南民族大学学报(自然科学版), 2015, 24(3): 244-247.

[4] 李春茂, 张凯兵, 刘薇, 等. 基于典型相关分析特征融合的行人再识别方法. 光电子 · 激光, 2020, 31(5): 500-508.

[5] 侯彬. 基于稀疏表示的典型相关分析算法研究. 南京: 南京理工大学, 2013.

[6] Chen Z W, Ding S X, Zhang K, et al. Canonical correlation analysis-based fault detection methods with application to alumina evaporation process. Control Engineering Practice, 2016, 46: 51-58.

[7] Chen Z, Zhang K, Ding S X, et al. Improved canonical correlation analysis-based fault detection methods for industrial processes. Journal of Process Control, 2016, 41: 26-34.

[8] Wold S, Wold K N, Skagerberg B. Nonlinear PLS modeling. Chemometrics & Intelligent Laboratory Systems, 1989, 7(1-2): 53-65.

[9] Hair J, Tomas M, Christian M, et al. A primer on partial least squares structural equation modeling (PLS-SEM). Manchester: Sage, 2016.

[10] Okwuashi O, Ndehedehe C, Attai H. Tide modeling using partial least squares regression. Ocean Dynamics, 2020, 70(8): 1089-1101.

[11] Ramin N, Werner Z, Edwin L, et al. Domain-invariant partial-least-squares regression. Analytical Chemistry, 2018, 90(11): 6693-6701.

[12] Edoardo S J. On the use of the observation-wisek-fold operation in PCA cross-validation. Journal of Chemometrics, 2015, 29(8): 467-478.

[13] Wang S, Ding Z, Yun F. Cross-generation kinship verification with sparse discriminative metric. IEEE Transactions on Pattern Analysis and Machine Intelligence, 2018, 41(11): 2783-2790.

第 4 章　故障诊断的仿真平台

为了进一步测试各种基于多元统计分析的故障诊断方法有效性，有必要在领域公认的基准仿真平台上进行相应的仿真实验。因此，本章介绍两种故障诊断领域常用的基准仿真平台，即田纳西-伊士曼(Tennessee Eastman，TE)过程仿真平台和青霉素发酵过程仿真平台。该平台模拟了一种典型的连续化工生产过程，青霉素发酵过程仿真平台模拟了一种典型的间歇化工生产过程，它们代表流程制造业中的两种典型生产方式。这两个仿真平台被广泛应用于测试工业过程的故障检测、分类和识别。

4.1　TE 过程

TE 过程及仿真平台最初是由 Downs 等[1]在 1993 年提出，可以作为控制领域中开放性、挑战性问题解决方案的测试平台，包括多变量控制器设计优化、自适应和预测控制、非线性控制、估计与辨识、过程监控与诊断，以及教学等相关领域的难题。TE 过程仿真平台根据实际的化工生产流程建立，已成为控制和故障诊断研究的基准被广泛使用。图 4.1 所示为 TE 过程的流程图，包括反应器、冷凝器、压缩机、汽液分离器、汽提塔五大单元。输入 4 种气体物质 A、C、D、E 和惰性气体 B，产生化学反应，最终生产物是三种液体，包括 G、H 和 F，其中 F 是副产物。具体化学反应为

$$
\begin{gathered}
\mathrm{A(g)+C(g)+D(g)\longrightarrow G(liq)},\quad \text{产品G} \\
\mathrm{A(g)+C(g)+E(g)\longrightarrow H(liq)},\quad \text{产品H} \\
\mathrm{A(g)+E(g)\longrightarrow F(liq)},\quad \text{副产品} \\
\mathrm{3D(g)\longrightarrow 2F(liq)},\quad \text{副产品}
\end{gathered}
\tag{4.1}
$$

TE 过程的数据采集包括操纵变量模块(XMV)和测量变量模块(XMEAS)。其中，XMV 模块包含 12 个操纵变量(XMV(1)～XMV(12):x_{23}～x_{34})，XMEAS 模块包含 22 个过程测量变量(XMEAS(1)～XMEAS(22):x_1～x_{22})和 19 个组分测量变量(XMEAS(23)～XMEAS(41):x_{35}～x_{53})。TE 过程的监控变量如表 4.1 和表 4.2 所示。组分变量为该反应过程的质量变量，可以通过分析仪分析获得，因此采样周期明显低于操纵变量和过程变量。

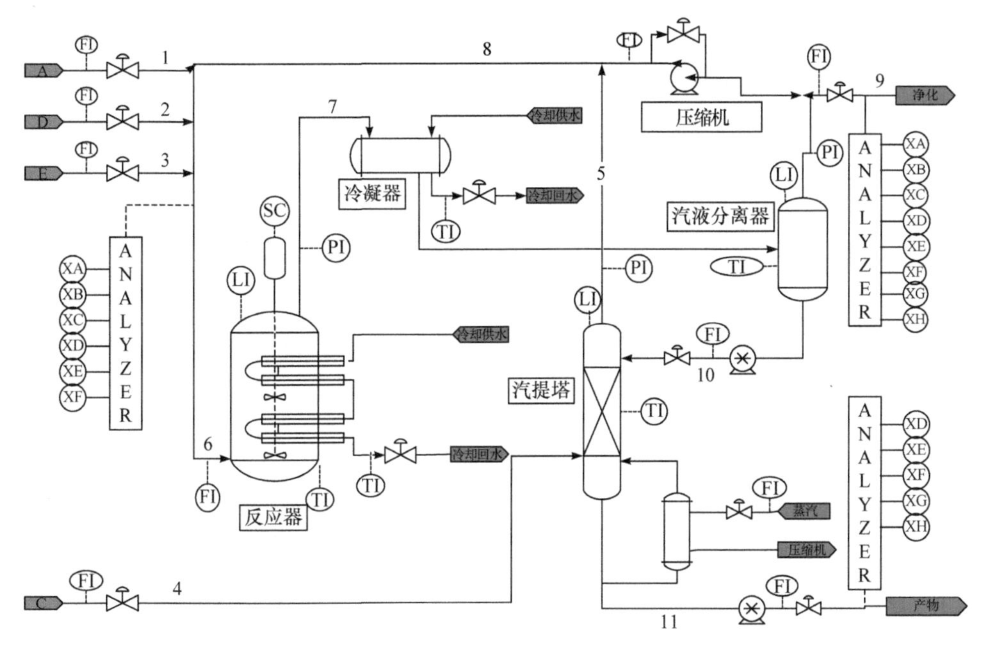

图 4.1　TE 过程的流程图

表 4.1　TE 过程的监控变量(x_1～x_{34})

序号	变量名称	单位	序号	变量名称	单位
x_1	A 进料量(流 1)	kmol/h	x_{15}	汽提器液位	%
x_2	D 进料量(流 2)	kg/h	x_{16}	汽提器压力	kPa
x_3	E 进料量(流 3)	kg/h	x_{17}	汽提器底部流量(流 11)	m^3/h
x_4	A 和 C 的总进料量(流 4)	kmol/h	x_{18}	汽提器温度	℃
x_5	回流流量(流 8)	kmol/h	x_{19}	汽提器流量	kg/h
x_6	反应器进料流量(流 6)	kmol/h	x_{20}	压缩机功率	kW
x_7	反应器压力	kPa	x_{21}	反应器冷却水出口温度	℃
x_8	反应器液位	%	x_{22}	分离器冷却水出口温度	℃
x_9	反应器温度	℃	x_{23}	D 进料阀(流 2)	%
x_{10}	放空速率(流 9)	kmol/h	x_{24}	E 进料阀(流 3)	%
x_{11}	产品分离器温度	℃	x_{25}	A 进料阀(流 1)	%
x_{12}	产品分离器液位	%	x_{26}	A 和 C 的进料阀(流 4)	%
x_{13}	产品分离器压力	kPa	x_{27}	压缩机循环阀	%
x_{14}	产品分离器底部流量(流 10)	m^3/h	x_{28}	放空阀(流 9)	%

续表

序号	变量名称	单位	序号	变量名称	单位
x_{29}	分离器液体流量阀(流 10)	%	x_{32}	反应器冷却水流量阀	%
x_{30}	汽提器液体产品流量阀(流 11)	%	x_{33}	冷凝器冷却水流量阀	%
x_{31}	汽提器蒸汽阀	%	x_{34}	搅拌器速度	%

表 4.2　TE 过程的监控变量(x_{35}～x_{53})

序号	变量名称	物流	序号	变量名称	物流
x_{35}	组分 A	6	x_{45}	组分 E	9
x_{36}	组分 B	6	x_{46}	组分 F	9
x_{37}	组分 C	6	x_{47}	组分 G	9
x_{38}	组分 D	6	x_{48}	组分 H	9
x_{39}	组分 E	6	x_{49}	组分 D	11
x_{40}	组分 F	6	x_{50}	组分 E	11
x_{41}	组分 A	9	x_{51}	组分 F	11
x_{42}	组分 B	9	x_{52}	组分 G	11
x_{43}	组分 C	9	x_{53}	组分 H	11
x_{44}	组分 D	9			

该仿真平台的代码可在华盛顿大学 N L Ricker 教授研究室官网下载。通过设置不同的操作模式、测量噪声、采样时间和故障大小等，可以获得丰富的过程数据。TE 过程的干扰/故障操作如表 4.3 所示，其中包括 21 种人为干扰，可以看作故障诊断问题中的故障操作。一般来说，整个 TE 数据由训练集和测试集组成，每一组包含 22 种不同仿真操作下的数据(正常操作和 21 种故障操作)。每种操作都对 53 个观测变量进行采样测量。

表 4.3　TE 过程的干扰/故障操作

故障序号 IDV	过程变量	操作方式
1	B 组分恒定，A/C 进料比率变化(流 4)	阶跃
2	A/C 进料比率恒定，B 组分变化(流 4)	阶跃
3	组分 D 进料温度变化(流 2)	阶跃
4	反应器冷却水出口温度变化	阶跃
5	冷凝器冷却水出口温度变化	阶跃

续表

故障序号 IDV	过程变量	操作方式
6	组分 A 泄漏(流 1)	阶跃
7	组分 C 压力损失，减少可用性(流 4)	阶跃
8	组分 A、B、C 进料变化(流 4)	随机
9	组分 D 温度变化(流 2)	随机
10	组分 C 温度变化(流 4)	随机
11	反应器冷却水出口温度变化	随机
12	冷凝器冷却水出口温度变化	随机
13	反应器动力性能变化	缓慢漂移
14	反应器冷却水出口阀门	阻塞
15	冷凝器冷却水出口阀门	阻塞
16	未知	未知
17	未知	未知
18	未知	未知
19	未知	未知
20	未知	未知
21	阀门位置(流 4)	恒定

在相关数据集中，d00.dat～d21.dat 为训练数据集，d00_te.dat～d21_te.dat 为测试数据集。d00.dat 和 d00_te.dat 为正常运行条件下的样本。d00.dat 的训练样本是在 25h 运行模拟下采样的，观测数据的总数为 500。d00_te.dat 测试样本在 48h 模拟运行下获得，观测数据总数为 960。d01.dat～d21.dat(用于训练)和 d01_te.dat～d21_te.dat(用于测试)代表不同故障下的采样，其中数据集的数值标签与故障类型相对应。所有的故障测试数据都是在 48 h 运行仿真下得到的，其中故障在第 8h 引入，共采集观测数据 960 个，前 160 个观测数据处于正常运行状态。值得指出的是，Leoand 等[2]生成的数据集被广泛用于过程监控和故障诊断研究。

4.2　青霉素间歇发酵过程

间歇生产方式主要适用于多品种、小批量的快捷响应制造，其中间歇发酵工艺广泛应用于精细化工和制药工业等，其主要目标是产量最大化。间歇操作明显不同于连续操作，存在强时变、强非线性、非平稳、批次间可变性等特点。这些特点导致产量很难预测。因此，与连续的 TE 过程相比，间歇过程的故障检测、分类和识别存在更多的困难。

青霉素间歇发酵过程的模型可参考 Birol 等[3]的成果，具体可描述为

$$\begin{aligned}X&=f(X,S,C_L,\mathrm{H},T)\\S&=f(X,S,C_L,\mathrm{H},T)\\C_L&=f(X,S,C_L,\mathrm{H},T)\\P&=f(X,S,C_L,\mathrm{H},T,P)\\\mathrm{CO_2}&=f(X,\mathrm{H},T)\\\mathrm{H}&=f(X,\mathrm{H},T)\end{aligned}\tag{4.2}$$

其中，X、S、C_L、P、$\mathrm{CO_2}$和H分别为生物量浓度、底物浓度、溶解氧浓度、青霉素浓度、二氧化碳浓度、pH([$\mathrm{H^+}$])的氢离子浓度和温度，文献[3]给出了相应的详细数学模型。

伊利诺伊理工大学的研究小组开发了基于非结构化模型的青霉素生产动态仿真平台 PenSim V2.0。它作为间歇或半间歇补料的批次反应过程的统计监控研究的基准平台已经得到广泛应用[4-6]。青霉素发酵过程流程图如图 4.2 所示。葡萄糖底物在间歇操作模式下，以开环方式连续进料到发酵罐中。系统设计了两组 PID(proportional integral derivative，比例、积分、微分)串级控制器，调节酸碱流

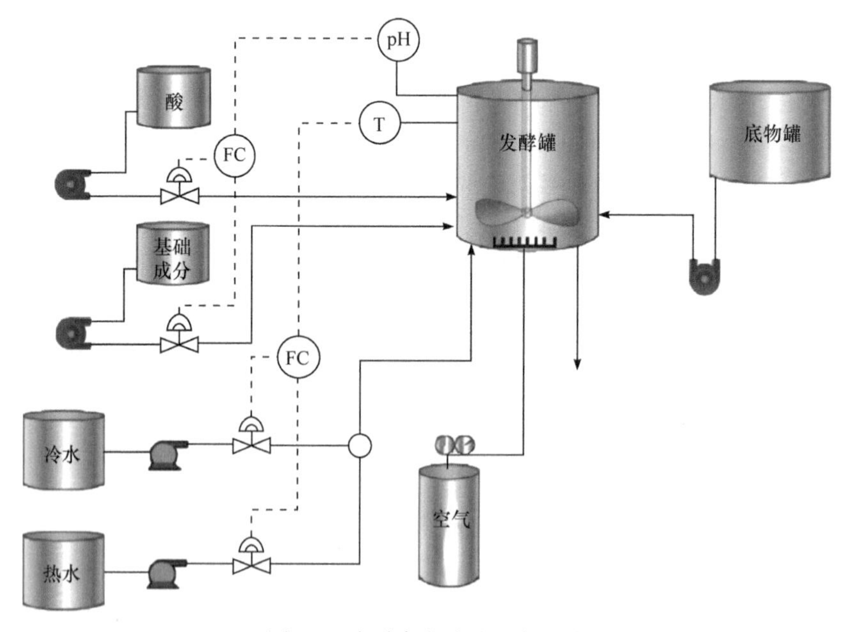

图 4.2　青霉素发酵过程流程图

量比例和冷热水的流量比例，从而实现对反应釜温度和生成物 pH 值的控制。

在 PenSim V2.0 模型中考虑 14 个变量，包括 5 个输入变量(1～4、14)和 9 个过程变量(5～13)。青霉素发酵过程中的变量如表 4.4 所示。由于变量 11～13 在工业上没有实时测量，因此这里只监控 11 个变量。

表 4.4　青霉素发酵过程中的变量

序号	变量	序号	变量
1	气体流量(L/h)	8	pH
2	搅拌器功率(W)	9	发酵罐温度(K)
3	基质补料速度(L/h)	10	产生热量(cal)
4	基质补料温度(K)	11	冷却水流量(L/h)
5	溶解氧浓度(g/L)	12	青霉素浓度(g/L)
6	培养基容量(L)	13	生物量浓度(g/L)
7	二氧化碳浓度(g/L)	14	基质浓度(g/L)

4.3　基于 PCA、CCA 和 PLS 的故障检测

本节主要测试各种多元统计方法对 TE 过程的有效性。选择正常运行数据 d00_te 作为训练统计模型的数据，故障运行数据 d01_te～d21_te 用于测试模型和检测故障。在 PCA 和 PLS 实验中，过程变量矩阵 X 由过程变量和操纵变量组成。采用 XMEAS(35)作为 PLS 的质量变量矩阵 Y 。CCA 实验涉及的两个数据集分别为过程变量集(XMEAS(1～22))和操纵变量集(XMV(1～11))。

PCA 和 PLS 分别采用 T^2 和 Q 两个统计量对过程故障进行检测。在 CCA 的检测中，分别采用式(3.18)和式(3.19)作为检测指标，基于 99%置信水平设计统计量的阈值。常见的故障检测性能评价指标有故障检测率(fault detection rate，FDR)和故障误报率(false alarm rate，FAR)[7-9]，定义为

$$\begin{aligned} \text{FDR} &= \frac{\text{No.of samples}(J > J_{\text{th}} | f \neq 0)}{\text{total samples}(f \neq 0)} \times 100\% \\ \text{FAR} &= \frac{\text{No.of samples}(J > J_{\text{th}} | f = 0)}{\text{total samples}(f = 0)} \times 100\% \end{aligned} \tag{4.3}$$

实验和模型参数如下，PCA 的主成分由 90%的累计贡献率确定；选择 PLS 的主成分个数为 6。对于 21 种故障类型，PCA、CCA 和 PLS 三种方法得到的故障 FDR 如表 4.5 所示。可以看出，多元统计方法(包括 PCA、CCA 和 PLS)能够准确

地检测出过程中出现的显著故障。

图 4.3～图 4.5 分别给出了 PCA、CCA 和 PLS 对典型故障 IDV(1)、IDV(16) 和 IDV(20)的检测结果。其中，实线为实时数据计算的统计量，虚线为正常数据离线建模确定的阈值。

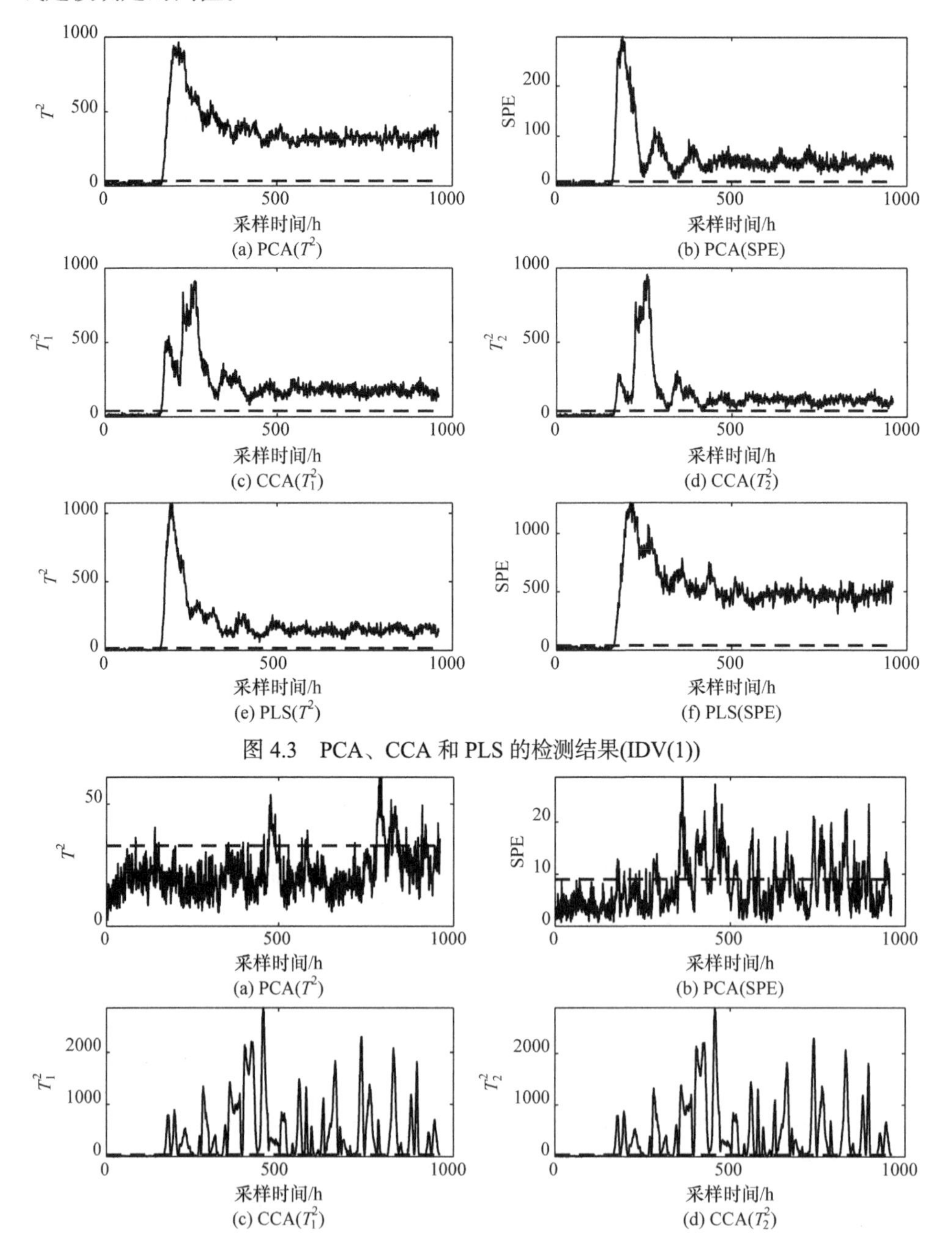

图 4.3　PCA、CCA 和 PLS 的检测结果(IDV(1))

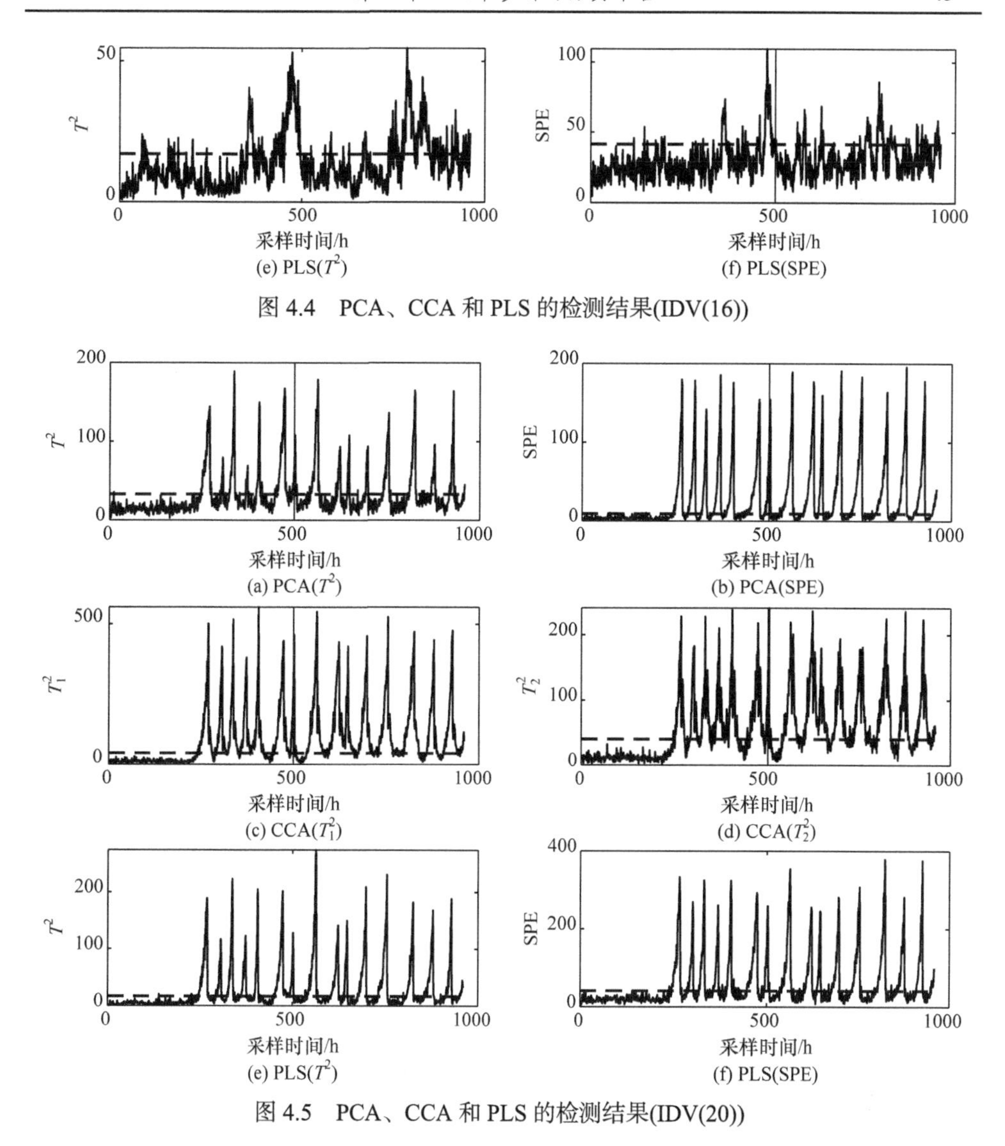

图 4.4　PCA、CCA 和 PLS 的检测结果(IDV(16))

图 4.5　PCA、CCA 和 PLS 的检测结果(IDV(20))

容易发现，CCA 对表 4.5 中的某些故障类型有更好的检测能力，例如故障 IDV(10)、IDV(16)、IDV(19)和 IDV(20)。为什么 CCA 在某些故障中表现出比其他两种方法更好的检测能力？这可以通过检验三种方法对过程变量 X 的处置方法来说明。与 PCA 和 PLS 不同，CCA 直接将 X 空间分成两部分，并通过检查这两部分之间的相关性来提取潜变量，即在一定程度上，CCA 提取的潜变量能更好地描述过程中的变化。

表 4.5　PCA、CCA 和 PLS 的 FDR

故障序号 IDV	PCA		CCA		PLS	
	T^2	SPE	T_1^2	T_2^2	T^2	SPE
1	99.13	99.88	99.38	99.63	99.75	99.38
2	98.38	95.13	95.63	96.13	98.63	97.75
3	1.00	3.00	0.25	0.50	3.75	1.88
4	50.88	99.88	100.00	97.38	40.63	96.88
5	23.75	23.88	100.00	100.00	25.52	25.88
6	99.00	100.00	100.00	100.00	99.25	100.00
7	100.00	100.00	100.00	83.00	99.13	100.00
8	97.00	86.25	87.00	92.25	96.88	96.75
9	1.50	2.00	0.13	0.13	2.13	2.25
10	27.88	36.13	78.75	79.38	57.00	31.25
11	52.50	61.63	77.00	56.88	41.88	65.75
12	98.38	90.25	97.00	99.00	99.00	96.75
13	93.75	95.13	94.38	94.25	95.50	94.25
14	99.88	98.88	100.00	99.88	99.88	100.00
15	1.25	2.00	0.63	0.75	4.50	1.13
16	12.13	36.25	85.00	86.63	29.75	19.25
17	79.50	95.88	91.38	95.25	80.13	89.75
18	89.13	90.50	89.50	89.50	89.50	89.50
19	11.63	16.50	84.38	84.25	1.63	13.38
20	31.13	52.75	70.38	75.50	41.75	45.38
21	41.25	48.75	26.63	36.88	56.38	43.00

4.4　基于 FDA 的故障分类

为了进一步检验故障分类的有效性，采用 21 个故障数据集的第 161～700 个样本和正常数据集进行 FDA 模型的训练，将第 701～960 个样本的相应数据用于检验 FDA 模型及其分类能力。FDA 是验证分类效果和识别故障类型的经典方法。本章引入距离度量指标 D_2 度量不同故障之间的差异[10]，即

$$D_2 = \| \mathrm{FDA}_i - \mathrm{FDA}_j \| \tag{4.4}$$

其中，FDA_i 为第 i 个故障的 FDA 特征向量。

值得指出的是，该距离指标并不能用来分类。它仅仅是各类故障投影之后彼此之间远近程度的一个简单度量，只能大致反映各类故障分类的难易程度。

不同故障的 D_2 指标如图 4.6 所示。22 种数据(包括正常操作数据和 21 种故障操作数据)大致可以分为两大类。一类是与其他故障有显著区别的故障，包含故障 IDV(2)(图中使用◇)、IDV(6)(图中使用○)和 IDV(18)(图中使用*)；另一类是特征相对接近的故障集合。

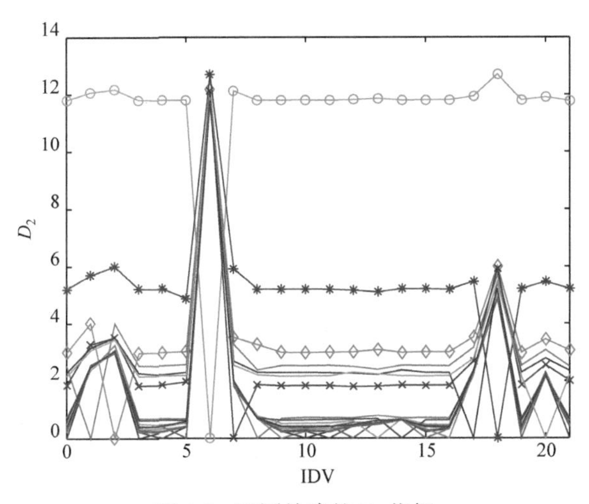

图 4.6　不同故障的 D_2 指标

进一步，FDA 对故障 IDV(1)、IDV(2)、IDV(6)和 IDV(20)的识别结果如图 4.7 所示。这些故障的 D_2 指标差异很大。相反，某些故障在 D_2 指标上的差异非常小。例如，故障 IDV(4)、IDV(11)和 IDV(14)具有类似的 FDA D_2 指标，故障 IDV(4)、IDV(11)和 IDV(14)的 D_2 指标如图 4.8 所示。FDA 对故障 IDV(4)、IDV(11)和 IDV(14)

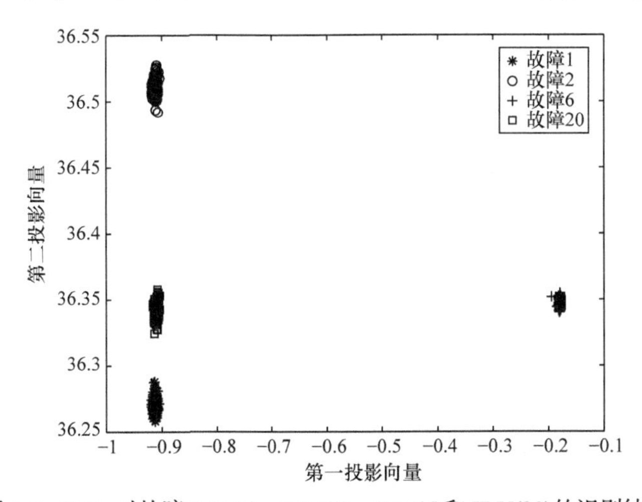

图 4.7　FDA 对故障 IDV(1)、IDV(2)、IDV(6)和 IDV(20)的识别结果

的数据投影散点如图 4.9 所示。可以大致看出，这些故障很难基于 FDA 模型进行准确分类。

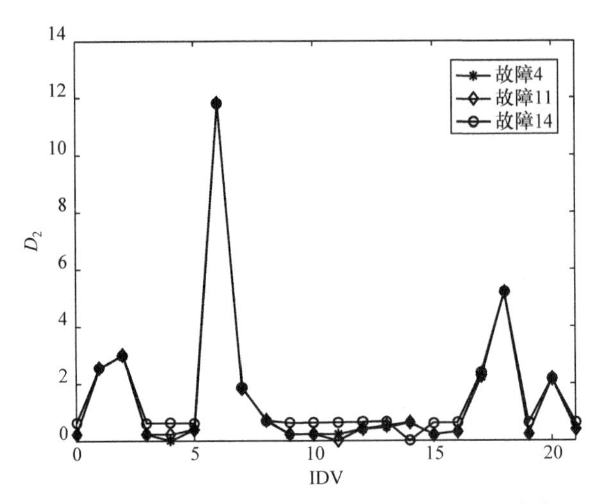

图 4.8　故障 IDV(4)、IDV(11)和 IDV(14)的 D_2 指标

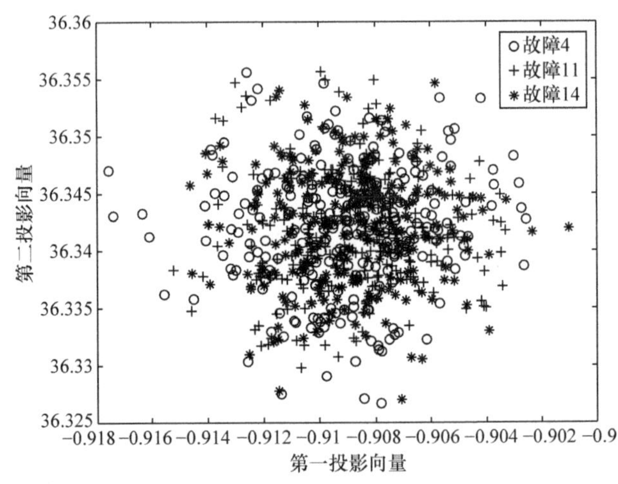

图 4.9　FDA 对故障 IDV(4)、IDV(11)和 IDV(14)的数据投影散点

4.5　结　　论

本章介绍了两种用于统计监控方法测试的基准仿真平台，并采用传统多元统计方法 PCA、PLS、CCA、FDA 完成故障检测与识别实验。这些基本实验有助于说明几种方法的特点及其故障检测效果。实际上，目前已有大量的研究人员提出众多的改进方法克服传统多元统计分析方法的局限性。应该指出的是，每种方法

都有各自的应用条件和适用范围，没有一种方法在性能上完全优于其他方法。此外，基于数据的故障检测方法需要结合实际的监控对象，并根据其机理知识和特点对传统方法进行改进。

参 考 文 献

[1] Downs J J, Vogel E F. A plant-wide industrial process control problem. Computers & Chemical Engineering, 1993, 17(3): 245-255.

[2] Leoand M, Russell E, Braatz R. Tennessee Eastman Process. London: Springer, 2001.

[3] Birol G, Undey C, Cinar A. A modular simulation package for fed-batch fermentation: penicillin production. Computers & Chemical Engineering, 2002, 26(11): 1553-1565

[4] 王妍. 青霉素发酵间歇过程特征状态监督系统. 北京: 北京化工大学, 2011.

[5] Hematillake D, Freethy D, Mcgivern J, et al. Design and optimization of a penicillin fed-batch reactor based on a deep learning fault detection and diagnostic model. Industrial & Engineering Chemistry Research, 2022, (13): 61-74.

[6] Rodrigues J, Filho R M. Optimal feed rates strategies with operating constraints for the penicillin production process. Chemical Engineering Science, 1996, 51(11): 2859-2864.

[7] Ping Z, Ding S X. An integrated trade-off design of observer based fault detection systems. Automatica, 2008, 44(7): 1886-1894.

[8] Ding S X. Integrated Design of Fault Detection Systems. London: Springer, 2013.

[9] Wu Y, Zhao D, Liu S, et al. Fault detection for linear discrete time-varying systems with multiplicative noise based on parity space method. ISA Transactions, 2021, 121: 156-170.

[10] 钟彬. 质量相关的统计过程监控和故障诊断方法研究. 北京: 北京化工大学, 2016.

第 5 章　多模态间歇过程的软过渡 PCA 监控

随着现代工业的发展，具有灵活性、周期短等优点的间歇工业生产方式不断被改进和完善，越来越多地应用于生物、化工、食品、半导体等具有高附加值的工业生产过程中。发酵、聚合、制药等间歇生产过程本身对外界的干扰十分敏感，微小的扰动就足以影响最终的产品质量，因此间歇过程的精确监控，以及故障诊断是十分重要的。与连续过程不同，间歇过程并非一直处于稳定模态，具有时变、持续时间短，以及非线性强等特点，建立精确的监控模型十分困难，这使得操作人员在过程发生异常时不能及时发现故障。因此，研究间歇过程的监控技术，在过程异常恶化进而导致整个生产过程发生问题前及时发现并指导操作人员采取正确的解决方案，具有十分重要的现实意义。

通常，间歇过程是按一系列操作步骤进行的，称为多时段生产或多模态生产。一般情况下，从生产机理来看，划分时段或模态的依据是不同的，但从过程监控角度来看，对监控方法的阐述是没有差别的。为方便起见，后续的文字均采用“模态”术语进行描述。不同模态的固有性质是不同的，因此需要开发多模态模型。每个模型代表一个特定的模态，同时还需要关注不同模态之间的过渡行为。本章重点介绍基于多模态模型的间歇过程监控方法。首先，给出一种改进的在线 sub-PCA 方法解决多模态间歇过程的监控问题，采用基于 SVDD 的两步子模态划分方法，使间歇过程的多操作模态划分更加精确。然后，考虑机理知识，将采样时间引入 PCA 监控模型的载荷矩阵中，避免故障数据导致的模态误划分。最后，采用 SVDD 方法进一步细化初始的模态划分，得到稳定期和过渡期之间的软过渡子模态。软过渡的思想有助于进一步提高模态划分的精度。在此基础上，建立各子模态的监控模型，给出在线故障检测的实施算法。与传统的 sub-PCA 方法相比，该方法对模态的划分更加准确，因此能较早地发现故障，避免误报。

5.1　间歇过程多模态 sub-PCA 监控方法

一般间歇过程监控采用多模态 sub-PCA 方法。它将整个过程划分为多个操作时段或模态[1]。多模态 sub-PCA 包括数据矩阵展开、模态划分和 sub-PCA 建模。

(1) 数据矩阵展开

间歇过程数据一般表达为三维数据 $X(I \times J \times K)$，其中 I 为批次个数，J 为变量个数，K 为给定批次内采样时间个数。在建立统计模型之前，应该将原始数据 X 重新展开为二维数据矩阵。两种较为传统的数据展开方法分别为按批次展开法和按变量展开法，其中常用的是按批次展开，将三维矩阵 X 切割成 K 个时间片矩阵。

将三维数据 $X(I \times J \times K)$ 展开为 K 个二维时间片矩阵 $X_k(I \times J)$，$k = 1,2,\cdots,K$。三维数据展开后并不直接将其组成一个二维矩阵，而是将各时间片矩阵作为相对独立的数据模型进行分析。间歇过程数据的二维时间片展开如图 5.1 所示[2,3]。有时不同的批次有不同的生产长度，即采样个数 K 是不同。因此，在展开之前，需要对齐过程数据。数据对齐方法有很多，如直接对缺失采样时刻的数据补零[4]、动态时间规整(dynamic time warping，DTW)[5]。

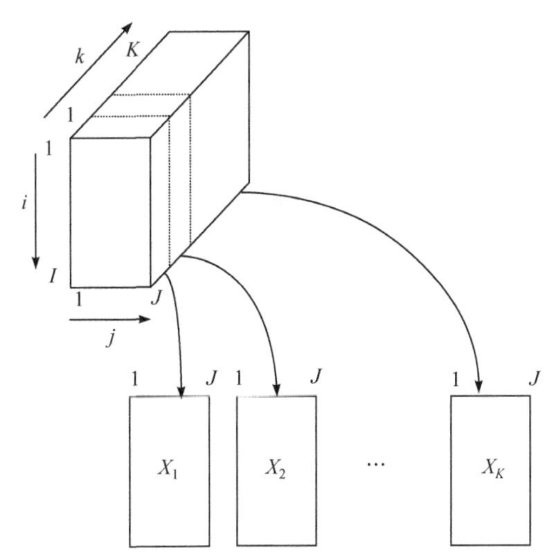

图 5.1　间歇过程数据的二维时间片展开

(2) 模态划分

传统的多元统计分析方法在连续过程中是有效的，因为所有的变量都保持在一定的稳定状态，这些变量之间的相关性也保持相对稳定。非稳态操作条件，如时变和多模态行为是间歇过程的典型特征。由于过程的动态性和时变因素，过程变量间的相关性可能发生变化。当同一批次内出现多个不同模态时，变量间的相关性也会随模态发生改变，所以很难将该批次内的所有数据作为单一对象进行统计建模，使其适用于整个批次的分析。多模态统计监控分析旨在为即将到来的不同模态构建不同的模型，而不是对整个过程使用单一的模型。因此，模态划分在间歇过程监控中起着至关重要的作用。

许多文献根据机理知识将过程划分为多个模态。例如，根据不同的处理单元或每个单元内可区分的操作模态进行划分[6, 7]，将过程数据自然地分成若干组。例如，聚合反应釜采用间歇式操作时，反应釜内温度作为控制产品质量的主要指标，一般可分为升温、过渡、恒温反应、降温 4 个阶段。因此，可以采用这 4 个操作状态作为模态划分的原则。然而，一般情况下，先验知识不足以将过程合理地划分为模态。此外，文献[8]根据多元规则描述的过程变量特征，确定几个模态的划分点。文献[9]设计了包含重要标志的指标变量来检测每个模态的结束。文献[10]根据一些已知关键变量的奇异点来划分模态。文献[11]指出，可以利用主成分的过程方差信息变化来划分不同的模态。目前，间歇过程模态划分这个领域已经取得很多研究成果，但还没有给出一个明确的策略来区分稳定模态和过渡模态[1, 12, 13]。

(3) sub-PCA 建模

经过模态划分后，对所有模态建立相应的统计监控模型，但是不局限于 PCA。本章中以 PCA 为例，说明对应的 sub-PCA 就是这些子模态统计监控的代表性方法之一。考虑每个子模态下有若干时间片的二维数据，首先对每个时间片建立 PCA 模型，将所有时间片的 PCA 模型求平均，即可得到该子模态的 sub-PCA 模型。然后，根据相对累积方差确定子模态的主成分数。

根据子模态 sub-PCA 模型分别计算不同模态对应的 T^2 、SPE 统计量及控制限。获得新的采样数据后，首先计算该数据在各模态下的残差，确定该数据属于哪个子模态。然后，采用相应的子模态 sub-PCA 模型对新数据进行监控，根据相应的 T^2 或 SPE 控制限对故障进行预警。

5.2 基于 SVDD 的动态软过渡 sub-PCA 监控

工业间歇过程在多种模态下运行，如产品等级变化、启动、关闭和维护等操作。在多模态过程中，相邻模态之间的过渡区是很常见的。它是一种作业模式向另一种作业模式逐渐转换的表现。过渡模态首先表现出与前一个稳定模态更相似的基本特征，然后在过渡结束时表现出与下一个稳定模态更相似的基本特征。不同的过渡模态从一个稳定模态到另一个稳定模态的轨迹是不同的，其特征的变化从时间尺度上看更明显，比在一个模态内的变化更复杂。因此，在模态过渡期间进行有效的过程监控非常重要。目前关于过渡过程建模和监控的研究报道很少[14]。本章提出一种新的基于 SVDD 划分的软过渡过程识别与监控方法。

5.2.1 基于扩展载荷矩阵的模态粗划分

首先，对采集的三维数据进行展开，得到二维的时间片数据 X_k ，将其沿批次

方向标准化为

$$X_k = \frac{X_k - \text{mean}(X_k)}{\sigma(X_k)} \tag{5.1}$$

其中，mean(X_k) 为数据矩阵 X_k 各列的均值；$\sigma(X_k)$ 为矩阵 X_k 标准差。

假设每个时间片上的展开数据矩阵都为 X_k，通过载荷矩阵 P_k 将其投射到主成分子空间中，得分矩阵 T_k 为

$$X_k = T_k P_k^{\mathrm{T}} + E_k \tag{5.2}$$

其中，E_k 为残差项。

采用交叉验证确定适当的主成分分量，表征原始数据集 X_k 的主要变化。PCA 投影将原始数据集 X_k 分为得分矩阵 $\hat{X}_k = T_k P_k^{\mathrm{T}}$ 和残差矩阵 E_k。$\hat{X}_k$ 是经过 PCA 模型预测的数据，进而得到各时间片矩阵 X_k 的载荷矩阵 P_k 和奇异值矩阵 S_k。

载荷矩阵 P_k 反映过程变量之间的相关性，可以使用载荷矩阵 P_k 作为模态划分的依据。由于测量误差等原因，采集数据中通常都有噪声存在。这些噪声可能引起某些时刻的数据产生突变，数据间的相对关系也发生变化，从而导致载荷矩阵 P_k 随之改变。从过程数据中直接计算得到的载荷矩阵很难区分该变化是由错误数据引起，还是由过渡模态数据引起。为避免噪声引起载荷矩阵变化导致的误划分，可以先根据已知的机理知识将间歇过程粗略地划分为几个模态，然后在载荷矩阵中引入采样时间，以达到精确划分的目的。

采样时间是一组持续增加的数据，当采样数据较大时会严重影响模态划分精度，因此需要先将采样时间标准化。另外，由于载荷矩阵 P_k 是一个矩阵，采样时间只是一个数值，因此需要将采样时间扩展成向量 t_k 的形式加入载荷矩阵中，得到扩展载荷矩阵，即 $\hat{P}_k = [P_k \quad t_k]$，其中 t_k 为扩展得到的 $1 \times J$ 时间列向量，每个元素均为当前的采样时刻值。采样时间与生产模态的关系基本是固定的，因此引入采样时间可以在一定程度上避免干扰、噪声等错误数据造成的模态误划分。

定义不同时刻扩展载荷矩阵 $\hat{P}_k$ 间的欧氏距离为

$$\| \hat{P}_i - \hat{P}_j \|^2 = [P_i - P_j, t_i - t_j][P_i - P_j, t_i - t_j]^{\mathrm{T}} = \| P_i - P_j \|^2 + \| t_i - t_j \|^2 \tag{5.3}$$

然后，利用 K-means 对扩展的载荷矩阵 $\hat{P}_k$ 进行聚类，将间歇过程划分为 S_1 个模态。

扩展载荷矩阵的欧氏距离既包括数据差异，也包括采样时间差异。不同模态的数据在采样时间上有显著差异。因此，当噪声干扰使不同模态的数据相同或相似时，采样时间的巨大差异会使最终的欧氏距离保持在较大的数值。错误数据在采样时间上与其他模态的数据有很大的不同，而过渡模态的数据在采样时间上的

变化很小。从这一点也可以很容易地看出误划分是过渡过程引起的，还是噪声等错误数据引起的。

5.2.2 基于 SVDD 的模态细化分

通过上述对扩展矩阵的初步划分，可以得到对应于过程机理各操作阶段的扩展载荷矩阵类别，从而将间歇过程大致分为几个阶段。然而，由于间歇过程在一个批次内仍是连续变化的，各操作阶段之间并不是相对独立的，两个操作阶段之间必定存在一段变化，通常称为过渡阶段，而将过程中相对稳定的操作阶段称为稳定阶段。两个稳定阶段之间必然有一个过渡阶段，通过过渡阶段从一个稳定阶段向另一个稳定阶段过渡。过渡阶段与稳定阶段不同，过渡阶段与稳定阶段既有相似的部分，又有一定的不同，直接将其划入稳定阶段会导致稳定阶段模型准确度降低，进一步导致监控的精度降低，产生漏报的问题。因此，将过渡阶段与稳定阶段区分建模是非常必要的。稳定阶段和过渡阶段分别建模可以得到两种阶段更加精确的模型，通过各阶段的精确模型对整个生产过程进行监控，就能降低漏报率，提高监控方法的灵敏度。

时间片载荷矩阵 $\hat{P}_k$ 表征局部协方差信息和底层过程行为，通过对其进行适当的分析和聚类处理确定不同的操作模态。为降低过渡过程变化对监控性能的影响，本章提出一种基于 SVDD 的过渡过程划分方法，在 K-means 确定的初始模态划分之后进行过渡过程的细化。SVDD 也是一种数据描述方法，最初由 Tax 等[15]针对分类问题提出。目前，SVDD 已广泛地应用于故障检测、图像识别、模式识别等领域。

首先，利用各模态载荷矩阵训练对应的 SVDD 模型。通过一个非线性变换函数，即核函数，将数据从原始空间映射到特征空间，然后在特征空间中找到一个最小体积的超球体，对应的优化问题为

$$\begin{aligned} &\min \varepsilon(R,A,\xi) = R^2 + C\sum_i \xi_i \\ &\text{s.t.} \quad \|\hat{P}_i - A\|^2 \leqslant R^2 + \xi_i, \quad \xi_i \geqslant 0, \forall i \end{aligned} \tag{5.4}$$

其中，R 和 A 为超球体的半径和中心；C 为超球体的体积和错误分类之间的权衡；ξ_i 为松弛变量，允许某些训练样本被错误分类。

将优化问题(5.4)映射到对偶空间，可以改写为

$$\begin{aligned} &\min \sum_i \alpha_i K(\hat{P}_i,\hat{P}_i) - \sum_{i,j} \alpha_i,\alpha_j K(\hat{P}_i,\hat{P}_j) \\ &\text{s.t.} \quad 0 \leqslant \alpha_i \leqslant C_i \end{aligned} \tag{5.5}$$

其中，$K(\hat{P}_i,\hat{P}_j)$ 为核函数；α_i 为拉格朗日乘子。

这里选取高斯函数作为核函数。采用二次规划方法求解优化问题式(5.5)。超球体半径 R 可根据最优解 α_i 计算为

$$R^2 = 1 - 2\sum_{i=1}^{n}\alpha_i K(\hat{P}_i, \hat{P}_i) + \sum_{i=1, j=1}^{n}\alpha_i, \alpha_j K(\hat{P}_i, \hat{P}_j) \tag{5.6}$$

对应非零参数 α_k 的载荷矩阵 $\hat{P}_k$ 对 SVDD 模型产生影响。将所有的时间片矩阵 $\hat{P}_k$ 输入 SVDD 模型，就可以区分过渡模态和稳定模态。

当获取新的数据 $\hat{P}_{\text{new}}$ 后，首先计算新样本到超球体球心的距离，即

$$D^2 = \| \hat{P}_{\text{new}} - \alpha \|^2 = 1 - 2\sum_{i=1}^{n}\alpha_i K(\hat{P}_{\text{new}}, \hat{P}_i) + \sum_{i=1, j=1}^{n}\alpha_i, \alpha_j K(\hat{P}_i, \hat{P}_i) \tag{5.7}$$

如果新样本与超球体球心的超空间距离小于超球体的半径，即 $D^2 \leqslant R^2$，说明该数据与当前模型相近，可以划分进该模态。过渡阶段数据由于其过渡特性，与稳定阶段数据差异较大，因此其扩展载荷矩阵无法直接划入某个聚类模态中。数据与当前 SVDD 模型的超空间距离大于超球体半径，即 $D^2 > R^2$，会被 SVDD 方法认定为非目标类别，并分配到过渡模态。在模态细划分过程中，将整个批次分为 S_2 个模态，其中包括 S_1 个稳态模态和 $S_2 - S_1$ 个过渡模态。

由于同一模态的时间片载荷矩阵相似，采用各子时段均值载荷矩阵 $\overline{P}_s$ 作为当前子时段的模型监控过程。$\overline{P}_s$ 为载荷矩阵 P_k 在子模态 S 的均值矩阵 ($S = 1, 2, \cdots, S_2$)。主成分数 a 可以通过计算各主成分的相对累积方差得到，直到其达到 85%。然后，根据得到的主成分对平均载荷矩阵进行修正。sub-PCA 模型可以描述为

$$\begin{cases} T_k = X_k \overline{P}_s \\ \overline{X}_k = T_k \overline{P}_s^{\mathrm{T}} \\ \overline{E}_k = X_k - \overline{X}_k \end{cases} \tag{5.8}$$

计算 T^2 和 SPE 统计量的控制限为

$$\begin{gathered} T_{\alpha,s,i}^2 \sim \frac{a_{s,i}(I-1)}{I - a_{s,i}} F_{a_{s,i}, I-a_{s,i}, \alpha} \\ \text{SPE}_{k,\alpha} = gk\varXi_{h_{k,\alpha}}^2, \quad gk = \frac{\upsilon_k}{2m_k}, \quad h_k = \frac{2m_k^2}{\upsilon_k} \end{gathered} \tag{5.9}$$

其中，m_k 和 υ_k 为 k 时刻所有批次数据的平均值和方差；$a_{s,i}$ 为第 i 批次第 s 个模态下主成分保留数量 ($i = 1, 2, \cdots, I$)，I 为批次数；α 为显著性水平。

5.2.3 软过渡多模态的 PCA 监控模型

常规多模态 PCA 一般都采用硬过渡分段方法，将过渡过程作为一个稳定的模型建模监控，利用反映过程变量间相互关系的变化载荷矩阵揭示稳定阶段间的过渡状况，从而得到过渡阶段模型。然而，与稳定阶段不同的是，过渡过程是动态变化的，因此用一个固定的稳定模型来监控过渡过程并不合适。为了克服以上缺点，本节在 SVDD 细化分段的基础上，给出一种基于 SVDD 超空间距离的软过渡建模方法，对过程中的过渡阶段进行监控。

首先，利用 SVDD 超球体半径确定两个不同模态之间的过渡区域范围，同时引入隶属度等级的概念，定量评价当前采样时间数据与过渡(或稳定)模态模型之间的相似性，建立过渡区域的时变监控模型。隶属度等级是稳态模态与过渡模态的加权和模型。利用隶属度值描述边界不明确的划分问题，可以客观地反映过程相关性从一个模态到另一个模态的变化。

假设 $D_{k,s}$ 为采样时刻 k 的数据与子时段 s 的 SVDD 模型之间的超空间距离，$\lambda_{s,k}$ 为时刻 k 数据对子模态 s 的隶属度。这里隶属度 $\lambda_{l,k}, l=s-1,s,s+1$ 由时刻 k 数据到子模态 $s-1$(前一稳定模态)、子模态 s(当前过渡模态)和子模态 $s+1$(后一稳定模态)的超空间距离 $D_{k,s-1}$、$D_{k,s}$ 和 $D_{k,s+1}$ 共同决定。隶属度计算公式为

$$\begin{cases} \lambda_{s-1,k} = \dfrac{D_{k,s} + D_{k,s+1}}{2(D_{k,s-1} + D_{k,s} + D_{k,s+1})} \\ \lambda_{s,k} = \dfrac{D_{k,s-1} + D_{k,s+1}}{2(D_{k,s-1} + D_{k,s} + D_{k,s+1})} \\ \lambda_{s+1,k} = \dfrac{D_{k,s-1} + D_{k,s}}{2(D_{k,s-1} + D_{k,s} + D_{k,s+1})} \end{cases} \tag{5.10}$$

其中，$s-1$、s 和 $s+1$ 为子模态号，分别指前一个稳定模态、当前过渡模态，以及下一个稳定模态。

从式(5.10)可以看出，该隶属度可以客观地反映超空间距离与模型相似度的反向关系，即数据与超球体球心距离越大，对该子模态的隶属度就越小，也就是与该子模态模型的差距越大。利用该隶属度值对各模态的 PCA 模型进行加权和，可以得到过渡模态的软过渡监控模型，即

$$P'_k = \sum_{l=s-1}^{s+1} \lambda_{l,k} \overline{P}_l \tag{5.11}$$

式(5-11)给出的软过渡 PCA 模型可以很好地反映过程从前一稳定模态到后一稳定模态的过渡变化情况。在每个时刻，可以得到对应的得分矩阵 T'_k 和协方差矩

阵 S_k'。SPE 控制限仍然由式(5.9)计算。T^2 统计量的控制限应充分考虑过渡模态模型的动态特性，因此过渡模态采样时间 k 的控制限 $T_\alpha^{2'}$ 定义为

$$T_\alpha^{2'} = \sum_{l=s-1}^{s+1} \sum_{i=1}^{I} \lambda_{l,i,k} \frac{T_{\alpha_{s,i}}^2}{I} \tag{5.12}$$

其中，$i=1,2,\cdots,I$ 为批次号；$T_{\alpha_{s,i}}^2$ 为每个批次子模态 T^2 的控制限，由式(5.9)对子模态 s 计算得到。

在得到过渡模态各时间片的软过渡模型之后，结合 5.2.2 节给出的稳定模态模型，可以有效地监控整个间歇过程。

5.2.4　软过渡主成分分析监控程序

经过两步模态划分后，将整个间歇过程分为几个稳定模态和过渡模态，如 5.2.1 节和 5.2.2 节所示。应用新的软过渡 sub-PCA 可以得到详细的子模型。基于 SVDD 软过渡的改进 sub-PCA 建模及监控流程如图 5.2 所示。建模过程依赖采集的 I 个批次正常的历史数据，具体步骤如下。

① 获取 I 个批次正常过程数据，展成二维时间片矩阵，对每个采样数据进行标准化处理，如式(5-1)所示。

② 对每个时刻的归一化矩阵进行 PCA 建模，得到载荷矩阵 P_k，表示每个时间片的过程相关性。在载荷矩阵中加入采样时间 t_k，得到扩展矩阵 $\hat{P}_k$。

③ 采用 K-means 对扩展载荷矩阵 $\hat{P}_k$ 进行粗略的划分，得到 S_1 个稳态模态，并为每个稳定模态构建相应的 SVDD 分类模型。

④ 将扩展载荷矩阵 $\hat{P}_k$ 再次输入各模态 SVDD 模型中，根据式(5.7)给出的距离判别，将过程明确划分为稳定模态和过渡模态，得到 S_2 个模态。对新的 S_2 个模态重新训练 SVDD 分类模型。计算每个新稳定模态的平均载荷矩阵 $\bar{P}_s$，依据式(5.8)建立 sub-PCA 模型。计算对应的相关系数 $\lambda_{l,k}$，得到过渡模态的软过渡模型 $P_k^{'}$，如式(5.10)和式(5.11)所示。

⑤ 对每个模态的统计监控模型分别计算 SPE 和 T^2 控制限，对新过程数据进行监控。

在线流程监控采取以下步骤实现。

① 获取新的采样时刻数据 x_{new}，根据 I 个正常批次的历史数据均值和标准差对其进行标准化处理。

② 计算协方差矩阵 $x_{\text{new}}^{\text{T}} x_{\text{new}}$，对其进行 SVD，得到载荷矩阵 P_{new}。增加采样时间 t_{new} 得到扩展矩阵 $\hat{P}_{\text{new}}$。将扩展矩阵 $\hat{P}_{\text{new}}$ 输入各模态的 SVDD 模型中，识别

新数据属于哪个模态。

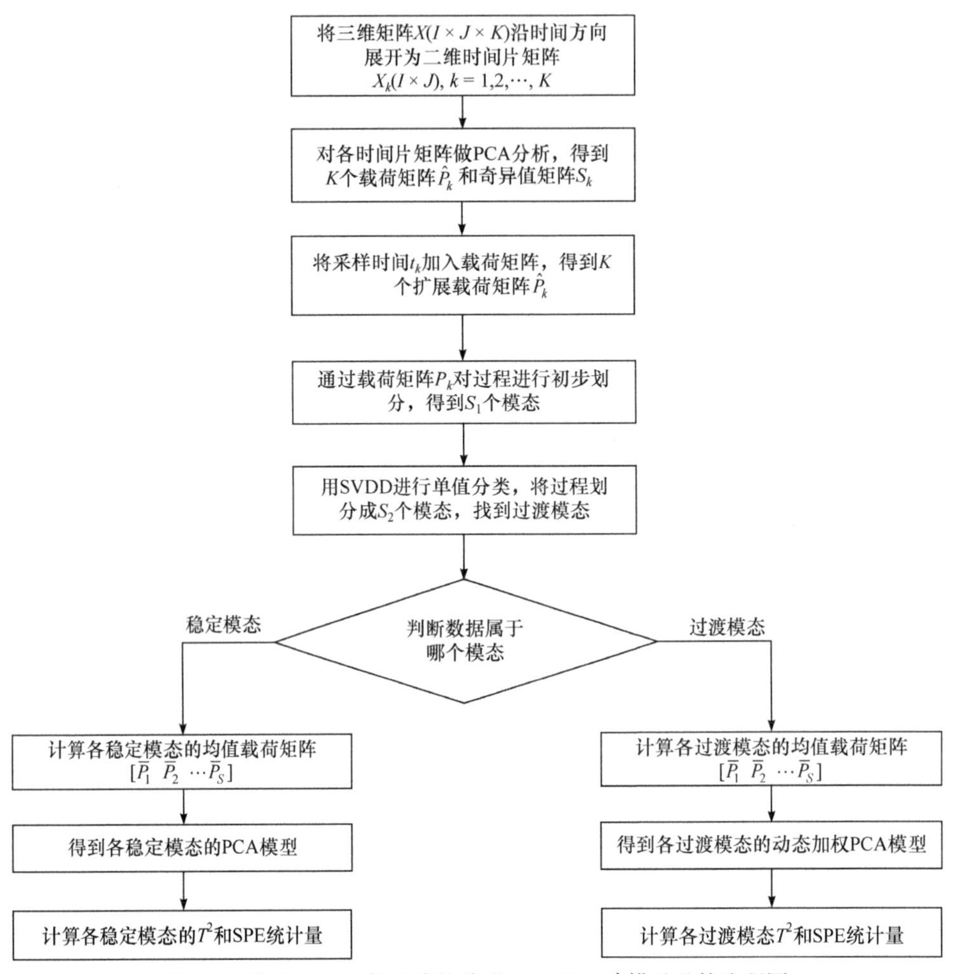

图 5.2　基于 SVDD 软过渡的改进 sub-PCA 建模及监控流程图

③ 若当前采样时刻数据属于过渡模态，则采用加权和载荷矩阵 P'_{new} 计算得分向量 t_{new} 和误差向量 e_{new} 为

$$
\begin{aligned}
t_{\text{new}} &= x_{\text{new}} P'_{\text{new}} \\
e_{\text{new}} &= x_{\text{new}} - \bar{x}_{\text{new}} = x_{\text{new}} (I - P'_{\text{new}} P'^{\text{T}}_{\text{new}})
\end{aligned}
\tag{5.13}
$$

如果它属于一个稳定模态，则利用该模态的平均载荷矩阵 $\bar{P}_s$，计算得分向量 t_{new} 和误差向量 e_{new}，即

$$
\begin{aligned}
t_{\text{new}} &= x_{\text{new}} \bar{P}_s \\
e_{\text{new}} &= x_{\text{new}} - \bar{x}_{\text{new}} = x_{\text{new}} (I - \bar{P}_s \bar{P}_s^{\text{T}})
\end{aligned}
\tag{5.14}
$$

④ 计算当前数据的 SPE 和 T^2 统计量，即

$$
\begin{aligned}
T_{\text{new}}^2 &= t_{\text{new}} \overline{S}_s t_{\text{new}}^{\text{T}} \\
\text{SPE}_{\text{new}} &= e_{\text{new}} e_{\text{new}}^{\text{T}}
\end{aligned}
\tag{5.15}
$$

⑤ 判断当前数据的 SPE 和 T^2 统计值是否超过控制范围。如果其中一个超过控制限，则发出异常告警；否则，表示当前数据正常。

5.3 案例研究

5.3.1 模态识别与建模

本节使用青霉素发酵过程仿真进行监控算法的验证。在带有微小扰动的正常操作条件下获得 10 个批次的参考数据集，其中总体发酵时间为 400h，采样间隔 1h，每批次包含 400 个采样数据。

从工艺上来说，青霉素发酵过程分为青霉菌菌体生长、青霉素合成、青霉菌自溶 3 个阶段，因此给定 K 均值聚类个数为 3。得到的基于 K-means 的过程初步划分结果如图 5.3 所示。整个发酵过程分为 3 个稳定模态。然后，为每个模态构建高斯核函数 SVDD 模型，得到 3 个模态的超球体半径，并计算每个采样时间数据到 3 个超球体球心的距离。SVDD 单值分类结果如图 5.4 所示。图中，纵坐标为超空间距离，虚线为各子时段或模态的 SVDD 超球体半径，3 条实线分别是当前采样时刻数据到 3 个初步分段模态的 SVDD 超球体球心的距离。考虑两个模态之间的采样数据，如第 28～42h 和第 109～200h。这段时间的数据到各超球体球心的距离均超过对应的超球体半径，即 SVDD 分类器认定这两个时段数据不

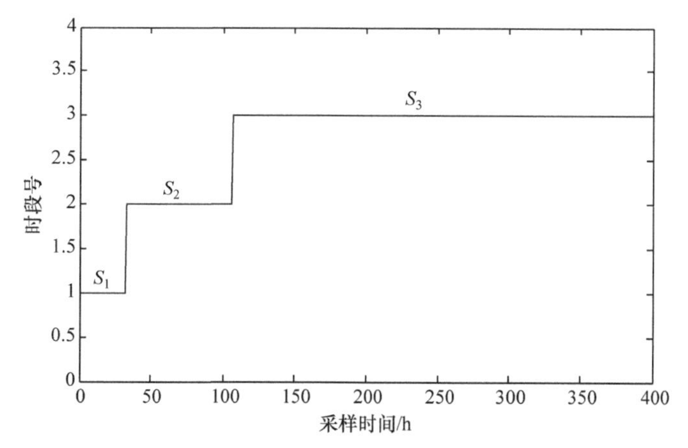

图 5.3　基于 K-means 的过程初步划分结果

属于已经划分的 3 个模态，应划入过渡模态。显然，过渡模态的数据特征与稳定模态有明显的差异，直接划分在稳定模态会降低监控模型的准确度，从而导致 FAR 上升。

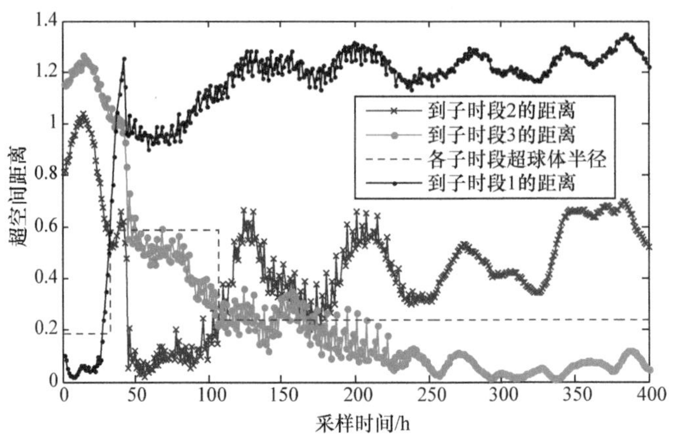

图 5.4　SVDD 单值分类结果

基于 SVDD 的详细过程划分结果如图 5.5 所示。它将流程进一步划分为 5 个模态。其中，第 1～27h、第 43～109h 和第 202～400h 为稳定模态，第 28～42h 和第 110～201h 为过渡模态。

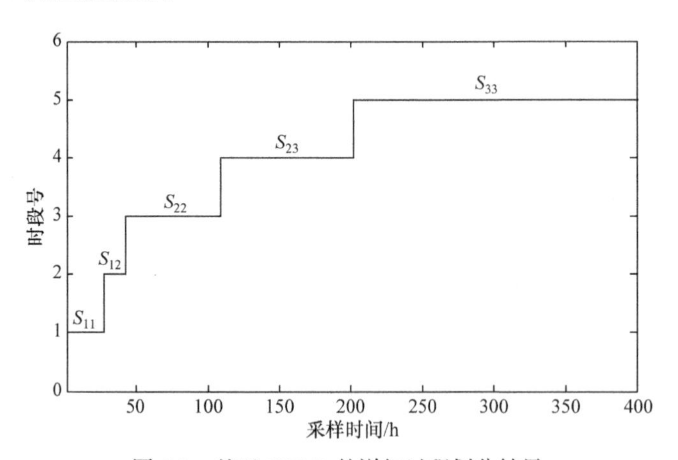

图 5.5　基于 SVDD 的详细过程划分结果

5.3.2　正常批次的监控

软过渡模型正常批次监控结果如图 5.6 所示。第 28h 之后，超空间距离产生巨大变化，导致 T^2 和 SPE 控制限急剧下降，但对应的统计值仍然低于控制限。两个监控统计量都不会产生任何故障报警，意味着该批次在运行期间行为正常。

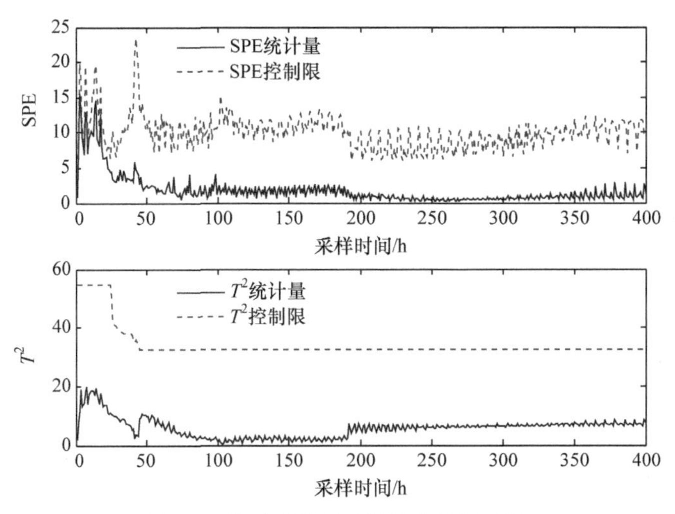

图 5.6　软过渡模型正常批次监控结果

5.3.3　故障批次的监控

这里使用两种故障来测试监控方法的有效性，并与传统的 sub-PCA 检测结果进行比较。故障 1 是搅拌器功率变量在第 20～100h 下降 10%。软过渡模型对阶跃故障检测结果如图 5.7 所示。传统 sub-PCA 对阶跃故障的检测结果如图 5.8 所示。可以看出，两种方法的 SPE 统计量均大幅超过控制限，T^2 统计量在软过渡模型的监控下显示超限，在传统的 sub-PCA 方法中并没有超限。搅拌器功率变量 2 发生故障降低时，会导致反应器基质中的溶解氧下降。由于测试只降低了 10%，并没有使溶解氧量产生剧烈变化，对过程的影响不明显，因此传统 sub-PCA 方法

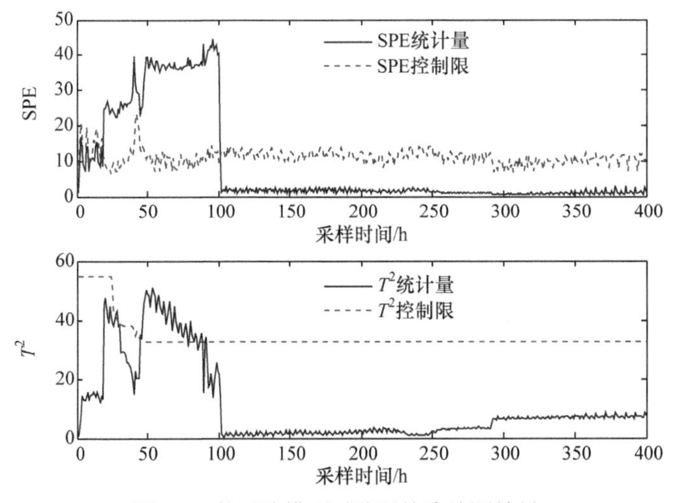

图 5.7　软过渡模型对阶跃故障检测结果

并没有检测到故障。T^2 统计量实际上反映 PCA 监控模型的变化，与传统的 sub-PCA 分析方法相比，本章提出的软过渡方法在过渡过程阶段可以得到更精确的模型。

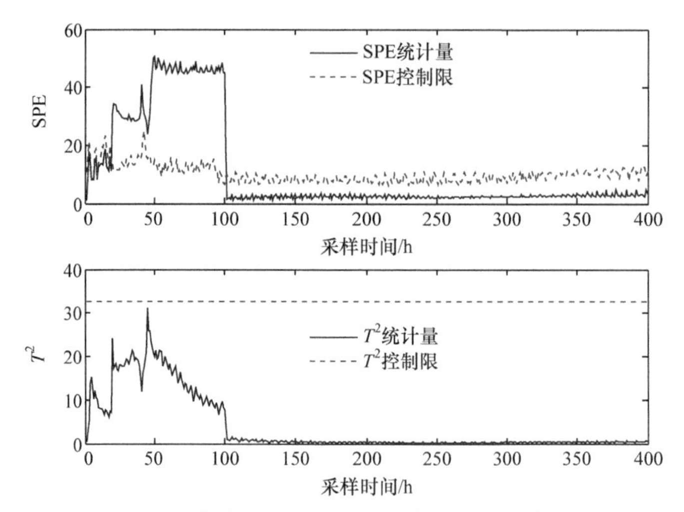

图 5.8　传统 sub-PCA 对阶跃故障的检测结果

软过渡模型主成分空间监控结果如图 5.9 所示。sub-PCA 模型主成分空间监控结果如图 5.10 所示。从图 5.9 和图 5.10 所示的主成分投影上可以直接看出两种方法的差异。图中，圆点为第 20～100h 的数据在前两个主成分平面的投影，椭圆线为该平面上的 T^2 控制限。可以看出，采用传统的 sub-PCA 方法，投影数据均未超出控制范围，其原因是传统 sub-PCA 没有有效划分过渡模态。软过渡 PCA 能够有效地诊断出异常。

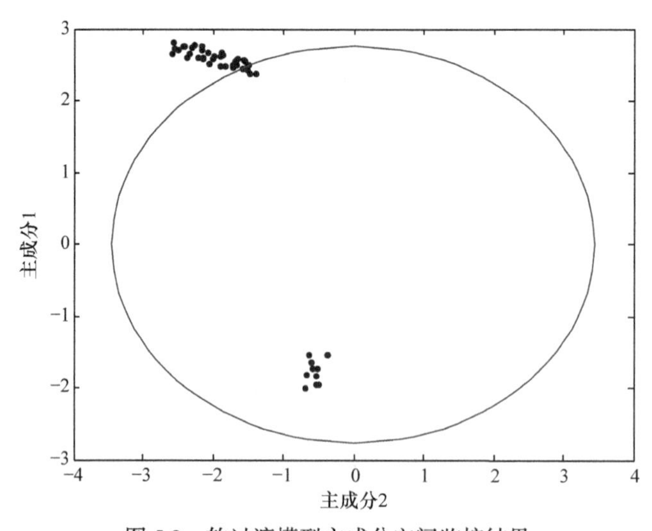

图 5.9　软过渡模型主成分空间监控结果

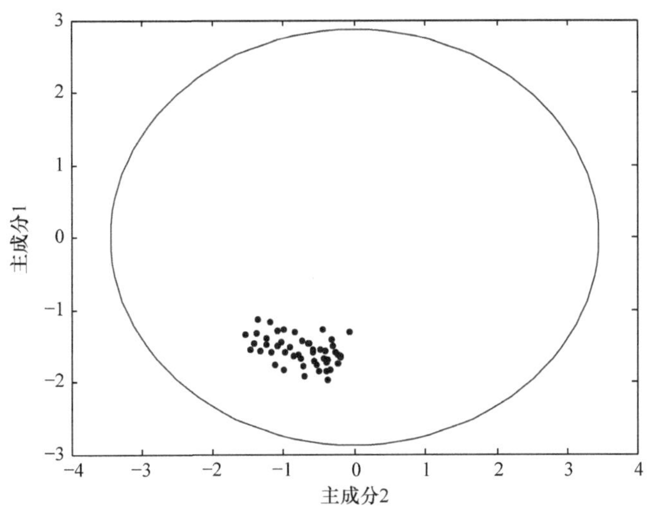

图 5.10　sub-PCA 模型主成分空间监控结果

故障 2 是在第 20～100h 为基质补料速度变量 3 顺序施以 10%的斜坡下降和增加。软过渡方法对斜坡故障的检测和传统 sub-PCA 对斜坡故障的检测结果如图 5.11 和图 5.12 所示。两种方法都检测到了该故障。软过渡方法的 T^2 值在第 45h 超限报警，SPE 统计量在第 50h 超限报警，稍后两个统计量都有轻微的持续增加，直到故障结束。

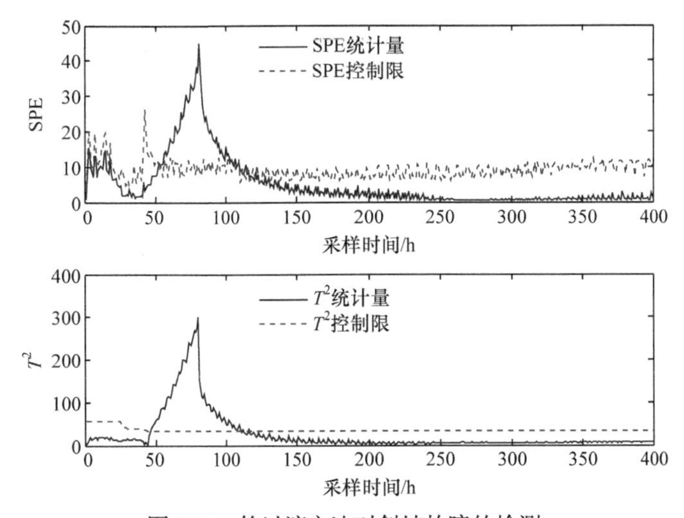

图 5.11　软过渡方法对斜坡故障的检测

从图 5.12 可以看出，传统 sub-PCA 的 SPE 统计量直到约第 75h 才报警，远远落后于软过渡方法。T^2 统计量在过程开始约 5h 左右，存在过程初始状态变化引起的误报。相比之下，软过渡方法的 FAR 较低，故障报警时间明显优于传统的 sub-PCA 方法。

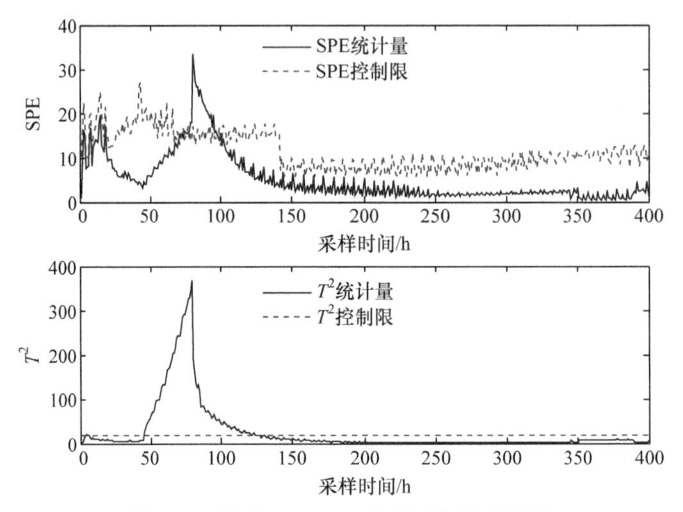

图 5.12　传统 sub-PCA 对斜坡故障的检测

其他 12 种不同故障的检测结果如表 5.1 所示。故障变量编号(1、2、3)分别表示气体流量、搅拌器功率、补料速率。可以看出，软过渡监控方法能够降低过程监控的 FAR，模型的鲁棒性更好。表中的误报大多由青霉素发酵过程初始条件的微小变化引起。在实际工业过程中，各批次初始条件始终在变化，不可能做到完全相同，因此软过渡监控方法具有很强的实际意义。传统 sub-PCA 对过渡阶段建模不够准确，其监控准确度很低，甚至有时无法检测到较小的故障。

表 5.1　其他 12 种不同故障检测结果

故障 ID	变量编号	故障类型	幅度/%	故障时间/h	软过渡监控方法			传统 sub-PCA		
					报警时间(SPE)/h	报警时间(T^2)/h	误报次数	报警时间(SPE)/h	报警时间(T^2)/h	误报次数
1	2	阶跃	−15	20	20	28	0	20	none	9
2	2	阶跃	−15	100	100	100	0	100	101	1
3	3	阶跃	−10	190	190	199	0	190	213	11
4	3	阶跃	−10	30	48	45	0	81	45	5
5	1	阶跃	−10	20	20	20	0	20	48	1
6	1	阶跃	−10	150	150	151	0	150	151	2
7	3	斜坡	−5	20	28	40	0	28	41	1
8	2	斜坡	−20	20	31	45	0	44	34	6

续表

故障 ID	变量编号	故障类型	幅度/%	故障时间/h	软过渡监控方法			传统 sub-PCA		
					报警时间(SPE)/h	报警时间(T^2)/h	误报次数	报警时间(SPE)/h	报警时间(T^2)/h	误报次数
9	1	斜坡	−10	20	24	30	0	21	28	10
10	3	斜坡	−0.2	170	171	171	0	170	173	3
11	2	斜坡	−20	170	181	195	0	177	236	1
12	1	斜坡	−10	180	184	188	0	185	185	2

5.4 结　论

在多模态的间歇过程中，每个模态都有自己的特征，需要独立处理。特别是，两个稳定模态之间的过渡模态更是具有动态变化特征。这使多向 PCA 和传统的 sub-PCA 这类硬过渡方法在过程监控和故障诊断方面存在不足。

本章首先提出一种基于 SVDD 的模态识别方法，明确地辨识系统的稳定和过渡模态。一方面，在载荷矩阵中引入采样时间的概念，避免粗划分时故障数据造成的模态误划分。另一方面，根据过程数据到 SVDD 超球体球心的距离，从附近的稳定模态中识别过渡模态。然后，针对稳定模态和过渡模态给出合理的监控模型和整体的监控方案。特别是，面向过渡过程提出软过渡监控思想，利用前一个稳定模态、当前过渡模态和下一个稳定模态的自适应加权，构建软过渡 sub-PCA 监控模型。最后，将软过渡监控方法应用于青霉素发酵过程。仿真结果表明，该方法的有效性。此外，该方法也可以用于解决无法获得详细工艺信息的间歇或半间歇过程的监控问题。这对于识别未知的间歇或半间歇过程的动态过渡具有重要的意义。

参 考 文 献

[1] Yuan Y, Gao F. Phase and transition based batch process modeling and online monitoring. Journal of Process Control, 2009, 19(5): 816-826.

[2] Westerhuis J A, Kourti T, Macgregor J F. Comparing alternative approaches for multivariate statistical analysis of batch process data. Journal of Chemometrics, 1999, 13(3-4): 397-413.

[3] Wolda S, Kettanehb N, Fridénc H, et al. Modelling and diagnosis of batch processes and analogous kinetic experiments. Chemometrics and Intelligent Laboratory Systems, 1998. 44(1-2): 331-340.

[4] Arteaga F, Ferrer A. Dealing with missing data in MSPC: several methods, different interpretations, some examples. Journal of Chemometrics, 2002, 16(8-10): 408-418.

[5] Kassidas A, Macgregor J F, Taylor P A. Synchronization of batch trajectories using dynamic time

warping. AIChE Journal, 1998, 44(4): 864-875.

[6] Dong D, Mcavoy T J. Batch tracking via nonlinear principal component analysis. AIChE Journal, 1996, 42(8): 2199-2208.

[7] Reinikainen S P, Hskuldsson A. Multivariate statistical analysis of a multi-step industrial process. Analytica Chimica Acta, 2007, 595(1-2): 248-256.

[8] Muthuswamy K, Srinivasan R. Phase-based supervisory control for fermentation process development. Journal of Process Control, 2003, 13(5): 367-382.

[9] Undey C, Inar A. Statistical monitoring of multistage, multiphase batch processes. IEEE Control Systems, 2002, 22(5): 40-52.

[10] Doan X T, Srinivasan R. Online monitoring of multi-phase batch processes using phase-based multivariate statistical process control. Computers & Chemical Engineering, 2008, 32(1-2): 230-243.

[11] Kosanovich K A, Dahl K S, Piovoso M J. Improved process understanding using multiway principal component analysis. Industrial Engineering and Chemical Research, 1996, 35(1): 138-146.

[12] Camacho J, Picó J. Multi-phase principal component analysis for batch processes modelling. Chemometrics & Intelligent Laboratory Systems, 2006, 81(2): 127-136.

[13] Camacho J, Jesús Pic, Ferrer A . Multi-phase analysis framework for handling batch process data. Journal of Chemometrics, 2010, 22(11-12): 632-643.

[14] Zhao C H, Wang F L, Lu N Y, et al. Stage-based soft-transition multiple PCA modeling and on-line monitoring strategy for batch processes. Journal of Process Control, 2007, 17(9): 728-741.

[15] Tax D, Duin R. Support vector domain description-ScienceDirect. Pattern Recognition Letters, 1999, 20(11-13): 1191-1199.

第 6 章　面向原始测量空间的统计分解与检测

传统的多元统计监控方法首先将测量到的过程数据投影到主成分空间，在主成分空间中计算新数据与建模数据的差异，即 T^2 统计量，然后将数据投影回到原测量空间，计算投影回来的数据与实际测量数据的差异，即 SPE 统计量[1-4]。假设两种统计量分别服从某一种常用随机变量分布，从而可以用假设检验的方法检验统计量的异常，即对过程数据进行监控。值得注意的是，这两种统计量监控的是投影过程的主成分变量，本身并没有具体的物理意义，对故障变量的识别或者回溯也无法做出直接的贡献。因此，为了准确地识别故障变量，研究者提出很多基于投影空间的故障识别方法，如贡献图方法，在检测出故障后计算各个过程变量对主成分的贡献率，从而确定故障变量[5-7]。上述多元统计监控方法已经得到广泛的应用，但是仍有一些缺陷。例如，首先需要确定两种统计量的概率分布，然后采用假设检验的方法计算其控制限；基于主成分统计量的监控方法不够直观，无法直接体现各变量在生产过程中的变化、趋势、作用等。

本章给出一种更为直接的监控方法，将两种统计量分解，得到面向原始测量变量的单独统计量，并利用新的统计量直接对变量进行监控。直接对原始过程变量的监控在物理意义上是明确的，但是由于需要同时监控每个变量的 SPE 和 T^2 统计量，因此监控程序相对复杂和耗时。针对这一问题，与常规的融合指标[8,9]不同，本章提出一种内在的综合指标，并在几何空间中对其进行解释。同时，该方法不需要对该指标进行先验分布假设来计算控制限，因此可以大大降低监控的复杂度。

6.1　统计量分解

根据传统的 PCA 方法，过程变量 x 可以分解为主成分 $\hat{x}$ 和残差 e，即

$$x = tP^{\mathrm{T}} + e = \hat{x} + e \tag{6.1}$$

T^2 和 SPE 统计量用于监控新数据与模型数据之间的距离。一般而言，需要同时对 T^2 和 SPE 统计量进行分析，以便充分利用所有变量的累积效应。为此，本节同时考虑 T^2 和 SPE 统计量的分解，以便直接对原始的过程变量进行监控。

6.1.1 T^2 统计量分解

以 J 维测量变量构成的向量 x 作为采样数据分析。T^2 统计量反映 J 个变量 x_j, $j=1,2,\cdots,J$ 之间关系的变化，即

$$T^2 = D = t\Lambda^{-1}t^{\mathrm{T}} = xP\Lambda^{-1}P^{\mathrm{T}}x^{\mathrm{T}} = xAx^{\mathrm{T}} = \sum_{i=1}^{J}\sum_{j=1}^{J}a_{i,j}x_i x_j \geqslant 0 \tag{6.2}$$

其中，$A=P\Lambda^{-1}P^{\mathrm{T}} \geqslant 0$; Λ^{-1} 为协方差矩阵的逆； $a_{i,j}$ 为矩阵 A 的元素。

可以看出，T^2 统计量是一种半正定的二次型形式。我们可以将 D 转换为与单个变量 x_j 相关的形式 D_j [6,7]，即

$$D = D_j = a_{j,j}x_j^2 + \left(2\sum_{k=1,k\neq j}^{J}a_{j,k}x_k\right)x_j + \sum_{i=1,i\neq j}^{J}\sum_{k=1,k\neq j}^{J}a_{i,k}x_i x_k \tag{6.3}$$

令 D_j 对 x_j 的偏导为零，可得 D_j 的最小值为

$$D_j^{\mathrm{MIN}} = -a_{j,j}x_j^{*2} + \sum_{i=1,i\neq j}^{J}\sum_{k=1,k\neq j}^{J}a_{i,k}x_i x_k, \quad x_j^* = -\frac{\sum_{k=1,k\neq j}^{J}a_{j,k}x_k}{a_{j,j}}$$

得到的 T^2 统计量 D 与 D_j^{MIN} 的差异为

$$D - D_j^{\mathrm{MIN}} = a_{j,j}(x_j - x_j^*)^2 \tag{6.4}$$

对 D_j^{MIN} 求和可得

$$\begin{aligned}
\sum_{j=1}^{J}D_j^{\mathrm{MIN}} &= \sum_{j=1}^{J}\left(-a_{j,j}x_j^{*2} + \sum_{i=1,i\neq j}^{J}\sum_{k=1,k\neq j}^{J}a_{i,k}x_i x_k\right) \\
&= \sum_{j=1}^{J}(-a_{j,j}x_j^{*2}) + \sum_{j=1}^{J}\left(\sum_{i=1,i\neq j}^{J}\sum_{k=1,k\neq j}^{J}a_{i,k}x_i x_k\right) \\
&= (J-2)D + \sum_{j=1}^{J}a_{j,j}(x_j^2 - x_j^{*2})
\end{aligned} \tag{6.5}$$

对比式(6.4)和式(6.5)，消去 D_j^{MIN} 可得

$$D = \sum_{j=1}^{J}\frac{a_{j,j}}{2}\left[(x_j - x_j^*)^2 + (x_j^2 - x_j^{*2})\right] = \sum_{j=1}^{J}a_{j,j}[(x_j^2 - x_j^* x_j)] = \sum_{j=1}^{J}c_j^D \tag{6.6}$$

由此可知，T^2 统计量可以定义为每个变量 T^2 贡献的总和，其中 c_j^D 为分解后各过程变量 x_j 对应的 T^2 统计量，即

$$c_j^D = a_{j,j}(x_j^2 - x_j^* x_j) \tag{6.7}$$

6.1.2 SPE 统计量分解

SPE 统计量反映模型的变化，也是半正定的二次型形式，即

$$\begin{aligned} \text{SPE} &= Q \\ &= ee^{\mathrm{T}} \\ &= x(I - PP^{\mathrm{T}})^{\mathrm{T}} x^{\mathrm{T}} \\ &= xBx^{\mathrm{T}} \\ &= \sum_{i=1}^{J}\sum_{j=1}^{J} b_{i,j} x_i x_j \end{aligned} \tag{6.8}$$

其中，$B = (I - PP^{\mathrm{T}})(I - PP^{\mathrm{T}})^{\mathrm{T}}$；$b_{i,j}$ 为矩阵 B 的元素，满足 $b_{i,j} = b_{j,i}$。

与 T^2 统计量的分解方法相似，也可以将 SPE 统计量分解到单个变量 x_j。

首先，将 SPE 统计量 Q 改写为与单个变量 x_j 相关的形式，即

$$Q = Q_j = b_{j,j} x_j^2 + \left(2 \sum_{k=1,k\neq j}^{J} b_{j,k} x_k \right) x_j + \sum_{i=1,i\neq k}^{J} \sum_{k=1,k\neq j}^{J} b_{i,k} x_i x_k$$

计算 Q_j 的最小值，即

$$\frac{\partial Q_j}{\partial x_j} = 2b_{j,j} x_j^* + 2 \sum_{k=1,k\neq j}^{J} b_{j,k} x_k = 0 \Rightarrow x_j^* = -\sum_{k=1,k\neq j}^{J} b_{j,k} x_k / b_{j,j}$$

$$Q_j^{\mathrm{MIN}} = -b_{j,j} x_j^{*2} + \sum_{i=1,i\neq j}^{J} \sum_{k=1,k\neq j}^{J} b_{i,k} x_i x_k$$

其中，SPE 统计量 Q 与 Q_j^{MIN} 的差异为

$$Q - Q_j^{\mathrm{MIN}} = b_{j,j}(x_j - x_j^*)^2 \tag{6.9}$$

对 Q_j^{MIN} 求和为

$$\begin{aligned} \sum_{j=1}^{J} Q_j^{\mathrm{MIN}} &= \sum_{j=1}^{J} \left(-b_{j,j} x_j^{*2} + \sum_{i=1,i\neq k}^{J} \sum_{k=1,k\neq j}^{J} b_{i,k} x_i x_k \right) \\ &= (J-2)Q + \sum_{j=1}^{J} b_{j,j}(x_j^2 - x_j^* x_j) \end{aligned} \tag{6.10}$$

从式(6.9)和式(6.10)可知，SPE 统计量也可以定义为每个变量SPE 贡献的总和，即

$$
\begin{aligned}
Q &= \sum_{j=1}^{J} \frac{b_{j,j}}{2}[(x_j - x_j^*)^2 + (x_j^2 - x_j^{*2})] \\
&= \sum_{j=1}^{J} b_{j,j}[(x_j^2 - x_j^* x_j)] \\
&= \sum_{j=1}^{J} q_j^{\text{SPE}}
\end{aligned} \tag{6.11}
$$

其中，q_j^{SPE} 为分解后各变量 x_j 对应的单独SPE统计量，即

$$
q_j^{\text{SPE}} = b_{j,j}(x_j^2 - x_j^* x_j) \tag{6.12}
$$

6.1.3 面向原始测量空间的故障检测

与其他的主成分空间监控策略相似，面向原始变量的监控技术也可以分为离线建模和在线执行两个阶段。首先，离线对采集得到的正常过程数据进行建模，并将统计量分解到每个变量，并计算其对应的统计量控制限。接下来，在线计算每个采样时刻过程数据对应的统计量，对过程中的各个变量分别进行监控。

对于间歇过程，统计量的分解方法不变，但要考虑其数据的三维特性，同时在批次、时间尺度下将统计量分解到每个变量。考虑间歇过程的历史数据 $X(I \times J \times K)$，其中 I、J、K 为批次、变量个数、采样个数。将其展开为二维时间片数据并归一化，可以得到 $X_k(I \times J), k = 1,2,\cdots,K$ 。此时，系统主要的非线性和动态仍保留在时间片矩阵 X_k 中。通过载荷矩阵 P_k 将其投影到主成分分量子空间中，即

$$
X_k = T_k P_k^{\text{T}} + E_k
$$

其中，T_k 为得分矩阵；E_k 为残差矩阵。

考虑间歇过程的批次特性，需要对每个批次、每个采样时刻的所有变量分别计算其统计量，从而得到独立统计量 $c_{i,j,k}^D$ 和 $q_{i,j,k}^{\text{SPE}}$ 。

$c_{i,j,k}^D$ 统计量的平均值和方差为[10,11]

$$
\begin{aligned}
\overline{c}_{j,k}^D &= \sum_{i=1}^{I} c_{i,j,k}^D / I \\
\text{var}(c_{j,k}^D) &= \sum_{i=1}^{I} (c_{i,j,k}^D - \overline{c}_{j,k}^D)^2 / (I-1)
\end{aligned} \tag{6.13}
$$

根据上述均值和方程，可得 $c_{i,j,k}^D$ 统计量的控制限，即

$$c_{j,k}^{\text{limit}} = \overline{c}_{j,k}^{D} + \lambda_1 (\text{var}(c_{j,k}^{D}))^{\frac{1}{2}} \tag{6.14}$$

其中，λ_1 为预设的参数。

同理，统计量 $q_{j,k}^{\text{SPE}}$ 的控制限为

$$q_{j,k}^{\text{limit}} = \overline{q}_{j,k}^{\text{SPE}} + \lambda_2 (\text{var}(q_{j,k}^{\text{SPE}}))^{\frac{1}{2}} \tag{6.15}$$

其中，λ_2 为预设的参数，且

$$\begin{gathered} \overline{q}_{j,k}^{\text{SPE}} = \sum_{i=1}^{I} q_{i,j,k}^{\text{SPE}} / I \\ \text{var}(q_{j,k}^{\text{SPE}}) = \sum_{i=1}^{I} (q_{i,j,k}^{\text{SPE}} - \overline{q}_{j,k}^{\text{SPE}})^2 / (I-1) \end{gathered} \tag{6.16}$$

如上所述，面向原始变量的统计量分解后，其控制限的计算非常简单。虽然统计量指标分解的计算量明显增加，但这些计算可以离线执行，在线监控阶段不受影响。针对离线建模和在线监控与故障溯源两个阶段，提出的总体方案如下。

(1) 离线建模

① 首先获取 I 个批次的正常过程数据 X，展开为二维时间片矩阵 X_k，然后对数据进行归一化。

② 对每个时间片的归一化矩阵 X_k 进行 PCA，得到载荷矩阵 P_k。

③ 使用式(6.7)和式(6.12)计算每个时间片上各变量对应的贡献，得到所有批次和每个时间片上的独立统计量 $c_{i,j,k}^{D}$ 和 $q_{i,j,k}^{\text{SPE}}$。

④ 使用式(6.14)和式(6.15)计算独立统计量 $c_{i,j,k}^{D}$ 和 $q_{i,j,k}^{\text{SPE}}$ 的控制限。

(2) 在线监控与故障溯源

① 采集新的时间片矩阵 x_{new}，利用建模数据的均值和方差对新数据做标准化处理。

② 利用建模数据的载荷矩阵 P_k 计算新数据针对各变量的统计量 $c_{i,j,k}^{D}$ 和 $q_{i,j,k}^{\text{SPE}}$。若某一变量的统计量超限，则认定该变量产生故障。考虑过程中各变量一般都存在耦合性，单一变量的故障可能导致多变量共同变化。此时，可以通过对比各变量的超限程度直接找出产生故障的根源变量。

6.2　基于融合统计量的故障检测

在原始过程变量测量空间中进行检测，可以避免传统统计方法在潜变量空间

投影中的一些缺点，如间接检测。然而，由于 SPE 和T^2统计都对每个变量进行了检测，原有的变量检测方法相对复杂。这意味着，每个变量都应该被监控两次，这会增加计算量。为此，提出一种新的 SPE 和T^2统计量融合设计，降低监控的复杂性。

6.2.1 统计量融合设计

为了具有一般性，我们使用通用的过程数据X进行分析。若针对间歇过程进行监控，数据矩阵X可替换为展开的过程数据矩阵$X_k(I\times J)$。类似地，P、T、E也替换为P_k、T_k、E_k。对过程数据X进行 PCA 投影，提取m个主成分个数，将原始空间分解为一个m维的主成分子空间和一个$J-m$维的残差空间，即

$$X=TP^{\mathrm{T}}+E=\hat{X}+E \tag{6.17}$$

当测到新数据x时，也将其投影到主成分子空间，即

$$t=xP \tag{6.18}$$

其得分向量$t(1\times m)$是新数据x在主成分上的投影，由t计算得到的T^2统计量为新数据x在主成分空间中与建模数据 X 的距离。随后得分向量t被投影回最初的原始过程变量空间中，得到新数据的估计值$\hat{x}=tP^{\mathrm{T}}$，对应的残差向量e为

$$e=x-\hat{x}=x(I-PP^{\mathrm{T}}) \tag{6.19}$$

残差向量反映残差子空间中新数据x和建模过程数据X之间的差异。

图 6.1 给出了 SPE 和T^2统计量的几何表示。为了清晰地描述统计量信息，将主成分子空间视为一个超平面，残差子空间为垂直于主成分超平面的第三个维度。一般情况下，T^2统计量是用t到正常过程数据投影中心的马哈拉诺比斯距离来描述的，目的是检查新的观测值是否投影到正常操作的范围内。SPE 统计量通过测量原始过程变量中的数据与其在模型超平面上投影之间的距离来检查模型的有效性。因为残差子空间垂直于主成分子平面，所以 SPE 统计量即新数据x到主成分超平面的距离。由于两种统计量均为二次型，因此两种统计量的矢量和即新数据x 到正常数据主成分空间投影的距离φ。通过衡量这个总体距离，可以通过单一指标衡量新数据x的状况，判断过程是否产生故障。

下面对新数据x到建模数据X主成分空间投影中心的距离指数φ进行分析，它可以表示除 SPE 和T^2以外的统计量。考虑协方差矩阵$R_x=X^{\mathrm{T}}X$对数据X的 SVD，即

$$R_x=U\Lambda U^{\mathrm{T}}$$

其中，$\Lambda=\mathrm{diag}\{\lambda_1,\lambda_2,\cdots,\lambda_m,0_{J\times m}\}$为$R_x$的特征值。

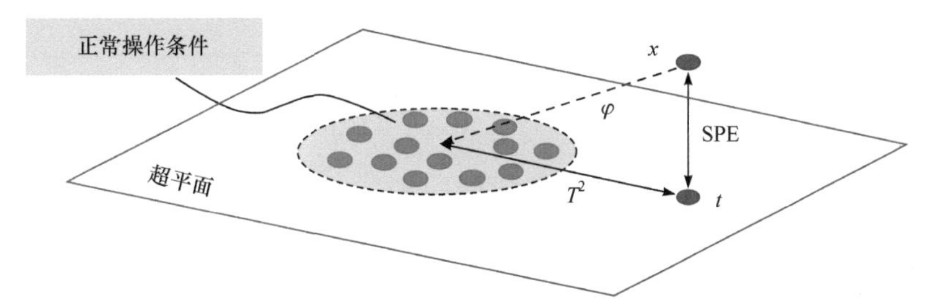

图 6.1　SPE 和 T^2 统计量的几何表示

由 SVD 所得的矩阵 U 是一个酉矩阵，且 $UU^{\mathrm{T}}=I$。酉矩阵的各列向量是空间中的一组标准正交基，因此矩阵 U 分解得到主成分空间与残差空间的基向量正交，即

$$U=[P,P_e] \tag{6.20}$$

其中，$P\in\mathrm{R}^{J\times m}$ 为载荷矩阵；$P_e\in\mathrm{R}^{J\times(J-m)}$ 为截取载荷矩阵后剩余的部分，即残差空间的转换矩阵。

将 P 和 P_e 用 U 表示为

$$P=UF_1,\quad P_e=UF_2 \tag{6.21}$$

$$F_1=\begin{bmatrix} I_m \\ 0_{J-m} \end{bmatrix}_{J\times m},\quad F_2=\begin{bmatrix} 0_m \\ I_{J-m} \end{bmatrix}_{J\times m} \tag{6.22}$$

其中，I_m 为 m 维的单位阵。

通过 F_1 和 F_2 可以将 P 和 P_e 转化为同一形式。为此，将 SPE 和 T^2 统计量改写为

$$\begin{aligned} e&=x(I-PP^{\mathrm{T}})\\ &=x(UU^{\mathrm{T}}-UF_1F_1^{\mathrm{T}}U^{\mathrm{T}})\\ &=x(UU^{\mathrm{T}}-UE_1U^{\mathrm{T}})\\ &=xU(I-E_1)U^{\mathrm{T}}\\ &=xUE_2U^{\mathrm{T}} \end{aligned} \tag{6.23}$$

$$E_1=\begin{bmatrix} I_m & 0_{m,J-m} \\ 0_{J-m,m} & 0_{J-m} \end{bmatrix},\quad E_2=\begin{bmatrix} 0_m & 0_{m,J-m} \\ 0_{J-m,m} & I_{J-m} \end{bmatrix} \tag{6.24}$$

定义 $y=xU$，则

$$\begin{aligned} \mathrm{SPE}&=Q\\ &=ee^{\mathrm{T}}\\ &=xUE_2U^{\mathrm{T}}UE_2U^{\mathrm{T}}x^{\mathrm{T}} \end{aligned}$$

$$
\begin{aligned}
&= xUE_2U^{\mathrm{T}}x^{\mathrm{T}} \\
&= yE_2y^{\mathrm{T}} \\
&= \sum_{i=m+1}^{J} y_i^2
\end{aligned}
\tag{6.25}
$$

同样，将T^2描述为

$$
\begin{aligned}
T^2 &= D \\
&= t\Lambda_m^{-1}t^{\mathrm{T}} \\
&= xPE_2U^{\mathrm{T}}\Lambda_m^{-1}P^{\mathrm{T}}x^{\mathrm{T}} \\
&= xUF_1\Lambda_m^{-1}F_1^{\mathrm{T}}U^{\mathrm{T}} \\
x^{\mathrm{T}} &= xU\Lambda^{-1}U^{\mathrm{T}}x^{\mathrm{T}} \\
&= y\Lambda^{-1}y^{\mathrm{T}} \\
&= \sum_{i=1}^{m} y_i^2\sigma_i^2
\end{aligned}
\tag{6.26}
$$

其中，$\Lambda_m^{-1} = \mathrm{diag}\{\sigma_1^2, \sigma_2^2, \cdots, \sigma_m^2\}$；$\Lambda^{-1} = [\Lambda_m^{-1}, 0_{(J-m)\times(J-m)}]$。

直接将两种统计量进行矢量加和，可以得到新数据与正常数据主成分投影中心的距离，即

$$
\varphi = D + Q = \sum_{i=1}^{m} y_i^2\sigma_i^2 + \sum_{i=m+1}^{J} y_i^2 \tag{6.27}
$$

通过上述分析可知，两个分解的统计量可以直接几何相加，式(6.27)给出了SPE和T^2统计量直接融合的方法。该指标属于一种内在性质，与其他融合指标相比，是一种更一般的表示。

6.2.2　融合指标的控制限

6.1节对SPE和T^2统计量做了分解，使其分解为测量空间中针对单一变量的统计量。为方便监控和诊断故障，将解分解后的两种统计量进行融合，得到的新的统计量φ为

$$
\varphi_{i,j,k} = c_{i,j,k}^{D} + q_{i,j,k}^{\mathrm{SPE}} \tag{6.28}
$$

其中，$\varphi_{i,j,k}$为针对第j变量在第k采样时刻的融合统计量。

这里采用6.1.3节的方法计算融合统计量$\varphi_{i,j,k}$的控制限，即

$$
\varphi_{j,k}^{\mathrm{limit}} = \overline{\varphi}_{j,k} + \kappa(\mathrm{var}(\varphi_{j,k}))^{\frac{1}{2}} \tag{6.29}
$$

其中，κ为预设参数。

$$\overline{\varphi}_{j,k}=\frac{\sum_{i=1}^{I}\varphi_{i,j,k}}{I}$$

$$\mathrm{var}(\varphi_{j,k})=\frac{\sum_{i=1}^{I}(\varphi_{i,j,k}-\overline{\varphi}_{j,k})^2}{I-1} \tag{6.30}$$

通过融合统计量φ的计算及其对应控制限的比较，可以进行在线过程监控。当使用统计量控制限时，有几点需要特别说明。首先，当样本数量不足时，均值和方差可能是不准确的。因此，在离线阶段需要收集足够数量的训练样本。其次，预设参数κ很重要，通常由工程师根据实际工艺条件设计而来。关于参数κ的优化类似于休哈特(Shewhart)控制图。式(6.29)说明，方差对控制限的影响取决于κ，控制范围的波动也取决于每个样本上的参数κ。例如，当κ较小时，控制限是平滑的；当κ较大时，控制限是波动的。

如果新样本的融合统计量与建模数据的统计量有显著差异，则检测出故障。面向原始过程变量空间的故障检测的优势在于每个变量都有独特的检测公式，物理意义明确，后续可以方便地建立故障识别程序，查找故障根源。

6.3　案例研究

本节以青霉素发酵过程为研究案例。文献[12]给出了该过程的数学模型，其详细描述可在第 4 章中找到。

6.3.1　基于两个分解统计量的检测

首先，对 6.1.2 节给出的面向原始测量空间的监控算法进行测试。考虑系统正常工作状态，取一组正常批次的测试数据。正常批次数据的原始空间检测(变量 1)结果如图 6.2 所示。对应的两个统计量$c_{1,k}^{D}$和$q_{1,k}^{\mathrm{SPE}}$都没有超过控制限。此外，所有其他变量的相关统计量$(c_{j,k}^{D},q_{j,k}^{\mathrm{SPE}},j=1,2,\cdots,11)$也不超过控制范围。其他变量的检测结果与变量1的检测结果相似，因此略去其他变量的结果展示。仿真结果表明，该算法在监控正常批次时不会出现误报。

然后，利用故障批次的测试数据对监控算法进行验证，选择两种类型的故障。

故障1：阶跃类型。在 200h 对变量3施加幅值为 20% 的阶跃信号，到 250h 结束。

如图 6.3 所示，在 200～250h，统计量虽然有变化，但是并未超限，说明变量

1 并非引起故障的变量。变量 2、4、8、9、11 的超限情况与变量 1 基本相同，即这几个变量与故障没有直接关联。

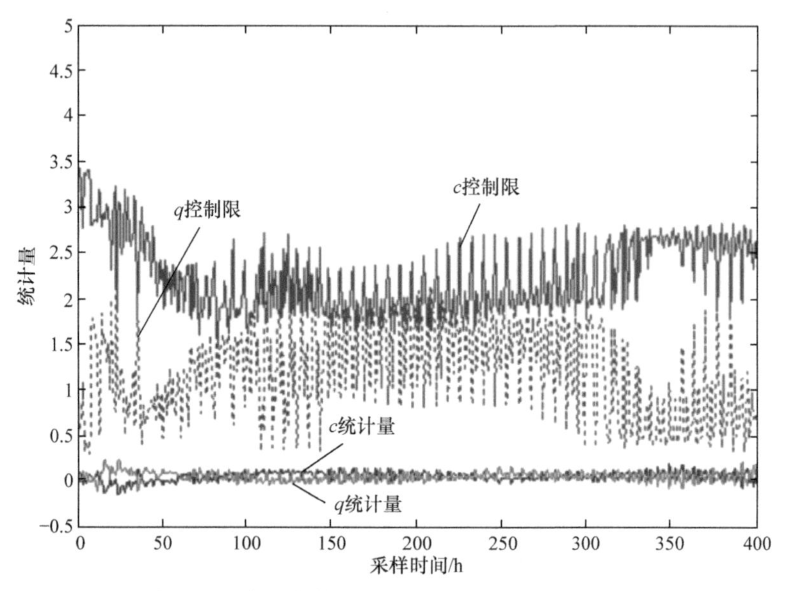

图 6.2　正常批次数据的原始空间检测结果(变量 1)

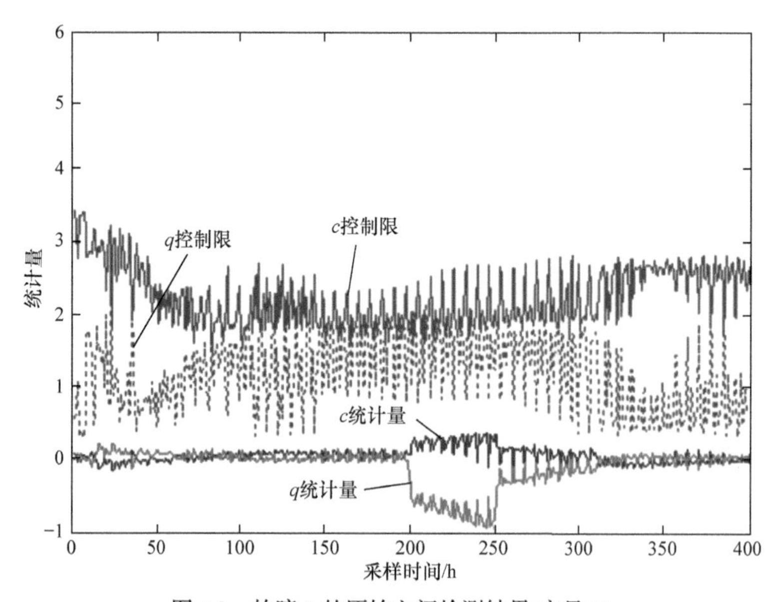

图 6.3　故障 1 的原始空间检测结果(变量 1)

变量 3 和变量 5 在故障 1 的原始空间监控结果如图 6.4 和图 6.5 所示。两个变量统计量都在第 200 h 超过控制限。其他变量 6 、7 、10 的统计量也超过控制限，监控结果曲线与变量 5 的监控结果几乎相同，为节省时间本书没有一一给出。

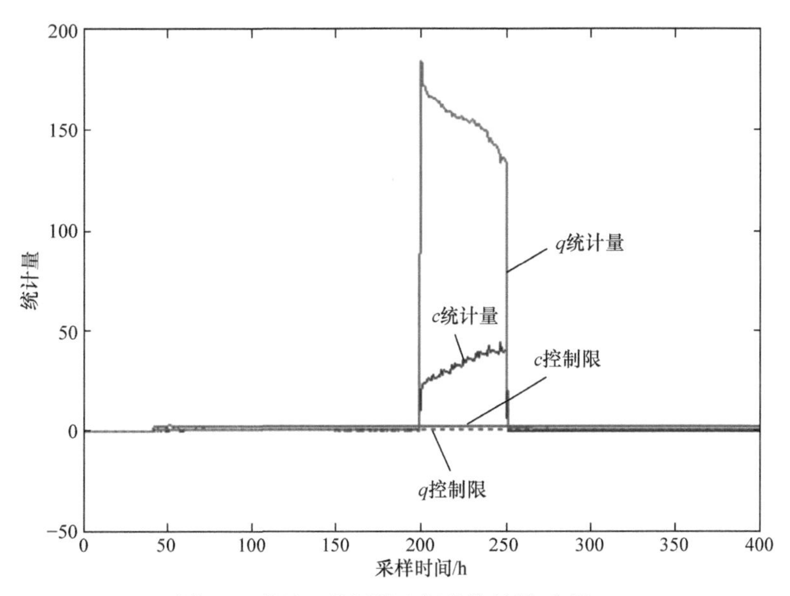

图 6.4　故障 1 的原始空间监控结果(变量 3)

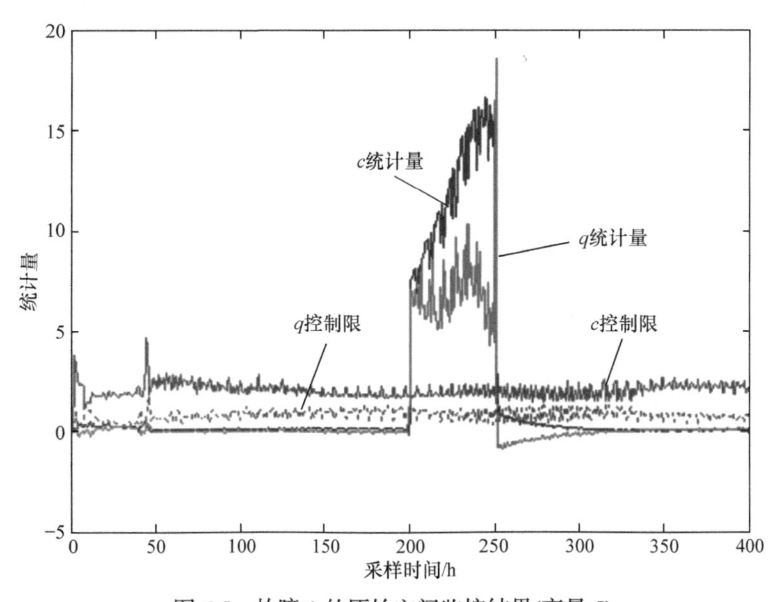

图 6.5　故障 1 的原始空间监控结果(变量 5)

现在面临的问题是，故障源到底是变量 3、5，还是其他变量 6、7、10。从图 6.4 和图 6.5 容易看出，变量 3 的两个统计量比变量 5 和其他变量的统计量超出控制限的程度要大得多。特别地，变量 3 的 Q 统计值是其限制值的 40 倍。从这个角度来看，可以推断变量3为故障源，因为它对统计量的贡献更明显。注意，面向原始空间的监控方法不存在拖尾效应，即非故障变量会受到故障变量的影响而贡献值增大，而故障变量的贡献值较小，导致错误的诊断结果。统计量被分解为变量贡献的唯一总和，每个变量的监控图都是根据分解后的变量统计绘制的。如果某些变量在相近数值下都有较大的贡献，这些变量都可以看作可能的故障源。

为了进一步辨识故障源，定义变量的故障相对贡献率为

$$R_c^{j,k}=\frac{c_{j,k}^D}{\sum_{j=1}^{J}c_{j,k}^D}$$

$$R_q^{j,k}=\frac{q_{j,k}^{\mathrm{SPE}}}{\sum_{j=1}^{J}q_{j,k}^{\mathrm{SPE}}}$$

绘制11个变量对应的两个统计量(R_c 和 R_q)的相对贡献率，如图 6.6 和图 6.7 所示。无论是 T^2，还是 SPE 统计量贡献均指示，变量 3 是故障的根源。同时，变量9 、10 、11在故障结束后仍然有较高的贡献值，这是因为变量 3 中的故障引起其他变量的改变。即使故障结束，对整个过程的影响仍在继续。通过相对贡献图可以看出，变量 3 故障的传播和演化。

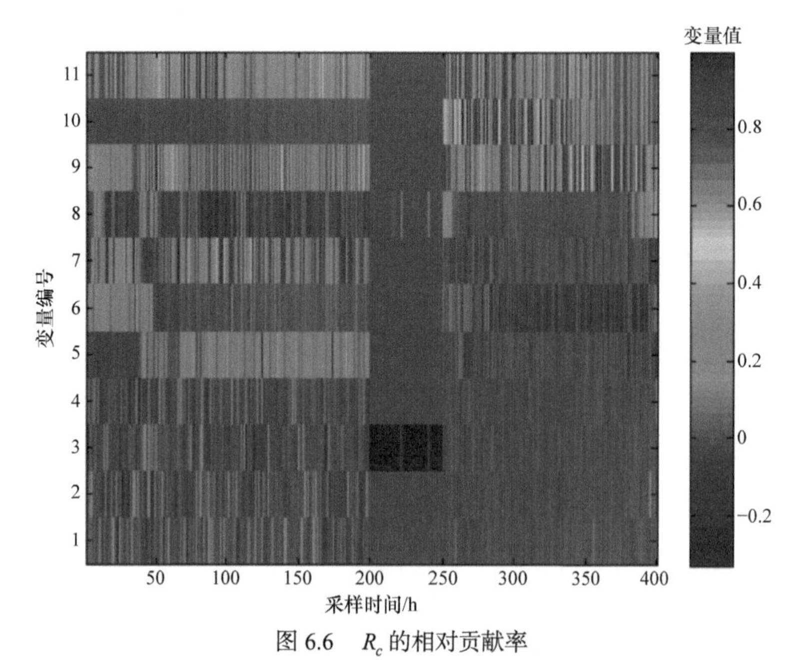

图 6.6　R_c 的相对贡献率

故障2：斜坡类型。在第 20h 给变量3施加坡度为0.3的斜坡信号，到 80h 结束。

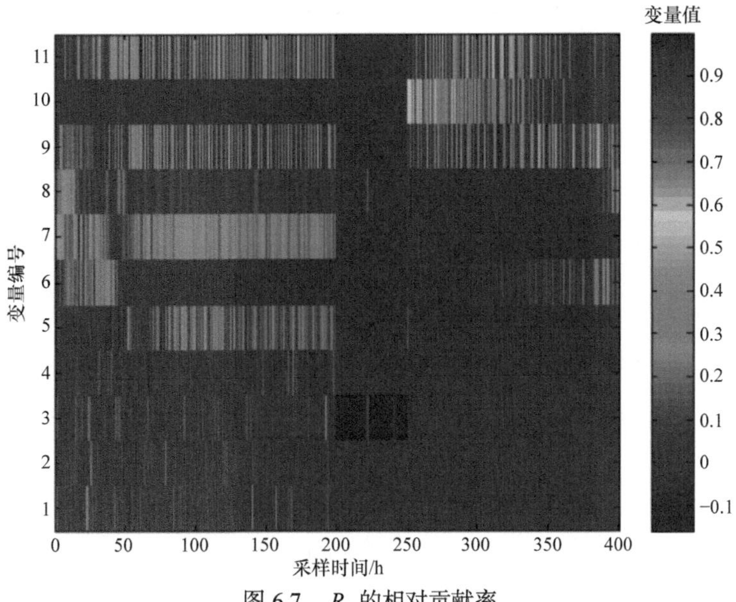

图 6.7 R_q 的相对贡献率

故障 2 的 T^2 统计量监控(变量 3)结果显示在图 6.8 中。故障 2 的 SPE 统计量监控(变量 3)显示在图 6.9 中。可以看出，两个统计量在大约 50 h 都超过了控制范围。由于该故障变量是逐渐变化的，因此报警时间相对于故障发生时间(第 20h)滞后。80h 后，故障消除，变量之间的关系恢复正常。T^2 统计量在控制限下明显下降，SPE 统计量仍然超过控制限，因为故障 2 引起的数据异常仍然存在。

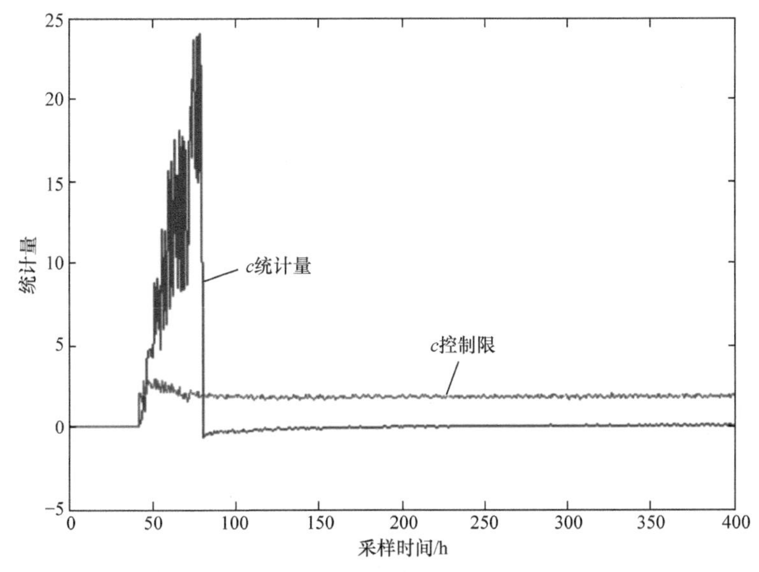

图 6.8 故障 2 的 T^2 统计量检测结果(变量 3)

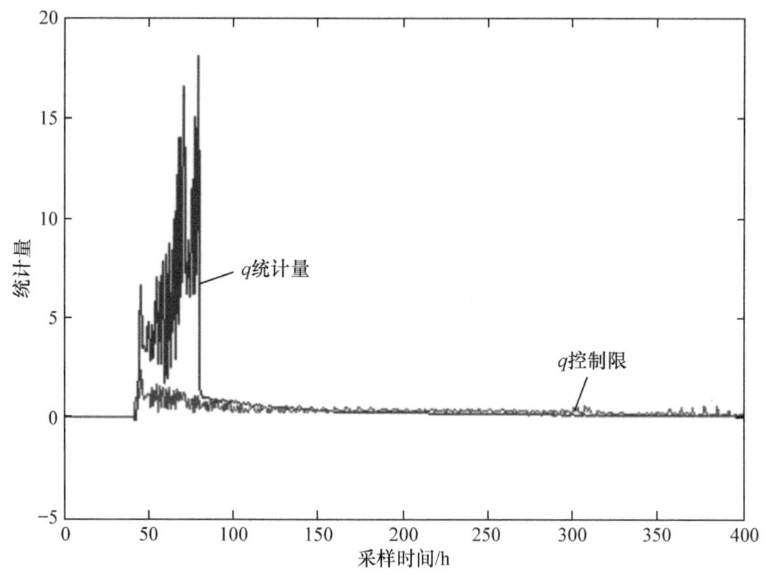

图 6.9　故障 2 的 SPE 统计量检测结果(变量 3)

6.3.2　基于融合指标的监控

使用与 6.3.1 节相同的实验数据，对融合指标监控方法进行检验。首先，考虑正常批次数据的测试，观察统计量 φ 的检测结果。正常批次数据的融合指标监控结果(变量 1)如图 6.10 所示。为了与 6.3.1 节的结果比较，仍然选择变量 1 为监控

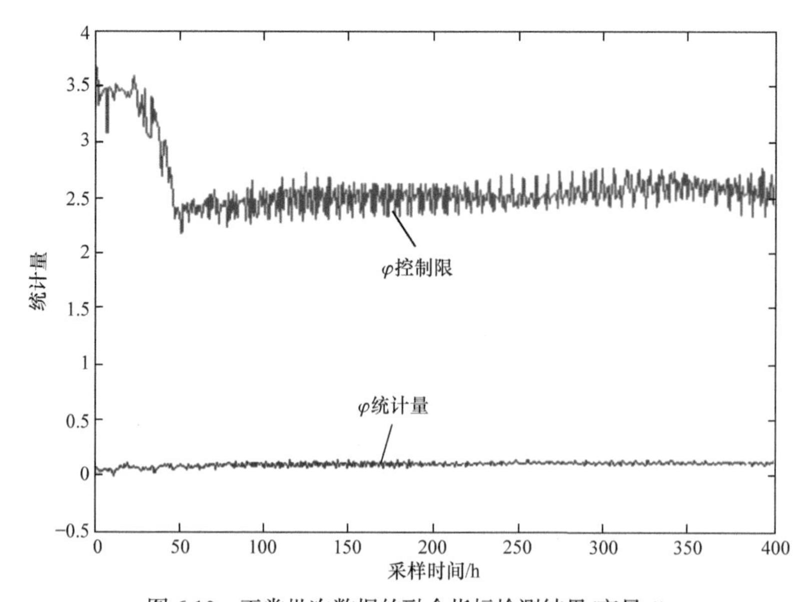

图 6.10　正常批次数据的融合指标检测结果(变量 1)

变量。结果表明，变量 1 的融合指标 φ 值远低于它的控制限，其他变量的 φ 值也远低于控制限。该方法具有良好的性能，在正常批次监控中，误报次数为零。相较而言，融合指标 φ 比两个统计量更稳定，对操作者来说更容易观察。

下面考虑故障1的监控。图 6.11 所示为故障 1 的融合指标监控结果(变量1)。变量1的融合统计量 φ 在故障期间(200～250h)并没有超过图 6.11 中的控制限。变量2、4、8、9、11的融合统计量 φ 值也没有超过控制限。因此，这些变量与故障没有直接关系，即不是故障源。

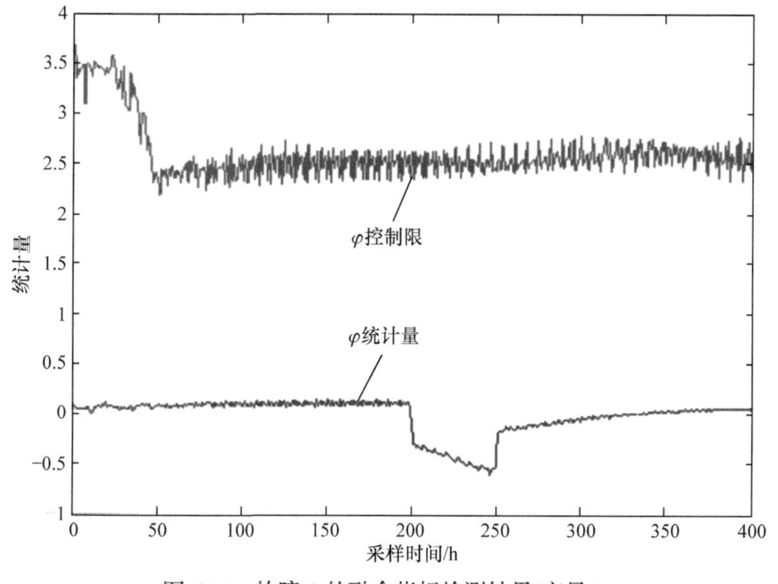

图 6.11　故障 1 的融合指标检测结果(变量 1)

变量3和变量5对故障 1 的融合指标监控结果如图 6.12 和图 6.13 所示。变量3、5和变量6、7、10的统计量都明显超过控制范围。正如6.3.1节讨论的，变量3的 φ 统计量比其他变量的变化程度更大，因此变量3是潜在的故障源。

同样地，定义如下融合指标的相对贡献率来辨识故障源，即

$$R_{\varphi}^{k}=\frac{\varphi_{j,k}}{\sum_{j=1}^{J}\varphi_{j,k}}$$

如图 6.14 所示，变量3的相对贡献率接近100%。因此，可以明确变量3为故障源。此外，变量9、10、11在故障消失后仍然有较高的相对贡献率。这是因为变量3中的故障引起其他过程变量的变化，进而影响后续的生产过程。

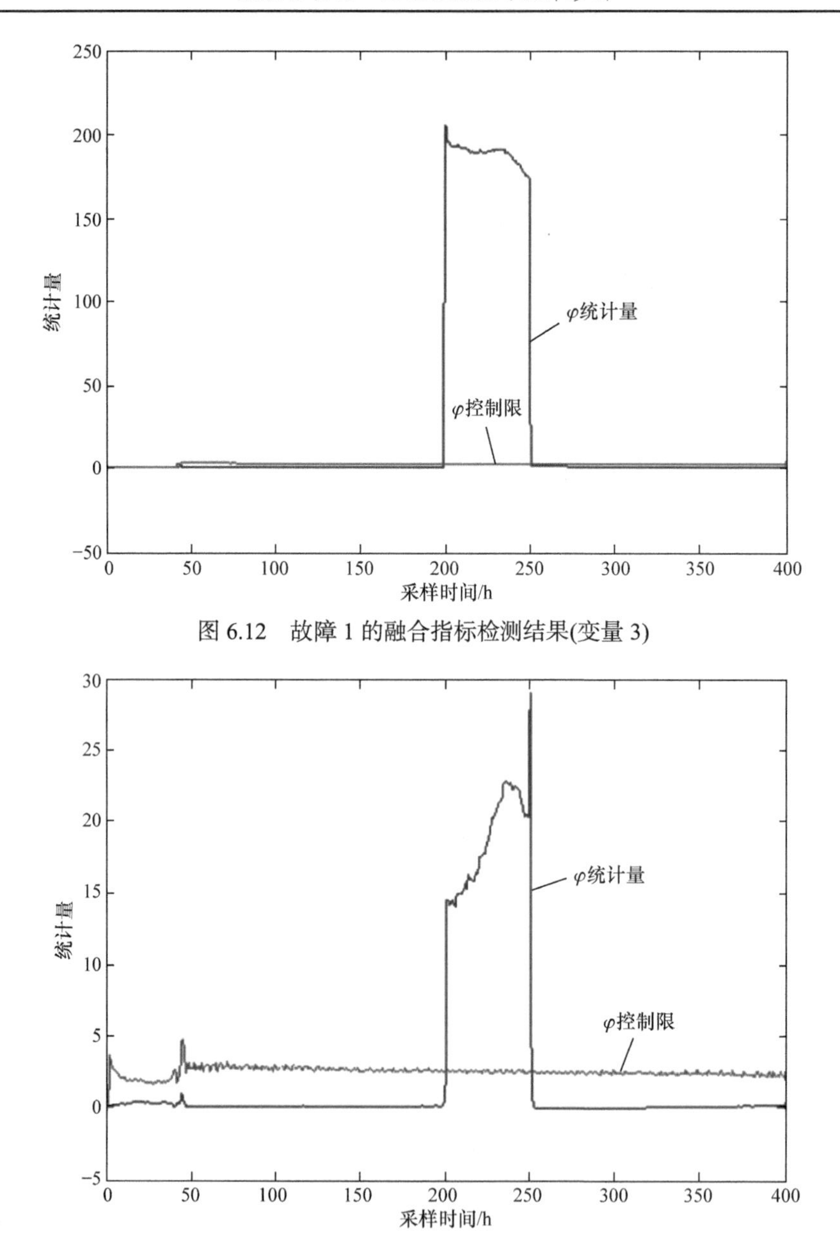

图 6.12　故障 1 的融合指标检测结果(变量 3)

图 6.13　故障 1 的融合指标检测结果(变量 5)

相对贡献图是定位故障根源的辅助工具。这里相对贡献图是根据原始过程变量的统计量直接进行计算的，完全独立于其他变量，因此不存在传统贡献图常发生的拖尾效应。

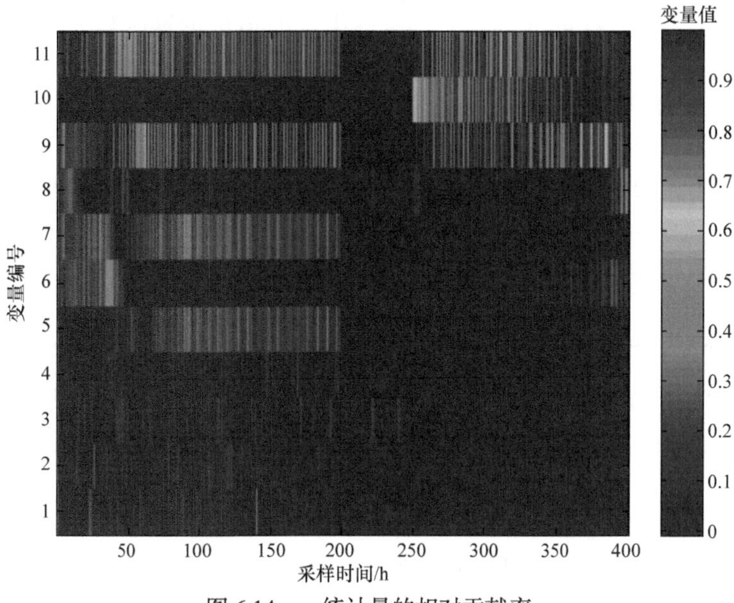

图 6.14　φ 统计量的相对贡献率

考虑故障 2 的融合指标监控。如图 6.15 所示，在第 50 h，φ 统计量检测出故障，而在 80 h 之后下降，并回到正常范围，说明此时故障已结束，系统恢复正常。

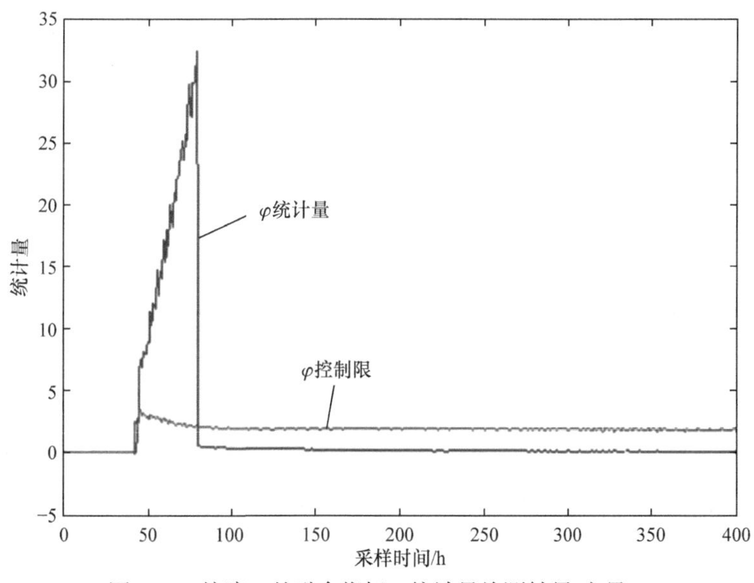

图 6.15　故障 2 的融合指标 φ 统计量检测结果(变量 3)

6.3.3　比较分析

下面给出几个性能指标来比较和评价不同监控方法的监控效率。错误报警

(false alarm，FA)次数是指在一个批次内出现的错误报警次数。检测时间(time detected, TD)是故障状态运行条件下统计量超过控制限的时间，可以表示灵敏度。

下面将面向原始测量空间的监控方法与传统的面向主成分空间监控方法，如 sub-PCA 方法[13]和软过渡 sub-PCA[14]方法进行对比。12 种故障的 FA 比较结果在表 6.1 中给出，12 种故障的 TD 比较结果在表 6.2 中给出。故障变量编号(1、2、3)表示气体流量、搅拌器功率，以及补料速率。变量的故障类型和发生时间在表 6.1 中给出，施加条件与 6.3.1 节相同。

表 6.1　12 种故障的 FA 比较结果

故障	变量	故障类型	幅值斜率/%	故障时间/h	原始变量监控			传统 sub PCA	软过渡 sub-PCA
					FA(c)	FA(q)	FA(φ)	FA	FA
1	2	阶跃	−15	20	0	0	0	9	0
2	2	阶跃	−15	100	0	173	0	1	0
3	3	阶跃	−10	190	0	95	0	11	0
4	3	阶跃	−10	30	0	57	0	5	0
5	1	阶跃	−10	20	0	0	0	1	0
6	1	阶跃	−10	150	16	0	0	2	0
7	1	斜坡	−5	20	2	1	0	1	0
8	2	斜坡	−20	20	4	0	0	6	0
9	1	斜坡	−10	20	2	0	1	10	0
10	3	斜坡	−0.2	170	1	0	0	3	0
11	2	斜坡	−20	170	4	0	0	1	0
12	1	斜坡	−10	180	2	0	0	2	0

表 6.2　12 种故障的 TD 比较结果

故障	故障时间/h	原始过程变量监控			传统 sub-PCA		软过渡 sub-PCA	
		c	q	φ	SPE	T^2	SPE	T^2
1	20	20	20	20	20	none	20	28
2	100	100	100	100	100	101	100	100
3	190	191	190	190	190	213	190	199
4	30	45	45	45	81	45	48	45
5	20	20	20	20	20	48	20	20
6	150	151	150	150	150	151	150	151
7	20	27	26	25	28	41	28	40
8	20	30	26	26	44	34	31	45
9	20	24	22	23	21	28	24	30

续表

故障	故障时间/h	原始过程变量监控			传统 sub-PCA		软过渡 sub-PCA	
		c	q	φ	SPE	T^2	SPE	T^2
10	170	171	170	170	170	173	171	171
11	170	179	175	175	177	236	181	195
12	180	184	182	182	185	185	184	188

可以看出，传统的 sub-PCA 方法在检测故障时存在多个误报，而基于融合指标的面向原始测量变量监控方法具有较好的鲁棒性。在原始测量空间监控的 3 个指标中，由于不同原因，c 和 q 统计量可能出现大量的虚警，而新的融合指标 φ 能够平衡两个指标，因此更加准确。

从表 6.2 可以看出，与其他两种监控方法相比，面向过程变量直接监控的结果更加及时。传统 sub-PCA 和软过渡 sub-PCA 从实际故障发生时间到检测延迟了近 20 h。在实际的复杂生产过程中，如此大的延迟检测是不可想象的。直接面向原始测量空间的故障检测时间较故障发生时间基本上小于 10 h，但是故障 4 除外。该方法可以为操作人员提供更合适的过程信息，对工程实践具有一定的指导意义。传统的多元统计监控方法，如 sub-PCA 和软过渡 sub-PCA 等，面向潜结构主成分空间开展监控，而本章给出的方法直接面向原始测量空间，因此具有检测速度快、误报较少等优点。

6.4　结　　论

本章给出一种面向原始测量空间的多变量统计监控方法，其核心是将 T^2 和 SPE 统计量分解为每个变量贡献的唯一总和。如果原始过程变量数量很大，会大大增加检测指标计算负担。为了减少监控计算量，进而给出一种融合的监控统计量，并从空间几何角度说明两个分解后的统计量融合相加的合理性。与传统的面向主成分空间监控方法相比，本章面向原始测量空间进行监控更加直接，而且仅使用一个融合统计指标大大降低计算量。

面向原始测量空间的监控直接从每个变量出发，可以对故障进行准确、及时地检测，同时也可以直接根据每个变量的统计指标变化方便地找到故障源，避免传统贡献图容易出现的拖尾效应。此外，融合统计量是分解后两个统计量的组合，可以避免使用单一统计指标带来的许多误报或漏报问题。融合统计量控制限的计算非常简单，无需事先的概率分布假设。

参 考 文 献

[1] Ding S X. Data-driven Design of Fault Diagnosis and Fault-tolerant Control Systems. London: Springer, 2014.

[2] Mnassri B, Adel E, Ouladsine M. Generalization and analysis of sufficient conditions for PCA-based fault detectability and isolability. Annual Reviews in Control, 2013, 37(1): 154-162.

[3] Albazzaz H, Wang X Z. Statistical process control charts for batch operations based on independent component analysis. Industrial & Engineering Chemistry Research, 2004, 43(21): 6731-6741.

[4] Yi J, Di H, He H, et al. A novel framework for fault diagnosis using kernel partial least squares based on an optimal preference matrix. IEEE Transactions on Industrial Electronics, 2017, 64(5): 4315-4324.

[5] 王树东, 李军, 高翔. 指数加权主元分析法及其在故障诊断中的应用. 工业仪表与自动化装置, 2016(6): 117-119.

[6] Luo L, Bao S, Mao J, et al. Fault detection and diagnosis based on sparse PCA and two-level contribution plots. Industrial & Engineering Chemistry Research, 2016, 56(1): 225-240.

[7] Liu J. Developing a soft sensor based on sparse partial least squares with variable selection. Journal of Process Control, 2014, 24(7): 1046-1056.

[8] Qin S J. Statistical process monitoring: basics and beyond. Journal of Chemometrics, 2003, 17(8-9): 480-502.

[9] Alcala C F, Qin S J. Reconstruction-based contribution for process monitoring with kernel principal component analysis. Industrial & Engineering Chemistry Research, 2010, 49(17): 7849-7857.

[10] Alvarez C R, Brandolin A, Sánchez M. On the variable contributions to the D-statistic. Chemometrics & Intelligent Laboratory Systems, 2007, 88(2): 189-196.

[11] Chang K Y, Lee J M, Vanrolleghem P A, et al. On-line monitoring of batch processes using multiway independent component analysis. Chemometrics and Intelligent Laboratory Systems, 2004, 71(2): 151-163.

[12] Birol G, Ündey C, Inar A. A modular simulation package for fed-batch fermentation: penicillin production. Computers & Chemical Engineering, 2002, 26(11): 1553-1565.

[13] Lu N Y, Gao F R, Wang F L. Sub-PCA modeling and on-line monitoring strategy for batch processes. AIChE Journal, 2004, 50(1): 255-259.

[14] Wang J, Wei H, Cao L, et al. Soft-transition Sub-PCA fault monitoring of batch processes. Industrial & Engineering Chemistry Research, 2013, 52(29): 9879-9888.

第 7 章　基于核费希尔包络分析的故障识别

间歇过程具有非线性、无稳定运行点、生产周期不等长等复杂特性，而且大多数的质量变量仅在批次结束时才可测量，因此与连续过程相比，对间歇过程监控更加困难[1-3]。传统的间歇过程故障识别方法，如多向 FDA[4]和多模态 FDA[5]需要完整的批次运行数据，难以直接推广应用。因此，必须实时估计完整的间歇过程轨迹，或者仅将当前时刻的测量值用于在线诊断。此外，上述方法没有考虑生产周期不一致的问题。为了解决这些问题，本章介绍一种基于核费希尔包络分析(kernel Fisher envelope analysis，KFEA)的建模方法，并将其应用于间歇过程的故障识别[6]。该方法根据投影到核费希尔判别分析(kernel Fisher discriminant analysis，KFDA)两个判别向量对应的特征值，分别为正常和故障数据建立的包络模型。该方法的亮点包括针对非线性的核投影、针对不同周期的数据分批次展开和包络建模、易于在线实现新检测指标构建等。

7.1　基于 KFEA 的过程监控

7.1.1　KFEA

考虑具有 I 个批次的间歇过程数据矩阵，即

$$X(k)=[X^1(k) \quad X^2(k) \quad \cdots \quad X^I(k)]^{\mathrm{T}}$$

其中，X^i 由 $n_i(i=1,2,\cdots,I)$ 个行向量组成，每个行向量是在第 i 个批次和采样时刻 k 获得的样本向量 $X_j^i(k), j=1,2,\cdots,n_i$ 。

每个批次具有相同的采样周期，但是具有不同的生产时长，即第 i 个批次具有 $n_i(i=1,2,\cdots,I)$ 个采样点。假设 K 是所有批次中最大的采样个数，即 $K=\max[n_1, n_2,\cdots,n_L]$ 。

设 Φ 为非线性映射规则，将样本数据从原始空间 X 映射到高维空间 F 。假设每个批次的数据都可以作为一个子类处理，那么整个数据集就可以归为 I 个子类。使用特征空间 F 中的指数准则函数获得最优判别向量 w 。通常直接计算 $\Phi(x)$ 映射较为困难，因此采用的核函数处理方法为

$$K(x_i,x_j)=\left\langle \Phi(x_i),\Phi(x_j)\right\rangle=\Phi(x_i)^{\mathrm{T}}\Phi(x_j) \tag{7.1}$$

引入核函数是为了计算特征空间 F 中的点积，因此无需直接计算 Φ 。根据再生核的原理，判别向量的任何解 $w \in F$ 一定位于 w 的所有训练样本的跨度范围内，记为

$$w = \sum_{i=1}^{n} \alpha_i \Phi(x_i) = \Phi\alpha \tag{7.2}$$

其中， $x_i, i=1,2,\cdots,n, n=n_1+n_2+\cdots+n_I$ 为 X 的行向量； $\Phi=[\Phi(x_1),\cdots,\Phi(x_n)]$ ； $\alpha=(\alpha_1,\alpha_2,\cdots,\alpha_n)^{\mathrm{T}}$ 。

将空间中的采样值 $\Phi(x_j^i)$ 投影到 w 上，计算得到的特征值 T_{ij} 为

$$\begin{aligned} T_{ij} &= w^{\mathrm{T}}\Phi(x_j^i) \\ &= \alpha^{\mathrm{T}}\Phi^{\mathrm{T}}\Phi(x_j^i) \\ &= \alpha^{\mathrm{T}}[\Phi(x_1)^{\mathrm{T}}\Phi(x_j^i),\cdots,\Phi(x_i)^{\mathrm{T}}\Phi(x_j^i)] \\ &= \alpha^{\mathrm{T}}\xi_j^i \end{aligned} \tag{7.3}$$

核样本向量 ξ_j^i 定义为

$$\xi_j^i = [K(x_1,x_j^i),K(x_2,x_j^i),\cdots,K(x_n,x_j^i)]^{\mathrm{T}} \tag{7.4}$$

考虑类内均值向量 $m_i^{\Phi}, i=1,2,\cdots,I$ 的投影，核类内均值向量 μ_i 为

$$\mu_i = \left[\frac{1}{n_i}\sum_{j=1}^{n_i}K(x_1,x_j^i),\cdots,\frac{1}{n_i}\sum_{j=1}^{n_i}K(x_n,x_j^i)\right]^{\mathrm{T}} \tag{7.5}$$

那么核类间散度矩阵 K_b 为

$$K_b = \sum_{i=1}^{I}\frac{n_i}{n}(\mu_i-\mu_0)(\mu_i-\mu_0)^{\mathrm{T}} \tag{7.6}$$

类似地，考虑整体平均向量 m_0^{Φ} 到判别向量 w 的投影，可以计算出整体核平均向量 μ_0 和核类内散度矩阵 K_w 为

$$\mu_0 = \left[\frac{1}{n}\sum_{j=1}^{n}K(x_1,x_j),\cdots,\frac{1}{n}\sum_{j=1}^{n}K(x_n,x_j)\right]^{\mathrm{T}} \tag{7.7}$$

$$K_w = \frac{1}{n}\sum_{i=1}^{I}\sum_{j=1}^{n_i}(\xi_j^i-\mu_i)(\xi_j^i-\mu_i)^{\mathrm{T}} \tag{7.8}$$

以类间最大化和类内最小化为目标的判别函数等价于

$$\begin{aligned} \max J(\alpha) &= \frac{\operatorname{tr}(\alpha^{\mathrm{T}}K_b\alpha)}{\operatorname{tr}(\alpha^{\mathrm{T}}K_w\alpha)} \\ &= \frac{\operatorname{tr}(\alpha^{\mathrm{T}}(V_b\Lambda_bV_b^{\mathrm{T}})\alpha))}{\operatorname{tr}(\alpha^{\mathrm{T}}(V_w\Lambda_wV_w^{\mathrm{T}})\alpha)} \end{aligned} \tag{7.9}$$

其中，$K_b = V_b \Lambda_b V_b^{\mathrm{T}}$ 和 $K_w = V_w \Lambda_w V_w^{\mathrm{T}}$ 分别为类间和类内散度矩阵的特征值分解。

为了构建包络模型，通常假设选取两个判别向量，即最优判别向量和次优判别向量。第 i 个批次第 k 采样点的核采样向量为 ξ_k^i，将其投影到两个判别向量上，可以得到对应的特征值 T_{ik}^1 和 T_{ik}^2。所有批次在采样点 k 的向量在上述两个投影方向的特征值向量分别记为 $[T_{1k}^1, T_{2k}^1, \cdots, T_{Ik}^1]$ 和 $[T_{1k}^2, T_{2k}^2, \cdots, T_{Ik}^2]$。两个特征值向量的均值记为 $\mathrm{mean}_1(k)$ 和 $\mathrm{mean}_2(k)$。定义

$$\begin{aligned} \max_1(k) &= \max[\,|T_{1k}^1 - \mathrm{mean}_1(k)|, \cdots, |T_{Ik}^1 - \mathrm{mean}_1(k)|\,] \\ \max_2(k) &= \max[\,|T_{1k}^2 - \mathrm{mean}_2(k)|, \cdots, |T_{Ik}^2 - \mathrm{mean}_2(k)|\,] \end{aligned} \tag{7.10}$$

取 $\max(k)$ 为 $\max_1(k)$ 和 $\max_2(k)$ 之间的较大值，$k = 1, 2, \cdots, K$。在高维空间中定义包络为

$$(x_k - \mathrm{mean}_1(k))^2 + (y_k - \mathrm{mean}_2(k))^2 = \max(k)^2 \tag{7.11}$$

其中，x_k 为最优判别方向的特征值；y_k 为次优方向的特征值；(x_k, y_k) 为原始数据在特征空间的投影。

式(7.11)给出了具有最大变化的包络模型，包含此类数据在不同采样时间的所有特征值。

假设每个批次的生产周期不同，即 n_i 随着批次 i 变化。包络模型与上述类似，不同之处在于特征值向量的组成。举个简单的例子，已知一个训练数据集中有 I 批数据，每批采样个数 k 从 1 到 K 不等，K 是所有批次中最大的采样时刻。假设批次 i 没有达到最大采样时刻 K，$k = 1, 2, \cdots, n_i, n_i < K$。对应的特征值向量为 $[T_{1k}^1, T_{2k}^1, \cdots, T_{Ik}^1]$ 和 $[T_{1k}^2, T_{2k}^2, \cdots, T_{Ik}^2]$，$k = 1, 2, \cdots, n_i$。当采样时间 $k = n_i + 1, n_i + 2, \cdots, n_i + K$，特征值向量为 $[T_{1k}^1, T_{2k}^1, \cdots, T_{(i-1)k}^1, T_{(i+1)k}^1, \cdots, T_{Ik}^1]$ 和 $[T_{1k}^2, T_{2k}^2, \cdots, T_{(i-1)k}^2, T_{(i+1)k}^2, \cdots, T_{Ik}^2]$。显然，式(7.11)中的参数 $\max(k)$、$\max_1(k)$ 和 $\max_2(k)$ 随时间 k 变化。

7.1.2　检测指标

定义检测指标为

$$\begin{aligned} P_1(k) &= \frac{|\,T_k^1 - \mathrm{mean}_1(k)|}{\max(k)} \\ P_2(k) &= \frac{|T_k^2 - \mathrm{mean}_2(k)|}{\max(k)} \\ T(k) &= (T_k^1)^2 + (T_k^2)^2 \end{aligned} \tag{7.12}$$

其中，T_k^1 和 T_k^2 为实时采样向量 x_k 映射到高维空间的判别向量得到的特征值。

当该时刻的特征值轨迹包含在某一模式的包络内时，必有 $P_1(k)<1$ 且 $P_2(k)<1$ 成立。如果在该包络模型下，实时采样数据与训练数据的差异很大，则核费希尔准则使用的高斯核函数几乎为零，使 $T_k^1=0$ 、$T_k^2=0$ ，即 $T(k)=0$ 。因此，对于给定的实时采样数据，利用上述指标就可以做出如下判断，即当 $P_1(k)<1$ 、$P_2(k)<1$ 和 $T(k)\neq 0$ 时，该数据属于当前模式。当 $T(k)=0$ 持续出现时，说明采样数据不属于该模式。

根据正常操作数据构建的包络模型可以检测新采集批次的数据是否在某个时刻出现故障，然后使用不同的故障包络模型进行故障识别。考虑某类故障的包络模型，如果 $P_1(k)<1$ 、$P_2(k)<1$ ，并且 $T(k)\neq 0$ ，则该故障属于当前故障类型。如果 $T(k)=0$ 持续出现在每一类故障的包络模型中，那么该故障可能是一个新的故障。当该故障多次发生时，需要更新故障模式类型，并为新增的故障模式构建包络模型。

基于 KFEA 的故障检测算法流程如图 7.1 所示。

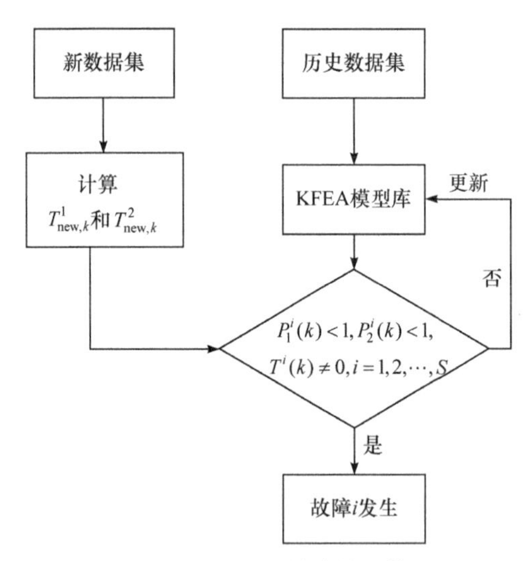

图 7.1　基于 KFEA 的故障检测算法流程

基于 KFEA 的故障检测算法如下。

① 采集具有 S 种故障类别的历史数据。根据 7.1.1 节的描述，为每个故障类别构建包络模型，记为

$$(x_k-\text{mean}_1^S(k))^2+(y_k-\text{mean}_2^S(k))^2=\max{}^S(k)^2,\quad k=1,2,\cdots,K \tag{7.13}$$

存储所有的模型参数 $\text{mean}_1^S(k)$、$\text{mean}_2^S(k)$ 和 $\max^S(k)$ ，构建包络模型库 Env-

$\text{model}(S,k)$。

② 采用获得实时数据 x_k，归一化并计算得到对应的核向量 ξ_k。

③ 在已知 k 时刻的 S 故障包络模型下，将 x_k 对应的核向量 ξ_k 沿判别向量方向分别投影。计算对应的投影特征值 T_k^1、T_k^2 和检测指标，如果 $P_1^S(k)<1$, $P_2^S(k)<1$ 且 $T^S(k)\neq 0$，则故障属于 S 类别。

④ 如果步骤③中的检测指标对于所有已知的故障类型都不能满足，则可能出现新的故障。当该未知故障持续一段时间时，更新模型库。根据积累的新故障数据，按照步骤①中的建模方法构建包络模型，并扩充到模型库中。

7.1.3 基于 KFEA-PCA 的间歇过程综合诊断

本节融合 KFEA 和 PCA 的优点对间歇过程进行综合诊断。历史数据集中包含正常工况的运行数据和 S 类故障数据。首先，将正常工况数据 $X(I\times J\times K)$ 在时间方向展开为二维矩阵 $X(I\times JK)$。归一化后，数据在批次方向再次展开为 $Y(IK\times J)$。对此矩阵建立多向 PCA 模型，可以得到得分矩阵 $T(IK\times R)$ 和载荷矩阵 $P(J\times R)$，其中 R 是主成分的个数。计算该模型的监控统计量 T^2、SPE 及其控制限。该模型用于故障检测[7-10]。

对于历史数据库中的 S 类故障数据，分别建立对应的 KFEA 模型，用于故障识别。该方法没有使用常规的贡献图法，而是使用 KFEA 方法进行故障诊断。当获得新数据 $x_{\text{new},k}$ 时，应通过多向 PCA 模型判断当前运行是否正常。如果 T^2 和 SPE 超过控制限，则检测到故障发生。然后，通过 KFEA 模型库识别故障类型。如果特征值不满足所有已知故障模型中的指标，则该故障是新故障。只要收集到足够的 KFEA 建模数据，就可以更新模型库中的新故障模型。基于核包络分析-主成分分析(kernel Fisher envelope analysis-principal component analysis，KFEA-PCA)的综合诊断建模及在线监控流程如图 7.2 所示。

基于 KFEA-PCA 的过程监控算法如下。

(1) 离线建模

① 针对正常工况下的数据建立多向 PCA 模型，利用该模型获得的得分矩阵 $T(KI\times R)$ 和载荷矩阵 $P(J\times R)$，计算统计量 T^2 和 SPE，并确定对应的控制限 T_{lim}^2 和 SPE_{lim}。

② 对已知的 S 类故障数据，采用 KFEA，分别为每一种故障构建故障包络，求取对应的最优判别权重矩阵 W_α^S，特征值向量的平均值 $\text{mean}_1^S(k)$、$\text{mean}_2^S(k)$，以及最大值 $\max^S(k)$。

③ 存储 T_{lim}^2、SPE_{lim}，每个故障类对应的 W_α^S、$\text{mean}_1^S(k)$、$\text{mean}_2^S(k)$ 和

$\max^{S}(k)$。

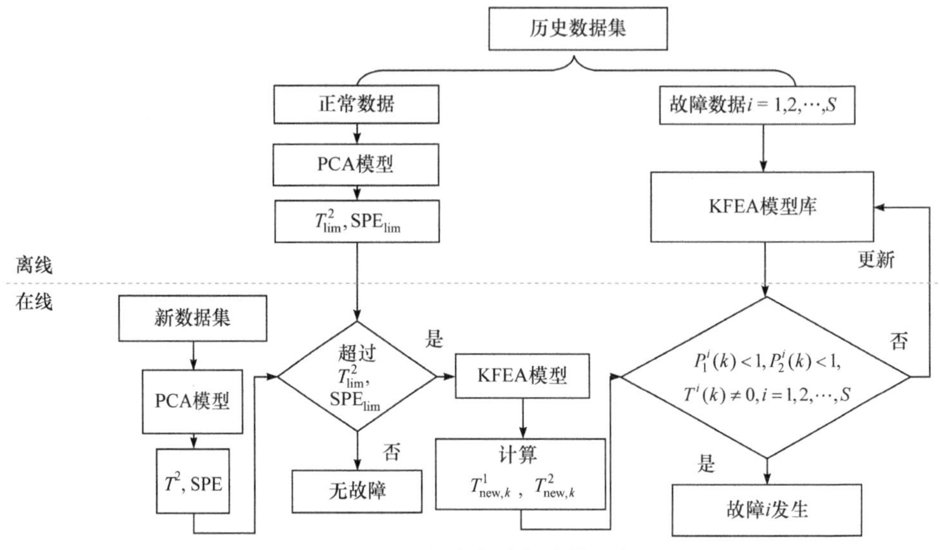

图 7.2 基于 KFEA-PCA 的综合诊断建模及在线监控流程图

(2) 在线监控

① 对新批次数据在第 k 采样时刻的数据 $x_{new,k}(J\times 1)$ 进行标准化处理。

② 根据多向 PCA 模型，计算 T^2 和SPE 统计量，并判断其是否超出置信限。如没有超限，则转向步骤①。

③ 用已知的故障包络模型对该时刻进行故障识别。将 $x_{new,k}(J\times 1)$ 根据不同类故障的核费希尔包络模型进行投影，得到特征值 $T^1_{new,k}$ 和 $T^2_{new,k}$ 。计算判别指标，若 $P_1^S(k)<1$、$P_2^S(k)<1$ ，并且 $T^S(k)\neq 0$，则表明当前数据属于此故障类。

④ 若步骤②已判断出有故障发生，但是步骤③发现该故障不属于任何已知故障类，则表明可能出现新故障。当该未知故障发生多次后，需更新模式类型。在离线情况下，可以利用积累的新故障批次数据构建包络模型，并扩充到故障模型库中。

7.2 基于 KFEA-PCA 的仿真实验

采用分批补料的青霉素发酵过程仿真平台数据验证 KFEA-PCA 方法的有效性[11,12]。选择影响发酵反应的 11 个变量进行建模，包括气体流量、搅拌器功率、底物流动加速度、温度等。已知的三种故障类型为底物流动加速度下降故障、搅拌器功率下降故障和气体流量下降故障，青霉素发酵过程的故障类型如表 7.1 所示。设采样间隔为 1h，由 PenSim V2.0 模拟平台生成共计 50 批次的数据，其中 20 个批次为正常运行、三类故障各 10 个批次。同时，考虑工艺需求导致的不等长操作周期问题，20 个批次的正常运行数据中包含 1 个周期为 95h 的批次，2 个周期为 96h 的批次，2 个周期为 97h 的批次，3 个周期为 98h 的批次，5 个周期为 99h 的批次和 7 个周期为 100h 的批次。类似地，改变每个批次的反应持续时间、故障发生的时间和幅度，收集故障批次数据。

表 7.1　青霉素发酵过程的故障类型

故障编号	故障类型
1	底物流动加速度下降故障(阶跃)
2	搅拌器功率下降故障(阶跃)
3	气体流量下降故障(阶跃)

图 7.3 展示了正常工况和各故障的包络，其中图 7.3(a)～图 7.3(d)分别给出了根据历史数据离线训练得到的正常数据和故障数据的核费希尔包络。这里 x 轴和 y 轴分别代表最优和次优判别向量的方向。

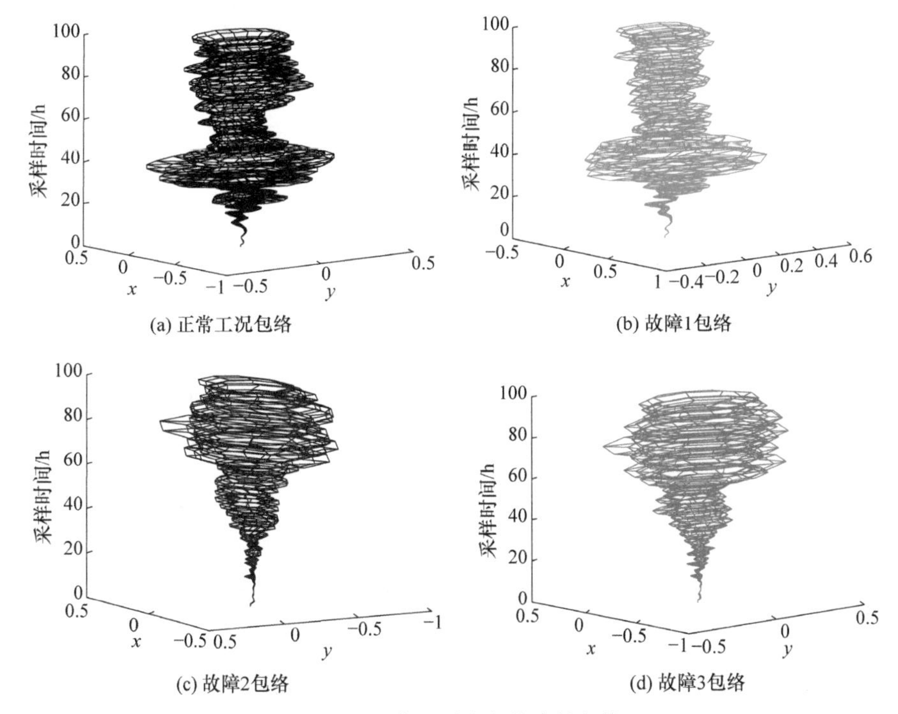

图 7.3　正常工况和各故障的包络

传统的多元统计监控方法，如多向 PCA 和多向 FDA，都要求建模批次的长度相等。实际中，不同批次的生产周期往往会发生变化。因此，首先要对不同批次的数据进行等长的预处理。本节提出的 KFEA-PCA 方法在预处理过程中沿批次方向展开数据，可以简单地处理不等长批次的数据，在实践中很容易执行。下面的实验分别针对已知故障和未知故障数据进行在线检测，值得注意的是这里使用的测试数据不包含在建模训练数据中。此外，本节还对传统贡献图法和改进的多向 FDA 法[13]进行了对比验证。

7.2.1　对已有故障类型的诊断效果

1. 实验一：搅拌器功率阶跃下降故障

选取一个批次的搅拌器功率下降故障作为测试数据。该故障是在第 50h 发生的幅度为−12%的阶跃改变，直到反应结束。首先，用多向 PCA 模型的 T^2 和 SPE 统计量对测试数据进行检测。实验一的 KFEA-PCA 监控统计结果如图 7.4 所示。可以看出，在第 50h 开始到过程结束，T^2 和 SPE 统计量持续超限，因此可知系统在第 50h 出现故障。表 7.2 记录了实验一在故障 2 包络模型下的检测指标值。可以看出，在 50～100h 之间都有 $P_1(k)<1$、$P_2(k)<1$ 且未出现 $T(k)=0$，因此可判断该测试批次发生的故障为故障 2。图 7.5 记录了实验一基于包络的故障诊断结果。同样可以看出，该故障与故障 2 匹配。

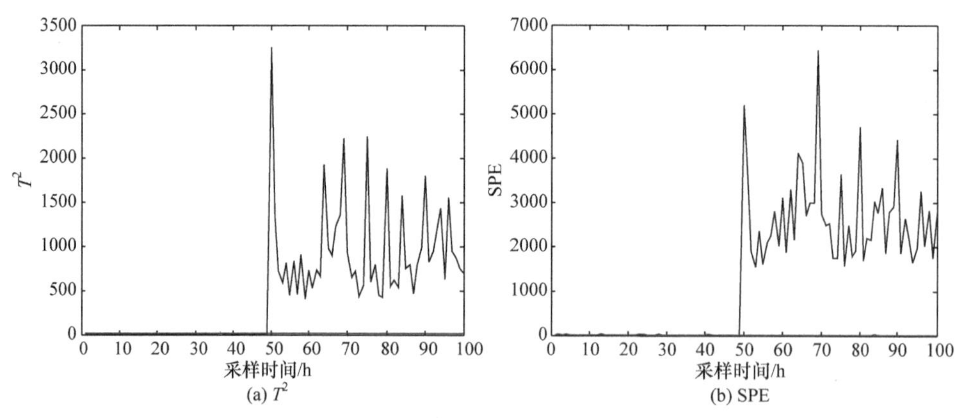

图 7.4　实验一：KFEA-PCA 的监控统计结果

表 7.2　实验一：在故障 2 包络模型下的检测指标值

k	50	51	52	53	54	55	56	57	…	100
T_k^1	0.044	0.025	0.028	−0.011	0.032	0.062	0.110	0.083	…	−0.005
T_k^2	−0.159	−0.145	−0.233	−0.141	−0.173	−0.205	−0.271	−0.202	…	−0.241

续表

k	50	51	52	53	54	55	56	57	…	100
$P_1(k)$	<1	<1	<1	<1	<1	<1	<1	<1	…	<1
$P_2(k)$	<1	<1	<1	<1	<1	<1	<1	<1	…	<1

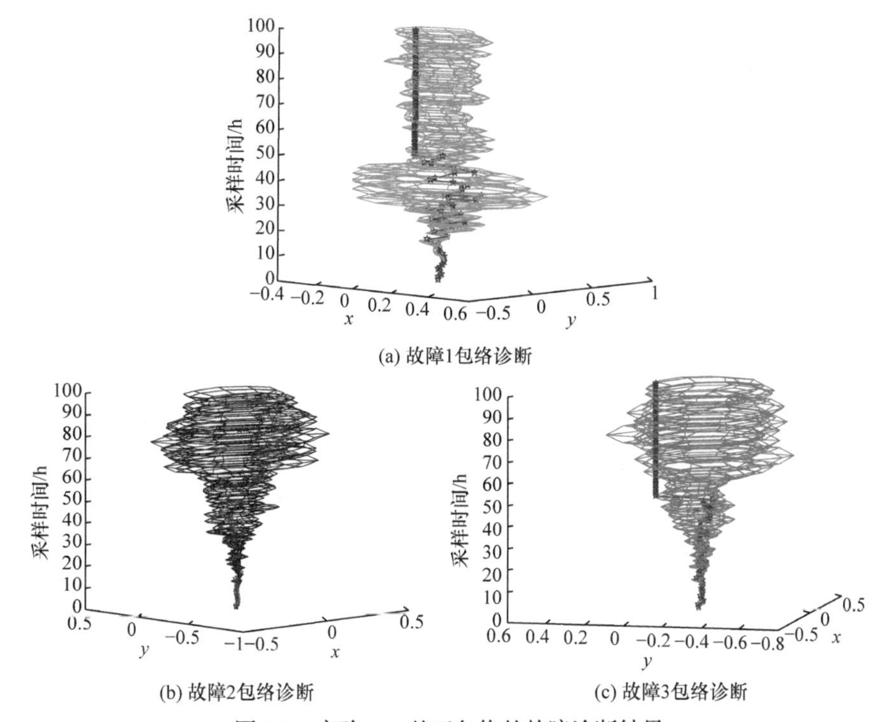

图 7.5　实验一：基于包络的故障诊断结果

针对实验一第 50h 过程变量对 T^2 和 SPE 的贡献结果如图 7.6 所示。其中，第 2 个变量同时对 T^2 和 SPE 统计量贡献也较大，所以诊断出该故障属于故障 2。因此，包络模型和贡献图法均能成功诊断出该故障的类别。

下面给出实验一基于改进的多向 FDA 的故障诊断结果，如图 7.7 所示。其中，横坐标代表时间，纵坐标代表故障类型，0 表示过程运行正常，1、2、3、4 分别表示故障 1、故障 2、故障 3、新故障。可以看出，改进的多向 FDA 诊断效果不理想，误诊率较高。

2. 实验二：气体流量阶跃下降故障

测试故障为故障 3 气体流量下降。重新生成测试数据，故障发生在第 58h，幅度为 −10% 的阶跃改变，直到过程结束。实验二 KFEA-PCA 的监控统计结果

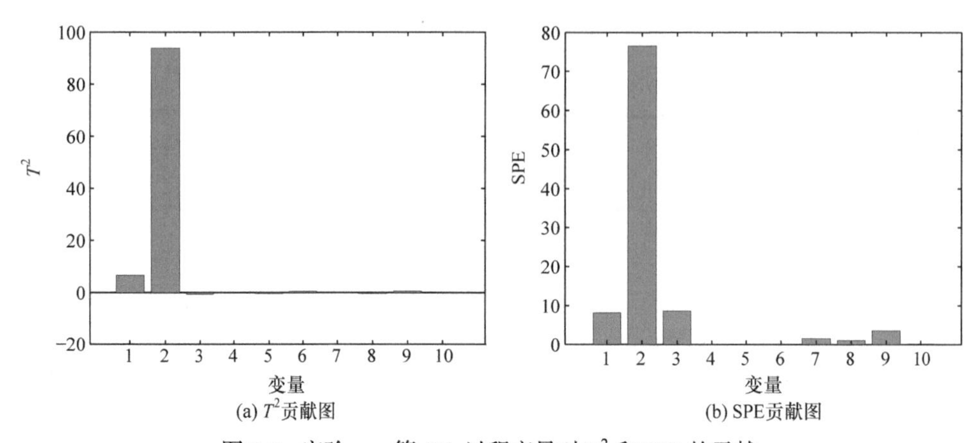

(a) T^2贡献图　　(b) SPE贡献图

图 7.6　实验一：第 50h 过程变量对 T^2 和 SPE 的贡献

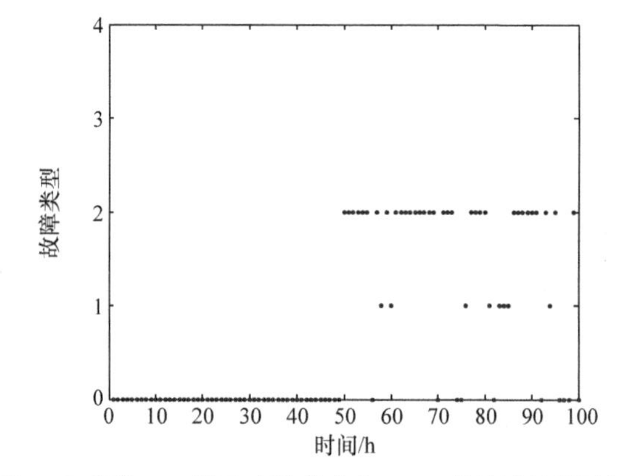

图 7.7　实验一：基于改进的多向 FDA 的故障诊断结果

如图 7.8 所示。多向 PCA 模型监控的 T^2 和 SPE 统计量从 58h 开始到反应结束持续超过控制限，因此在第 58h 能够检测到故障。

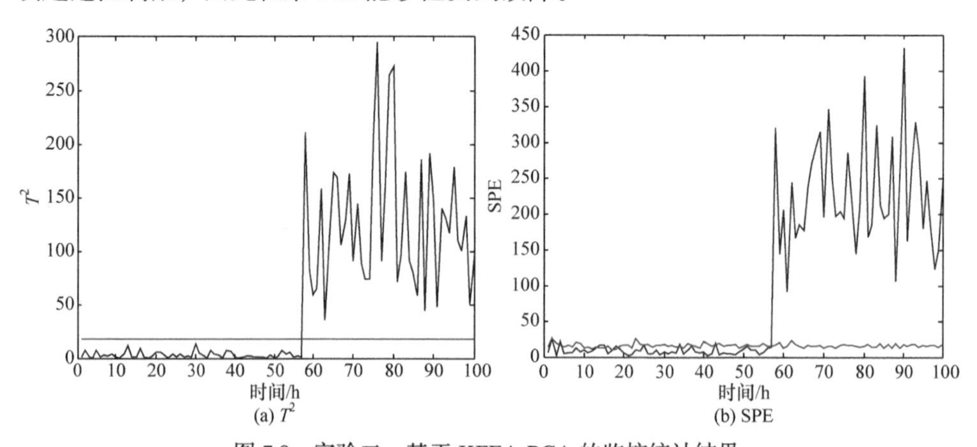

(a) T^2　　(b) SPE

图 7.8　实验二：基于 KFEA-PCA 的监控统计结果

表 7.3 记录了实验二用故障 3 包络模型诊断时的指标，可以看出在 58～100h 之间都有 $P_1(k)<1$、$P_2(k)<1$，并且未出现 $T(k)=0$，因此可判断出测试批次发生的故障类型为故障 3。如图 7.9 所示，同样可以看出发生的故障为故障 3。

表 7.3　实验二：在故障 3 包络模型下的检测指标值

k	58	59	60	61	62	63	64	65	…	100
T_k^1	–0.110	–0.110	–0.171	–0.133	–0.220	–0.182	–0.100	–0.054	…	–0.066
T_k^2	–0.237	–0.162	–0.259	–0.141	–0.393	–0.378	–0.273	–0.332	…	–0.295
$P_1(k)$	<1	<1	<1	<1	<1	<1	<1	<1	…	<1
$P_2(k)$	<1	<1	<1	<1	<1	<1	<1	<1	…	<1

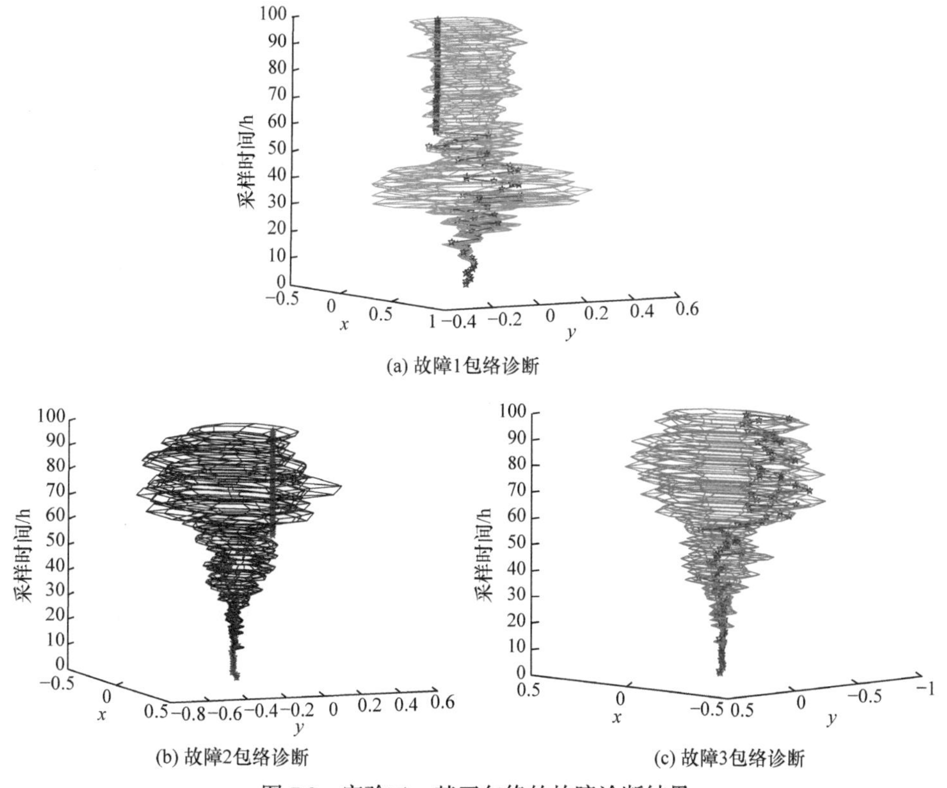

图 7.9　实验二：基于包络的故障诊断结果

作为对比，图 7.10 给出了实验二中第 58h 过程变量对 T^2 和 SPE 贡献图，其中第 1、4、6、8 个变量对 T^2 统计量的贡献较大。第 3 个变量对SPE 统计量的贡献较大，诊断结果不明显，难以判别故障类型。图 7.11 给出了实验二基于改进的多向 FDA 的故障诊断结果，也显示出相对较高的误诊率。

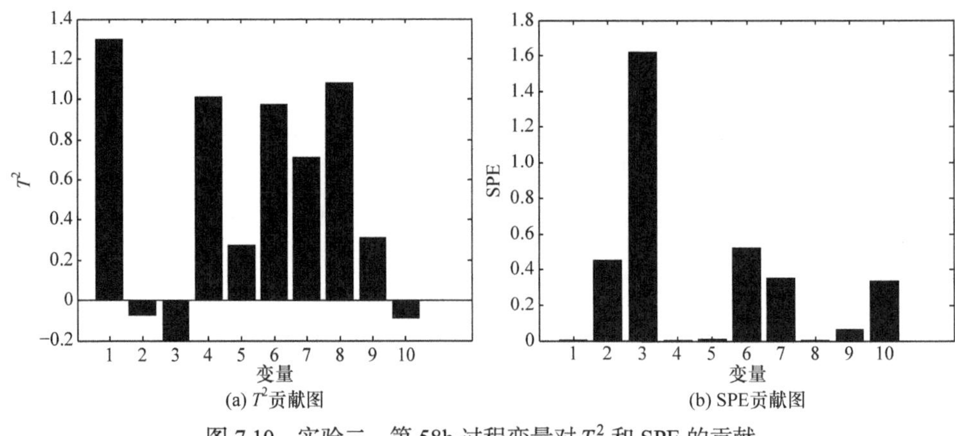

图 7.10　实验二：第 58h 过程变量对 T^2 和 SPE 的贡献

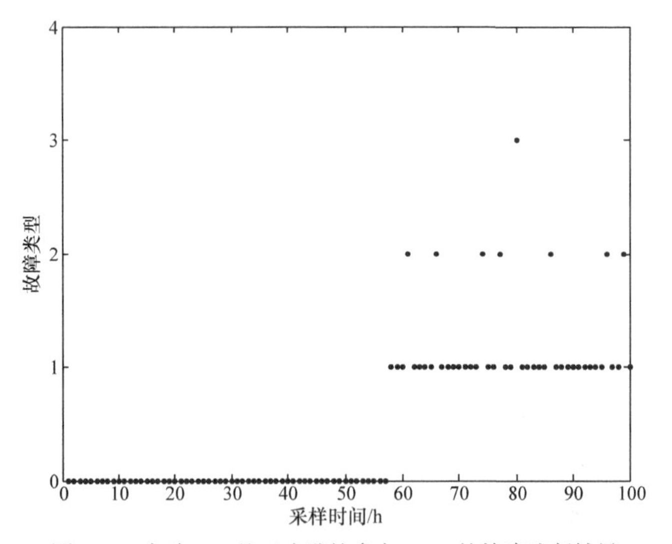

图 7.11　实验二：基于改进的多向 FDA 的故障诊断结果

7.2.2　对未知故障类型的诊断效果

这里使用一种新的故障测试提出的 KFEA-PCA 的诊断能力。考虑不同于已知的三种故障类型的斜坡故障，测试故障是气体流量在第 50h，下降幅度为−15%的斜坡故障。首先，用多向 PCA 模型的 T^2 和SPE 统计量进行监控。如图 7.12 所示，T^2 和SPE 统计量都在第 50h 检测到故障发生。

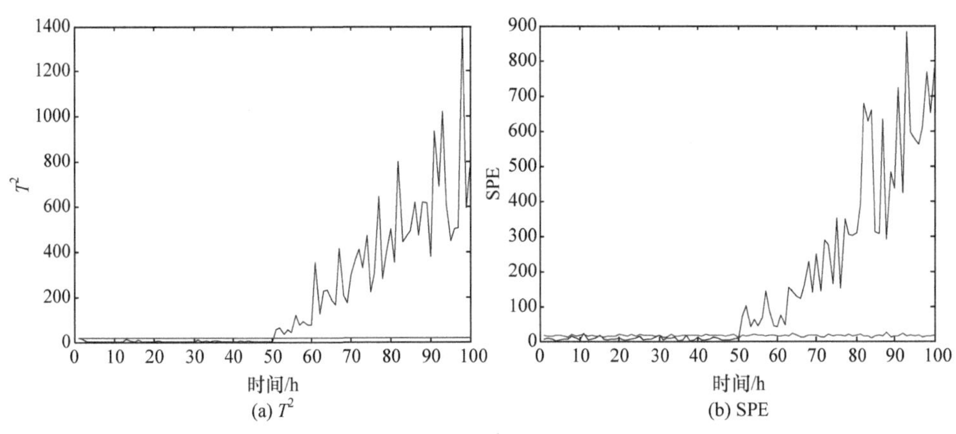

(a) T^2　(b) SPE

图 7.12　实验三：KFEA-PCA 的监控统计结果

采用已知的三类包络模型诊断该故障。以故障 3 的包络模型为例，表 7.4 记录了实验三在故障 3 包络模型下的检测指标值。所有指标均为零，意味着故障 3 没有发生。类似地，其他两类故障的包络模型对应的指标结果也均为零，说明该故障也不属于这两类。如图 7.13 所示，该故障不属于已知的故障类别，诊断为新故障。

表 7.4　实验三：在故障 3 包络模型下的检测指标值

k	T_k^1	T_k^2	$T(k)$
50	0	0	0
51	0	0	0
52	0	0	0
53	0	0	0
54	0	0	0
55	0	0	0
56	0	0	0
57	0	0	0
…	…	…	…
100	0	0	0

如图 7.14 所示，该方法在故障发生时并没有做出及时、正确的诊断，将其误判为故障 3，直到第 63h 才正确诊断出该故障属于新故障，存在 13h 的滞后。

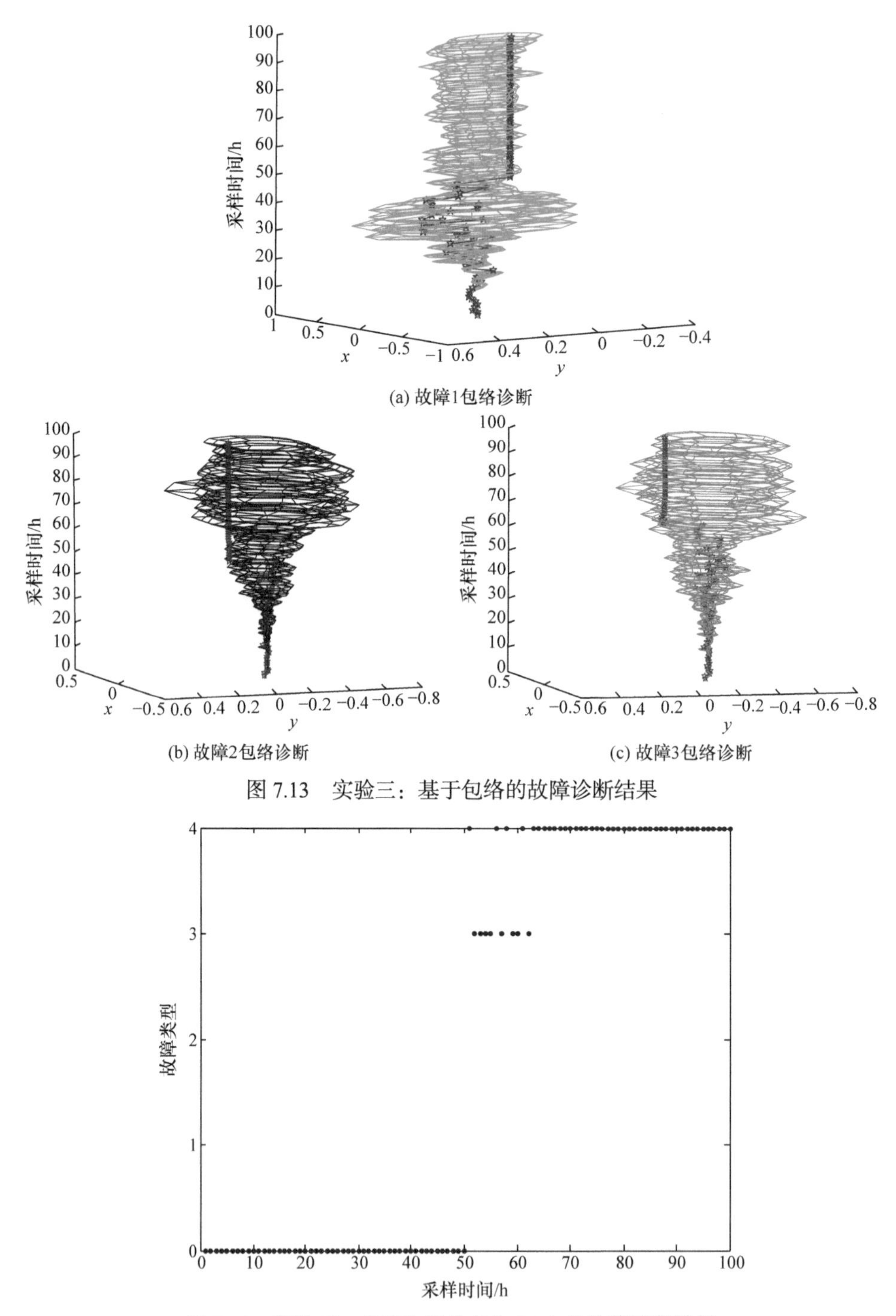

(a) 故障1包络诊断

(b) 故障2包络诊断

(c) 故障3包络诊断

图 7.13　实验三：基于包络的故障诊断结果

图 7.14　实验三：基于改进的多向 FDA 的故障诊断结果

7.3 结 论

本章介绍一种基于 KFEA-PCA 的间歇过程监控方法。间歇过程的生产周期往往是不相同的。传统间歇过程的监控方法一般要求批次数据的生产周期一致。尽管数据预处理可以产生相等的周期，但是这些方法可能导致相关故障重要信息的丢失。此外，许多现有的监控方法往往需要完整的生产轨迹进行在线监控，填充或估计未知的生产数据也会不可避免地导致诊断性能下降。针对以上两个问题，本章详细描述 KFEA 方法的建模过程，并给出在线监控流程图。此外，提出一种融合 KFEA 和多向 PCA 优势的综合故障诊断方法。最后，将该方法应用于青霉素发酵过程仿真平台，与传统贡献图法和改进的多向 FDA 法进行比较。结果表明，该方法具有较好的监控性能，能够及早有效地诊断故障，具有识别未知故障的能力。

参考文献

[1] 胡磊, 刘强, 吴永建, 等. 间歇过程动态潜结构阶段划分与在线监控. 控制理论与应用, 2022, 39(2): 307-316.

[2] 赵春晖, 余万科, 高福荣. 非平稳间歇过程数据解析与状态监控-回顾与展望. 自动化学报, 2020, 46(10): 2072-2091.

[3] 王晓慧, 王延江, 邓晓刚, 等. 基于多阶段多核支持向量数据描述的间歇过程监控方法. 中国石油大学学报(自然科学版), 2020, 44(4): 182-188.

[4] 陈亚华, 蒋丽英, 郭明, 等. 基于多向 Fisher 判据分析的间歇过程性能监控. 吉林大学学报(信息科学版), 2004, (4): 384-387.

[5] He Q P, Qin S J, Wang J. A new fault diagnosis method using fault directions in Fisher discriminant analysis. AIChE Journal, 2005, 51(2): 555-571.

[6] 刘莉. 基于核 Fisher 包络分析的间歇过程故障诊断. 北京: 北京化工大学, 2015.

[7] 陈晓露, 王瑞璇, 王晶, 等. 基于混合型判别分析的工业过程监控及故障诊断. 自动化学报, 2020, 46(8): 1600-1614.

[8] Kim S W, Oommen B J. On using prototype reduction schemes to optimize kernel-based Fisher discriminant analysis. IEEE Transactions on Cybernetics, 2008, 38(2): 564-570.

[9] Shi H, Liu J, Wu Y, et al. Fault diagnosis of nonlinear and large-scale processes using novel modified kernel Fisher discriminant analysis approach. International Journal of Systems Science, 2016, 47(5): 1095-1109.

[10] Jian F, Jian W, Zhang H W, et al. Fault diagnosis method of joint Fisher discriminant analysis based on local and global manifold learning and its kernel version. IEEE Transactions on Automation Science and Engineering, 2016, 13(1): 122-133.

[11] Hematillake D, Freethy D, Mcgivern J, et al. Design and optimization of a penicillin fed-batch

reactor based on a deep learning fault detection and diagnostic model. Industrial & Engineering Chemistry Research, 2022, (13): 61-74.

[12] Goldrick S, Ştefan A, Lovett D, et al. The development of an industrial-scale fed-batch fermentation simulation. Journal of Biotechnology, 2015, 193: 70-82.

[13] Jiang L Y, Xie L, Wang S Q. Fault diagnosis for batch processes by improved multi-model Fisher discriminant analysis. Chinese Journal of Chemical Engineering, 2003, 14(3): 343-348.

第 8 章　基于局部特征相关性的故障诊断

工业过程变量表现出明显的高维、强非线性和强相关性。传统的多元统计监控方法，如 PCA、PLS、CCA、FDA，只适用于解决线性高维数据的处理问题。处理非线性相关的数据分析方法，多采用核映射技术，将原始数据通过核函数从低维空间映射到高维空间，从而达到线性可分的目标[1-4]。然而，从低维空间到高维空间的投影与数据的实际降维需求是矛盾的,会进一步增加数据处理的复杂度。因此，本章给出一类基于流形学习的非线性处理方法，即寻求将数据集描述为嵌入高维空间的低维流形的无监督模型。它将原始数据表征为低维流形，以达到非线性处理的目的。这种非线性处理策略与数据降维的目标是一致的。从直观意义来看，流形学习通过分片线性化的方法拟合非线性的相关关系。与核映射方法相比，其复杂度明显降低。

本章针对具有强非线性、强相关性的多元变量模式识别问题，分别从核映射和流形学习的角度给出三种不同的分类方法，并将其应用于间歇过程的故障识别。

① 核指数判别分析(kernel exponential discriminant analysis，KEDA)方法。该方法融合核映射和指数判别两种技术来处理多变量之间的非线性相关特性。与传统的 FDA 相比，能显著提高分类准确率。

② 流形学习与判别分析融合的方法。该方法给出了局部线性指数判别分析(local linear exponential discriminant analysis，LLEDA)[5]和邻域保持嵌入判别分析(neighborhood preserving embedded discriminant analysis，NPEDA)[6]两种不同的融合策略。局部线性嵌入(local linear embedded，LLE)是一种典型的流形学习算法[7]。指数判别分析(exponential discriminant analysis，EDA)是一种全局的模式分类方法[8]。这两种策略的融合能明显体现出全局判别分析与局部几何结构保持的优点。LLEDA 是一种并行执行策略，通过寻找局部几何结构保持和全局数据分类之间平衡的投影向量达到数据降维的目的。NPEDA 是一种串行执行策略，其降维过程通过上述两个目标的顺序级联步骤实现。这两种方法在利用全局判别信息的同时，都强调关注数据本身的内在结构，因此可以比传统的 FDA、EDA 等方法获得更好的分类效果。最后，针对复杂工业过程，给出一种综合故障诊断方案，由基于 PCA 的初始故障检测、基于层次聚类的故障预诊断和基于 LLEDA 的故障识别三个模块组成。

8.1 基于 KEDA 的故障识别

8.1.1 KEDA

KEDA 也是一种判别分类方法，旨在寻找一系列能够将数据转换到核空间的判别向量，使其在投影方向实现不同类型数据之间的最大分离。

考虑具有 I 个批次的过程数据集，即

$$X(k)=[X^1(k),X^2(k),\cdots,X^I(k)]^{\mathrm{T}}$$

其中，X^i 由 $n_i\ (i=1,2,\cdots,I)$ 个行向量组成，每个行向量是在时间 k 和批次 i 获得的样本向量 $X_j^i(k)\ (j=1,2,\cdots,n_i)$。

根据式(7.1)～式(7.9)，KFDA 的优化函数为

$$\begin{aligned}\max J(\alpha)&=\frac{\mathrm{tr}(\alpha^{\mathrm{T}}K_b\alpha)}{\mathrm{tr}(\alpha^{\mathrm{T}}K_w\alpha)}\\&=\frac{\mathrm{tr}(\alpha^{\mathrm{T}}(V_b\Lambda_bV_b^{\mathrm{T}})\alpha))}{\mathrm{tr}(\alpha^{\mathrm{T}}(V_w\Lambda_wV_w^{\mathrm{T}})\alpha)}\end{aligned}\tag{8.1}$$

其中，$K_b=V_b\Lambda_bV_b^{\mathrm{T}}$ 和 $K_w=V_w\Lambda_wV_w^{\mathrm{T}}$ 为类间和类内散度矩阵的特征分解；$\Lambda_b=\mathrm{diag}(\lambda_{b1},\lambda_{b2},\cdots,\lambda_{bn})$ 和 $\Lambda_w=\mathrm{diag}(\lambda_{w1},\lambda_{w2},\cdots,\lambda_{wn})$ 为对应的特征值；$V_b=(v_{b1},v_{b2},\cdots,v_{bn})$ 和 $V_w=(v_{w1},v_{w2},\cdots,v_{wn})$ 为对应的特征向量。

其核心目标是在投影过程中，同时最大化类间的距离和最小化类内的距离。

为了进一步改善判别的精度，将类间散度矩阵 K_b 和类内散度矩阵 K_w 分别指数化，得到 KEDA 的判别函数，即

$$\begin{aligned}\max J(\alpha)&=\frac{\mathrm{tr}(\alpha^{\mathrm{T}}(V_b\exp(\Lambda_b)V_b^{\mathrm{T}})\alpha)}{\mathrm{tr}(\alpha^{\mathrm{T}}(V_w\exp(\Lambda_w)V_w^{\mathrm{T}})\alpha)}\\&=\frac{\mathrm{tr}(\alpha^{\mathrm{T}}\exp(K_b)\alpha)}{\mathrm{tr}(\alpha^{\mathrm{T}}\exp(K_w)\alpha)}\end{aligned}\tag{8.2}$$

最优化问题式(8.2)可以通过广义特征值问题求解，即

$$\exp(K_b)\alpha=\Lambda\exp(K_w)\alpha\quad\text{或者}\quad\exp(K_w)^{-1}\exp(K_b)\alpha=\Lambda\alpha\tag{8.3}$$

其中，Λ 为特征值；α 为对应的特征向量。

判别向量由式(8.3)计算得到，通常选择前两个向量进行降维，称为最优判别向量和次优判别向量。

与传统的 KFDA 相比，KEDA 将类内和类间散度矩阵指数化。考虑指数函数的一般性质，对于任意的 $x>0$，有 $e^x>x$，所以 KEDA 的散度矩阵大于 KFDA。这意味着，KEDA 比 KFDA 具有更好的分类判别能力。此外，若样本数据量小于变量个数，则类内散度矩阵的秩小于变量的维数，此时类内散度矩阵的逆不存在，而指数类内散度矩阵的逆恒存在。这在无形中解决了小样本引起类内散度矩阵奇异的问题。因此，从这两个角度来看，KEDA 方法不但可以解决小样本问题，而且能够更有效地将样本数据分为不同的类别，有助于提高分类精度。

考虑原始样本 x_k^i 的非线性映射 $\Phi(x_k^i)$，并将其分别投影到最优和次优判别方向，进而得到特征值 $T_i(k)=[T_{ik}^1,T_{ik}^2]^{\mathrm{T}}$，$T_{ik}^1$ 和 T_{ik}^2 为最优和次优判别方向上的投影值。通常，同一子类中的数据在选定的判别向量方向上具有相似的投影特征值。如果测试数据与已知子类匹配，那么在该模型下具有最大的非零投影特征值。如果测试数据与这个子类不匹配，那么呈现出来的特征值很小，甚至接近于零。然而，单纯根据特征值的大小判断数据类型并不现实，定义两组数据投影值 $T_i(k)$ 和 $T_j(k)$ 之间的差异度 D 为

$$D_{i,j}(k)=1-\frac{(T_i(k))^{\mathrm{T}}T_j(k)}{\|T_i(k)\|_2\|T_j(k)\|_2} \tag{8.4}$$

差异度 D 越小，那么代表两组数据的模型匹配度越高。

基于 KEDA 的间歇过程故障分类与识别流程如下。

① 数据预处理。将三维数据集 $X(L\times J\times K)$ 沿批次展成二维数据 $X(LK\times J)$，在批次周期内按时间方向进行归一化，并按变量重新排列。

② 核投影。通过非线性核函数将原始数据 X 映射到高维特征空间，得到核采样数据 $\xi_j^i=[K(x_1,x_j^i),K(x_2,x_j^i),\cdots,K(x_n,x_j^i)]^{\mathrm{T}}$。

③ KEDA 建模。根据判别函数方程(8.3)求解最优核判别向量，将样本数据 ξ_j^i 投影到选定的最优和次优核判别向量上，计算相应的特征值 $T_i(k)$。

④ 测试数据投影。采集测试样本 $x_{j,\mathrm{new}}(k)$，根据已知的 S 类模型分别计算相应的特征值 $T_{i,\mathrm{new}}(k)$。

⑤ 故障识别。计算测试样本与 S 类训练数据模型的差异度，确定测试数据的类别。

8.1.2　仿真实验

应用 KEDA 方法解决青霉素发酵过程中的故障识别问题。这里考虑 9 个用于监控的过程变量。表 8.1 给出了青霉素发酵过程故障类型描述。改变仿真平台中故障变量的幅值和发生时间，产生相关的训练和测试数据。仿真实验共选择 40 批

次数据作为训练数据集，包含正常生产数据和 3 类已知故障类型的数据各 10 批次。基于高斯核函数构建 KEDA 分类模型，为每一类模型寻找最优判别向量，得到 4 种不同的模型。

表 8.1　青霉素发酵过程故障类型描述

序号	故障类型	类型
1	底物流动加速度下降	阶跃
2	搅拌器功率下降	阶跃
3	气体流量下降	阶跃

(1) 实验一：数据分类

对青霉素发酵过程数据的分类结果比较包括正常数据和 3 类故障数据。图 8.1 和图 8.2 所示为基于 KFDA 和 KEDA 分类的二维展示。图 8.3 和图 8.4 所示为基于 KFDA 和 KEDA 分类的三维展示。当测试数据与已知的 4 种类型不同时，投影也是相互分离的。KFDA 显示的分类性较弱，包括故障连接紧密、边界分割不清晰等，如图 8.1 和图 8.3 中的故障 3 数据(★)和测试故障数据(■)。KEDA 展现出对这些数据的分类效果更好，★和■的两类数据在图 8.2 和图 8.4 中分界清楚。仿真结果表明，KEDA 通过对不同类型数据的指数化处理，使类间和类内距离都有所增加，但是整体而言，类间距离比类内距离增加的幅度更大，因此可以较好地分离不同类型的数据。

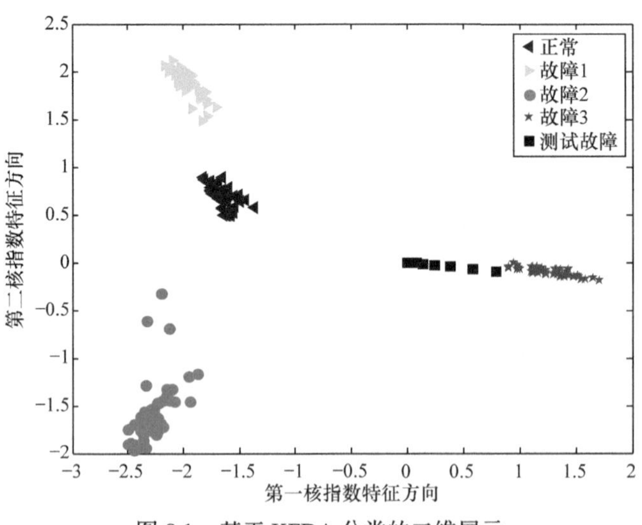

图 8.1　基于 KFDA 分类的二维展示

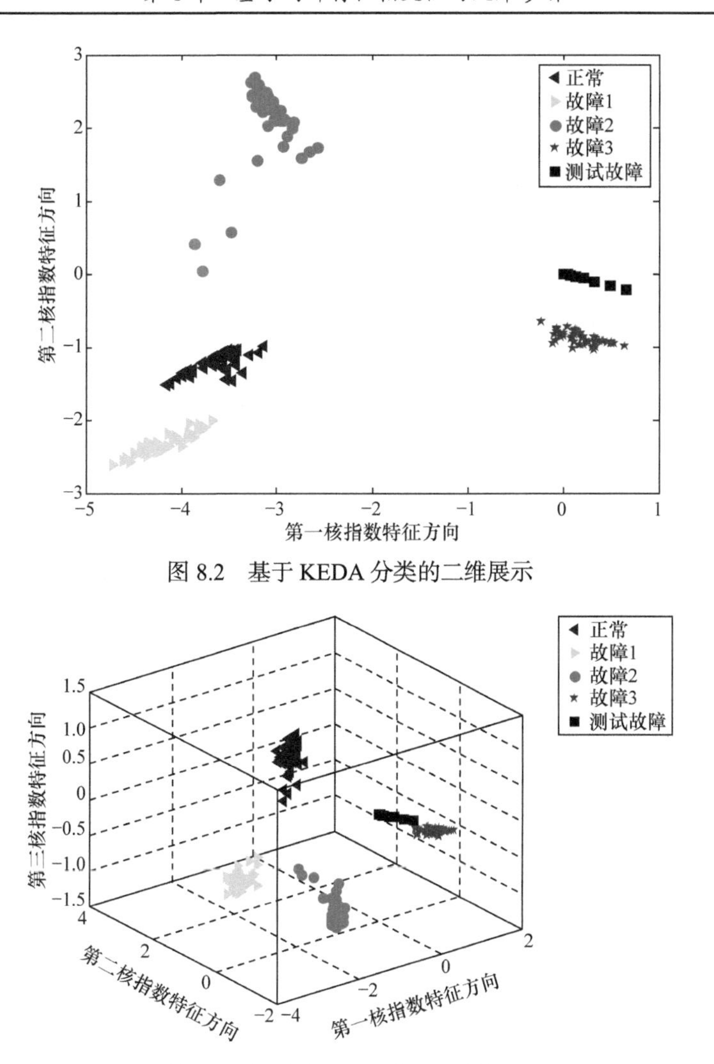

图 8.2　基于 KEDA 分类的二维展示

图 8.3　基于 KFDA 分类的三维展示

(2) 实验二：故障类识别

测试数据集由正常数据、三种故障类型数据和一个未知故障数据组成。以故障 2 类型的 KEDA 模型为基准，将 5 组测试数据分别投影到选定的最佳判别方向上。测试数据在故障 2 模型下的投影特征值如表 8.2 所示。如果测试数据与训练数据之间存在较大差异，则 $\|u-v\|^2$ 的值较大。高斯核函数指数化后的值 $K(u,v)=\exp(-\|u-v\|^2/(2\sigma)^2)$ 几乎接近于零。然而，有时故障发生的特征值并不接近于零，这时需要进一步分析测试数据的特征值。

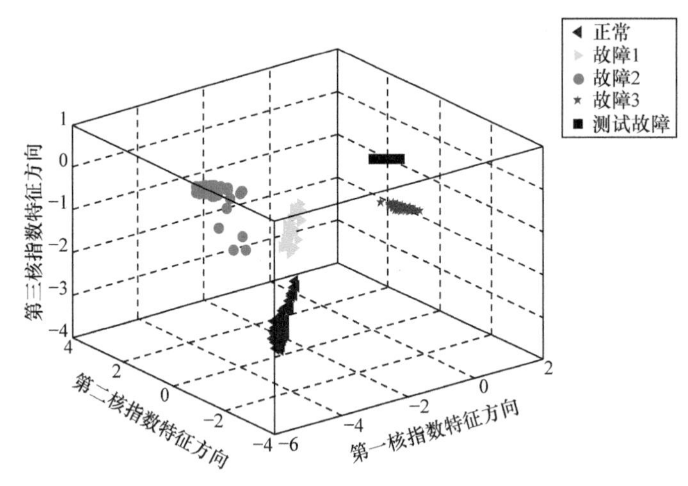

图 8.4　基于 KEDA 分类的三维展示

表 8.2　测试数据在故障 2 模型下的投影特征值

采样时间/h	测试数据的特征值(T_k)				
	正常	故障 1	故障 2	故障 3	新故障
53	0.148	−0.148	−0.203	0	0
54	0.194	−0.194	0.009	0	0
55	0.448	0	0.166	0	0
56	0.187	0	0.102	0	0
…	…	…	…	…	…
79	0.079	0	−0.024	0	0
80	0.103	0	−0.075	0	0
81	0.108	0	−0.084	0	0
82	0.041	0	−0.059	0	0

实际上，直接评判每个采样时刻计算得到的特征值大小并没有什么价值，因此可以通过分析这些特征值的统计特征识别数据的类别。如果测试数据基于某一类模型计算得到的特征值服从正态分布，那么可以判定该测试数据就属于这种类型。反之，如果特征值不服从正态分布，则意味着测试数据与该模型不匹配。图 8.5～图 8.7 给出了正常、故障 1 和故障 3 三类测试数据在故障 3 模型下的特征值统计分析结果。显然，故障 3 数据在故障 3 模型中对应的特征值服从正态分布，而正常数据或故障 1 数据的特征值不服从正态分布。

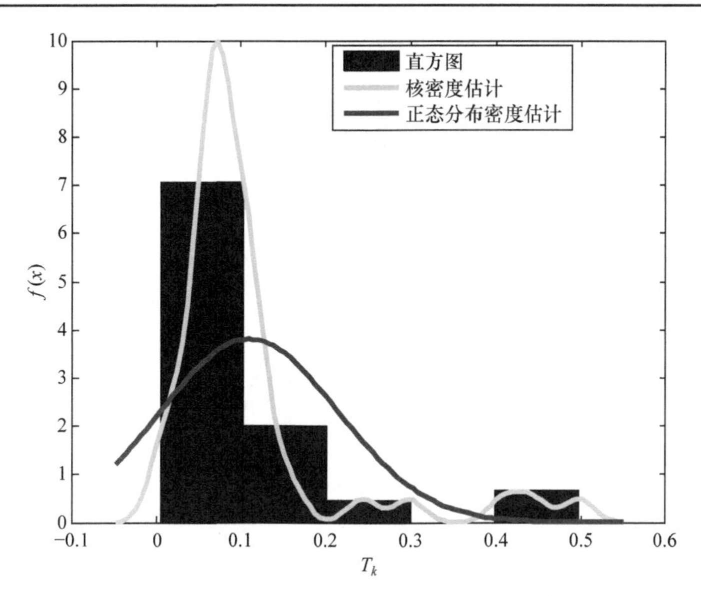

图 8.5　正常数据在故障 3 模型中的投影特征值分布

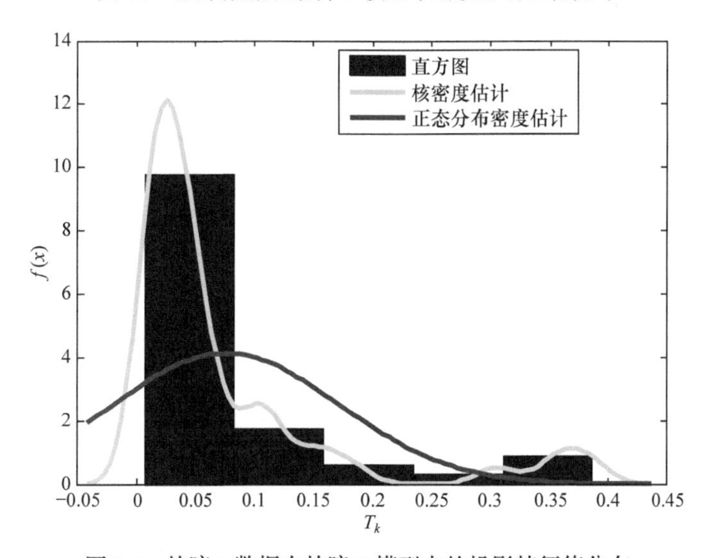

图 8.6　故障 1 数据在故障 3 模型中的投影特征值分布

进一步，可以利用测试数据与已知模型的差异度来判断故障类型。青霉素发酵过程故障类型描述结果如表 8.3 所示。由于部分测试数据在某些已知模型中的投影特征值为零，因此差异度定义式(8.4)的分母为零，无法计算，可以将其表示为“—”。若测试数据属于已知类型模型，差异度较小；若测试数据不属于模型，差异度较大。表 8.3 也验证了这一点，测试数据与匹配模型的差异度最小。

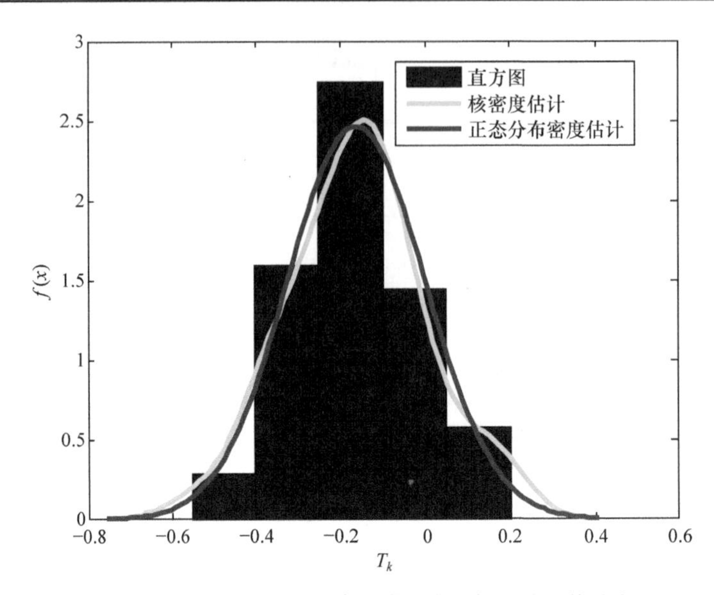

图 8.7　故障 3 数据在故障 3 模型中的投影特征值分布

表 8.3　青霉素发酵过程故障类型描述结果

测试数据类型	正常模型	故障 1 模型	故障 2 模型	故障 3 模型
正常	0.516679	0.669503	1.448272	1.630094
故障 1	—	0.223966	—	1.578313
故障 2	—	0.632128	0.550645	1.194915
故障 3	—	—	—	0.553784
新故障	1.120218	—	—	1.137496

8.2　流形学习和判别分析融合的故障识别

本节给出了 EDA 和 LLE 融合的数据降维方法，并将其应用于故障识别。考虑降维过程中全局判别分析和局部几何结构保持的两种优势，我们给出两种不同的组合方式，即 LLEDA 和 NPEDA。它们的投影优化目标是不同的，但是都利用特征最大值方式求解来降低优化计算的复杂性。两种方法均是基于分片线性化的思想，将非线性分析转化为一个等价的邻域保持问题，因此都表现出良好的局部几何结构保持和全局识别能力。

两种方法的主要区别在于，LLEDA 是一种并行执行策略，NPEDA 是一种串级执行策略。LLEDA 专注于全局判别与局部非线性降维两种指标的平衡，寻找一个折中的投影方向获得最佳的子空间投影。其优化目标为全局与局部指标的加权和，当故障类型难以识别时，通过调整优化目标中全局与局部指标的权重提高识别率。NPEDA 的降维过程顺序包括两步：第一步旨在保持局部几何结构，使用最邻近点的线性加权组合重建每个样本点；第二步是对重建的样本进行全局判别分析。从性能指标来看，NPEDA 将局部性能指标嵌入全局判别指标中，寻找最优的降维投影方向。

8.2.1 LLEDA

LLEDA 的基本思想是，在保持原始数据局部几何结构不变的情况下，将样本投影到最优判别空间。LLEDA 原理如图 8.8 所示。它结合了 LLE 和 EDA 的优点，在不破坏数据局部关系的前提下，压缩特征空间维度，同时提取全局分类特征，通过调整权重参数在全局分类识别和非线性局部几何关系保持两个目标之间寻找平衡。

考虑通过函数 A 将原始数据 X 映射到潜空间 F，即构造一个从 X 到 Y 的显式线性映射 $Y=A^{\mathrm{T}}X$ 。LLE 问题可以写为

$$\begin{aligned}\min\varepsilon(Y)&=\sum_{j=1}^{n}\left|y_j-\sum_{r=1}^{k}W_{jr}y_{jr}\right|^2\\&=\|Y(I-W)\|^2\\&=\mathrm{tr}(Y(I-W)(I-W)^{\mathrm{T}}Y^{\mathrm{T}})\\&=\mathrm{tr}(A^{\mathrm{T}}XMX^{\mathrm{T}}A)\end{aligned}\tag{8.5}$$

进一步，LLEDA 的目标函数为

$$\max J(A)=\frac{\mathrm{tr}(A^{\mathrm{T}}\exp(S_b)A)}{\mathrm{tr}(A^{\mathrm{T}}\exp(S_w)A)}-\mu\cdot\mathrm{tr}(A^{\mathrm{T}}XMX^{\mathrm{T}}A)\tag{8.6}$$

值得注意的是，本章重点关注故障识别问题，所以直接将全局判别目标的权重设为 1，只考虑一个权重参数 μ 平衡全局判别过程中对局部几何信息的关注程度。通常情况下，读者可以根据自己的实际需求，同时调整全局 EDA 指标和局部 LLE 指标的权重参数。

将式(8.6)等价地转化为具有约束条件的最优化问题，即

$$\begin{aligned}&\max J(A)=\max(\mathrm{tr}(A^{\mathrm{T}}\exp(S_b)A)-\mu\cdot\mathrm{tr}(A^{\mathrm{T}}XMX^{\mathrm{T}}A))\\&\text{s.t}\quad A^{\mathrm{T}}\exp(S_w)A=I\end{aligned}\tag{8.7}$$

其中， $A=[a_1,a_2,\cdots,a_n]$ 。

通过拉格朗日乘子方法解决式(8.7)的最大特征值问题，即

$$L(a_i)=a_i^{\mathrm{T}}(\exp(S_b)-\mu XMX^{\mathrm{T}})a_i+\theta(1-a_i^{\mathrm{T}}\exp(S_w)a_i)\tag{8.8}$$

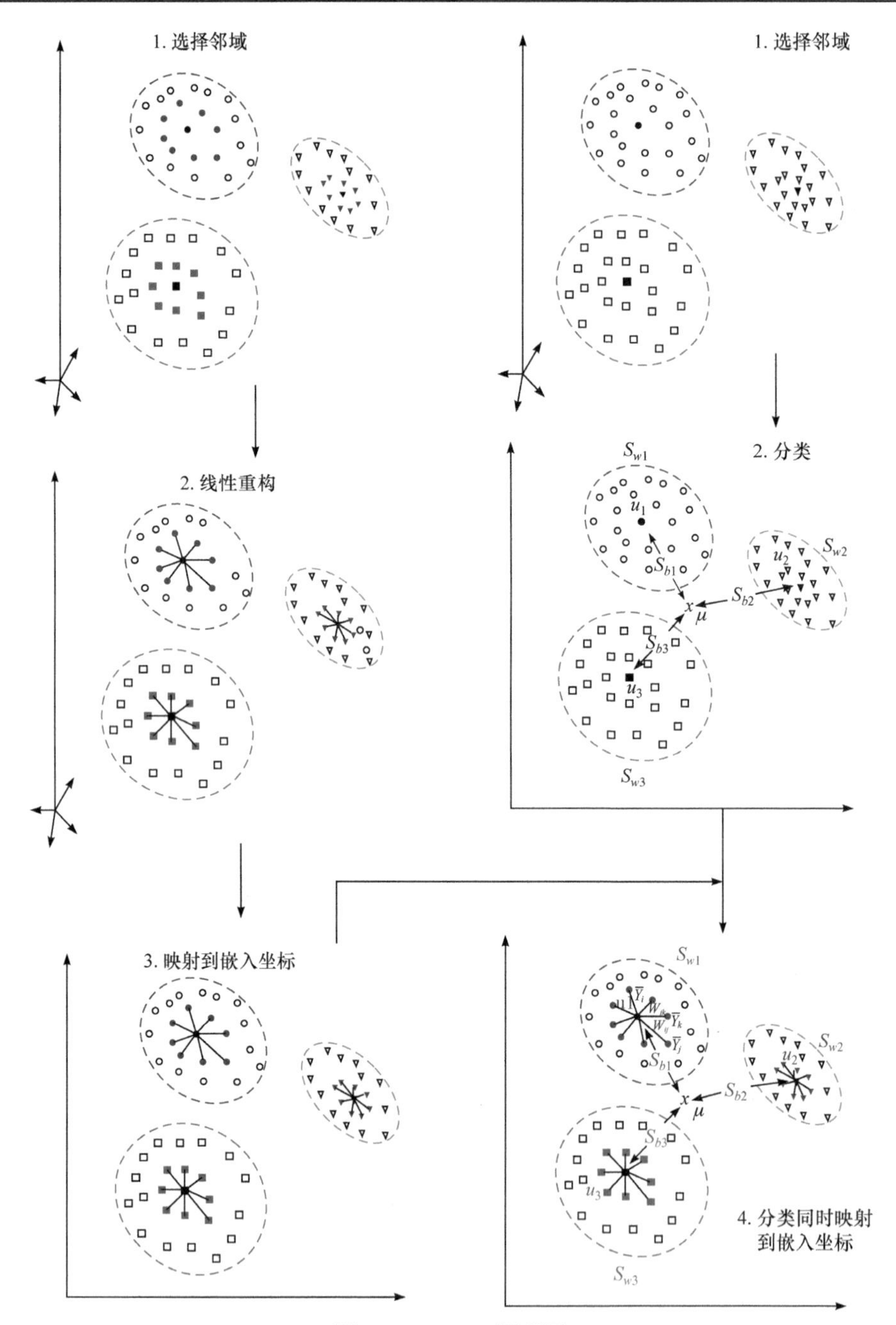

图 8.8　LLEDA 原理图

其中，θ 为拉格朗日乘子。

令 $L(a_i)$ 沿 a_i 的梯度为零，即

$$(\exp(S_b) - \mu XMX^{\mathrm{T}})a_i = \theta \exp(S_w)a_i$$

或者　(8.9)

$$(\exp(S_w)^{-1}(\exp(S_b) - \mu XMX^{\mathrm{T}})a_i = \theta a_i$$

其中，θ 为广义特征值。

因此，判别投影矩阵 A 就是由式(8.9)的前 d 个最大特征值对应的特征向量组成。

8.2.2 NPEDA

NPEDA 也是要寻找一系列的判别矢量，将样本投影到新的空间，但是判别矢量的选取机制与 LLEDA 不同。NPEDA 原理如图 8.9 所示，NPEDA 借鉴了 LLE 的思想，首先通过邻近点的线性重构代替实际采样点，然后将局部保持 LLE 目标

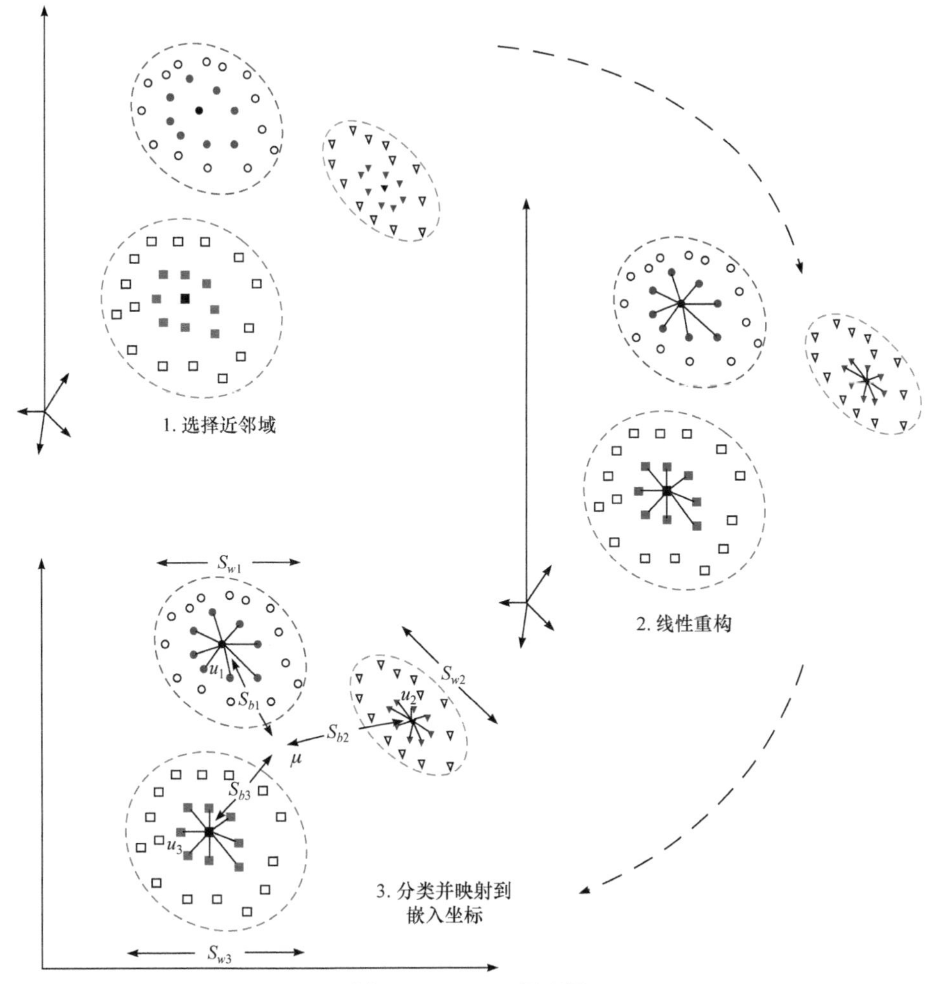

图 8.9　NPEDA 原理图

嵌入全局判别 EDA 目标中，进行全局的判别分析，以保证在全局投影过程尽可能地保持局部几何结构。

按照显式线性映射公式 $Y=A^{\mathrm{T}}X$，类间散度矩阵 S_b 可以写为

$$\begin{aligned}
S_b &= \sum_{i=1}^{c} n_i(\overline{y}^i-\overline{y})^2=\sum_{i=1}^{c} n_i(A^{\mathrm{T}}\overline{x}^i-A^{\mathrm{T}}\overline{x})^2 \\
&= A^{\mathrm{T}}\left(\sum_{i=1}^{c} n_i(\overline{x}^i-\overline{x})(\overline{x}^i-\overline{x})^{\mathrm{T}}\right)A \\
&= A^{\mathrm{T}}\left(\sum_{i=1}^{c}\frac{1}{n_i}(x_1^i+\cdots+x_{n_i}^i)(x_1^i+\cdots+x_{n_i}^i)^{\mathrm{T}}-2n\overline{x}\overline{x}^{\mathrm{T}}+n\overline{x}\overline{x}^{\mathrm{T}}\right)A \\
&= A^{\mathrm{T}}\left(\sum_{i=1}^{c}\sum_{j,k=1}^{n_i}\frac{1}{n_i}x_j^i(x_k^i)^{\mathrm{T}}-n\overline{x}\left(\overline{x}\right)^{\mathrm{T}}\right)A \\
&= A^{\mathrm{T}}(XBX^{\mathrm{T}}-n\overline{x}\overline{x}^{\mathrm{T}})A \\
&= A^{\mathrm{T}}X\left(B-\frac{1}{n}ee^{\mathrm{T}}\right)X^{\mathrm{T}}A
\end{aligned} \tag{8.10}$$

其中，$\overline{x}^i=\frac{1}{n_i}\sum_{j=1}^{n_i}x_j^i$；$\overline{y}=\frac{\sum_{i=1}^{c}n_i\overline{y}^i}{\sum_{i=1}^{i}n_i}$；$\overline{x}=\frac{\sum_{i=1}^{c}n_i\overline{x}^i}{\sum_{i=1}^{c}n_i}=\frac{1}{n}\sum_{i=1}^{c}n_i\overline{x}^i$；$e=[1,1,\cdots,1]^{\mathrm{T}}$。

$$B_{ij}=\begin{cases}\dfrac{1}{n_k}, & x_i\text{和}x_j\text{属于}k\text{类}\\ 0, & \text{其他}\end{cases}$$

类似地，类内散度矩阵 S_w 可以改写为

$$\begin{aligned}
S_w &= \sum_{i=1}^{c}\sum_{j=1}^{n_i}(y_j^i-\overline{y}^i)^2 \\
&= \sum_{i=1}^{c}\sum_{j=1}^{n_i}(A^{\mathrm{T}}x_j^i-A^{\mathrm{T}}\overline{x}^i)^2 \\
&= A^{\mathrm{T}}\left(\sum_{i=}^{c}\left(\sum_{j=1}^{n_i}(x_j^{(i)}-\overline{x}^{(i)})(x_j^{(i)}-\overline{x}^{(i)})^{\mathrm{T}}\right)\right)A \\
&= A^{\mathrm{T}}\left(\sum_{i=1}^{c}\left(\sum_{j=1}^{n_i}x_j^{(i)}(x_j^{(i)})^{\mathrm{T}}-n_i\overline{x}^{(i)}(\overline{x}^{(i)})^{\mathrm{T}}\right)\right)A \\
&= A^{\mathrm{T}}\left(\sum_{i=1}^{c}\left(X_iX_i^{\mathrm{T}}-\frac{1}{n_i}X_i(e_ie_i^{\mathrm{T}})X_i^{\mathrm{T}}\right)\right)A
\end{aligned}$$

$$= A^{\mathrm{T}} \sum_{i=1}^{c} (X_i L_i X_i^{\mathrm{T}}) A \tag{8.11}$$

其中，$L_i = I - (1/n_i) e_i e_i^{\mathrm{T}}$，$I$ 为单位矩阵，$e_i = [1,1,\cdots,1]^{\mathrm{T}}$ 为 n_i 维的 1 向量。

判别向量 A^* 由以下优化问题求解，即

$$A^* = \arg\max \frac{\left| A^{\mathrm{T}} \exp\left(X\left(B - \frac{1}{n} e e^{\mathrm{T}} \right) X^{\mathrm{T}} \right) A \right|}{\left| A^{\mathrm{T}} \exp\left(\sum_{i=1}^{c} (X_i L_i X_i^{\mathrm{T}}) \right) A \right|} \tag{8.12}$$

该指标整体为全局 EDA 结构，考虑原始数据 X 需采用邻近点重构的形式表达，因此存在如下约束，即

$$\sum_{j=1}^{n} \left\| x_j - \sum_{r=1}^{k} W_{jr} x_{jr} \right\|^2 < \varepsilon$$

其中，ε 为一个很小的正数；W 为线性重构映射矩阵，满足 $\sum_{r=1}^{k} W_{ir} = 1$，则

$$\left\| x_i - \sum_{r=1}^{k} W_{ir} x_{ir} \right\|^2 = \left\| \sum_{r=1}^{k} (W_{ir} x_i - W_{ir} x_{ir}) \right\|^2 = \| Q_i W_i \|^2$$

并且 $Q_i = [x_i - x_{i1}, x_i - x_{i2}, \cdots, x_i - x_{ir}]$。

通过拉格朗日乘子方法可以求解矩阵 W，即

$$L_2 = \frac{1}{2} \| Q_i W_i \|^2 - \lambda_i \left[\sum_{r=1}^{k} W_{ir} - 1 \right]$$

$$\frac{\partial L_2}{\partial W_i} = Q_i^{\mathrm{T}} Q_i W_i - \lambda_i E = C_i W_i - \lambda_i E = 0$$

其中，$W_i = \lambda_i C_i^{-1} E$；$C_i = Q_i^{\mathrm{T}} Q_i$；$E = [1,1,\cdots,1]^{\mathrm{T}}$ 的维度为 k。

考虑约束

$$\sum_{r=1}^{k} W_{ir} = E^{\mathrm{T}} W_i = 1 \Rightarrow E^{\mathrm{T}} \lambda_i C_i^{-1} E = 1 \Rightarrow \lambda_i = (E^{\mathrm{T}} C_i^{-1} E)^{-1}$$

可以得到

$$W_i = \lambda_i C_i^{-1} E = \frac{C_i^{-1} E}{E^{\mathrm{T}} C_i^{-1} E}$$

样本点通过最优权重 W 转化为邻近点的线性表示，即 $x_j = \sum_{r=1}^{k} W_{jr} x_{jr}$。该过程

可以保证降维中的局部几何关系不变。将式(8.12)中的样本点 X 用上述邻近点权重加和的形式来表示，则 NPEDA 的目标函数可以改写为

$$A^{*}=\arg\max_{A}\frac{\left|A^{\mathrm{T}}\exp\left[\left(\sum_{r=1}^{k}W_{ir}X_{ir}\right)\left(B-\frac{1}{n}ee^{\mathrm{T}}\right)\left(\sum_{r=1}^{k}W_{ir}X_{ir}\right)^{\mathrm{T}}\right]A\right|}{\left|A^{\mathrm{T}}\exp\left\{\sum_{i=1}^{c}\left[\left(\sum_{r=1}^{k}W_{jr}X_{jr}^{(i)}\right)L_{i}\left(\sum_{r=1}^{k}W_{jr}X_{jr}^{(i)}\right)^{\mathrm{T}}\right]\right\}A\right|}$$

$$\overset{\text{def}}{=}\arg\max_{A}\frac{\left|A^{\mathrm{T}}\exp(S_{nb})A\right|}{\left|A^{\mathrm{T}}\exp(S_{nw})A\right|} \tag{8.13}$$

通过求解广义特征值问题，可以得到式(8.13)的最优解，即

$$\exp(S_{nb})A=\sigma\exp(S_{nw})A \quad 或者 \quad (\exp(S_{nw}))^{-1}\exp(S_{nb})A=\sigma A \tag{8.14}$$

其中，σ 为广义特征值；NPEDA 的线性转换矩阵 A 为 $(\exp(S_{nw}))^{-1}\exp(S_{nb})$ 的前 d 个最大特征值对应的特征向量。

8.2.3　基于 LLEDA 和 NPEDA 方法的故障诊断

采用 LLEDA 和 NPEDA 方法进行故障识别的监控流程如图 8.10 所示。引入故障识别率(fault recognition rate，FCR)来检验识别的有效性。故障模型 i 的 FCR 定义为该模型中识别出的测试数据占这类故障测试样本总数的百分比，即

$$\mathrm{FCR}(i)=\frac{n_{i,\text{identify}}}{n_{i,\text{all}}}\times 100\% \tag{8.15}$$

其中，$n_{i,\text{identify}}$ 为被识别为故障 i 的样本量；$n_{i,\text{all}}$ 为故障 i 所有样本的样本量。

具体监控过程如下。

① 收集正常操作条件及故障操作条件下的过程数据，并将过程数据标准化。

② 通过 LLEDA 和 NPEDA 计算类间散度矩阵 S_b 和类内散度矩阵 S_w。

③ 通过将类间散度矩阵 S_b 最大化，将类内散度矩阵 S_w 最小化以获得判别矢量 A。

④ 预处理在线数据并且基于正常模型的判别矢量 A 对在线数据投影，观察判别函数，即

$$g_{i}(x)=-\frac{1}{2}(x-\overline{x}^{i})^{\mathrm{T}}A\left(\frac{1}{n_{i}-1}A^{\mathrm{T}}\exp(S_{w}^{i})A\right)^{-1}A^{\mathrm{T}}(x-\overline{x}^{i})$$

$$+\ln(c)-\frac{1}{2}\ln\left[\det\left(\frac{1}{n_{i}-1}A^{\mathrm{T}}\exp(S_{w}^{i})A\right)\right] \tag{8.16}$$

这里只考虑$i=0$，代表正常操作对应的模型。如果判别函数值超过正常控制限，则发生故障。

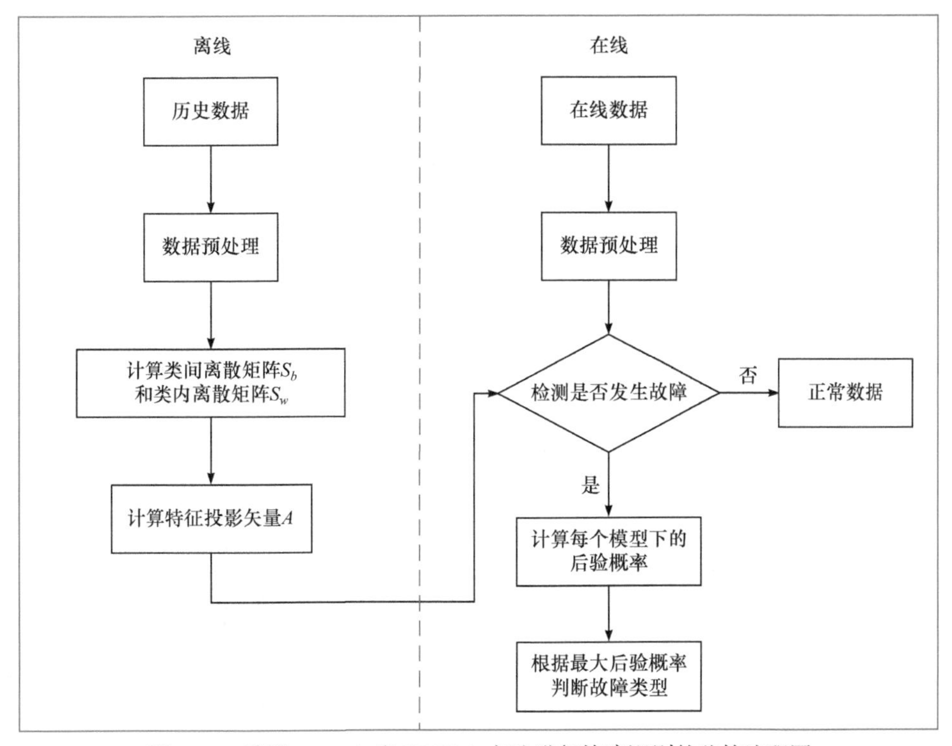

图 8.10　采用 LLEDA 和 NPEDA 方法进行故障识别的监控流程图

⑤ 判别故障发生后，计算数据 x 在第 i 类故障集中的后验概率，具有最大后验概率的模型类别即当前数据的故障类型。后验概率计算公式为

$$P(x\in c_i\,|\,x)=\frac{P(x\,|\,x\in c_i)P(x\in c_i)}{\sum_{i=1}^{c}P(x\,|\,x\in c_i)P(x\in c_i)} \tag{8.17}$$

其中，$P(x\in c_i)$为先验概率；样本x的条件概率密度函数$P(x\,|\,x\in c_i)$为

$$P(x\,|\,x\in c_i)=\frac{\exp\left[-\frac{1}{2}(x-\overline{x}^i)^{\mathrm{T}}AP_bA^{\mathrm{T}}(x-\overline{x}^i)\right]}{(2\pi)^{\frac{m}{2}}\left\{\frac{1}{n_i-1}A^{\mathrm{T}}\left[\sum_{x\in c_i}(x-\overline{x}^i)(x-\overline{x}^i)^{\mathrm{T}}\right]A\right\}^{\frac{1}{2}}} \tag{8.18}$$

其中，$P_b=\left\{\frac{1}{n_i-1}A^{\mathrm{T}}\left[\sum_{x\in c_i}(x-\overline{x}^i)(x-\overline{x}^i)^{\mathrm{T}}\right]A\right\}^{-1}$。

8.2.4 基于 LLEDA 和 NPEDA 方法的故障诊断仿真研究

在 TE 过程仿真平台上采用 FDA、EDA、LLE + FDA、LLEDA 和 NPEDA 等方法进行分类性能评估。TE 过程运行持续 48h 时，故障发生在第 8h，每 3min 进行一次采样，其中 400 组训练数据用于建立分类模型，400 组测试数据用于评估模型的性能。考虑三种不同类型的故障，即故障 2、8、13。故障 2 是指在 A/C 进料比保持不变的情况下 B 组分进料发生阶跃变化。故障 8 指 A、B、C 进料成分变量发生随机变化，故障 13 指反应动态发生缓慢漂移。由于随机变化性和缓慢漂移性，故障 8 和 13 较难识别。将三类故障的训练和测试数据分别投影到第一和第二特征矢量上，故障数据在前两个特征矢量方向的投影比较如图 8.11 所示。

表 8.4 显示了不同分类方法下故障 2、8、13 的 FCR。可以看出，随着判别向量个数的增加，FCR 得到提高。故障 2 的 FCR 较高，几乎接近 100%。故障 8 和故障 13 的 FCR 随着判别矢量个数的增加而逐渐提高。与 FDA 和 LLE+ EDA 等方法相比，NPEDA 和 LLEDA 在故障 2、8、13 上表现出更高的 FCR。

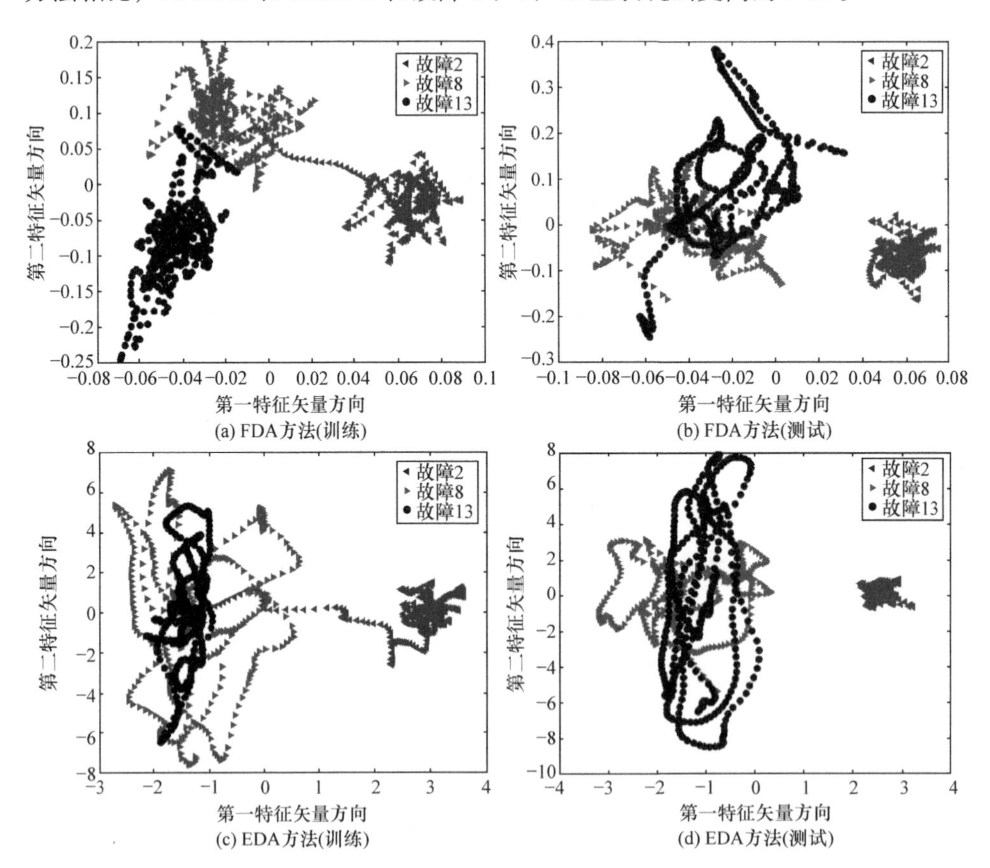

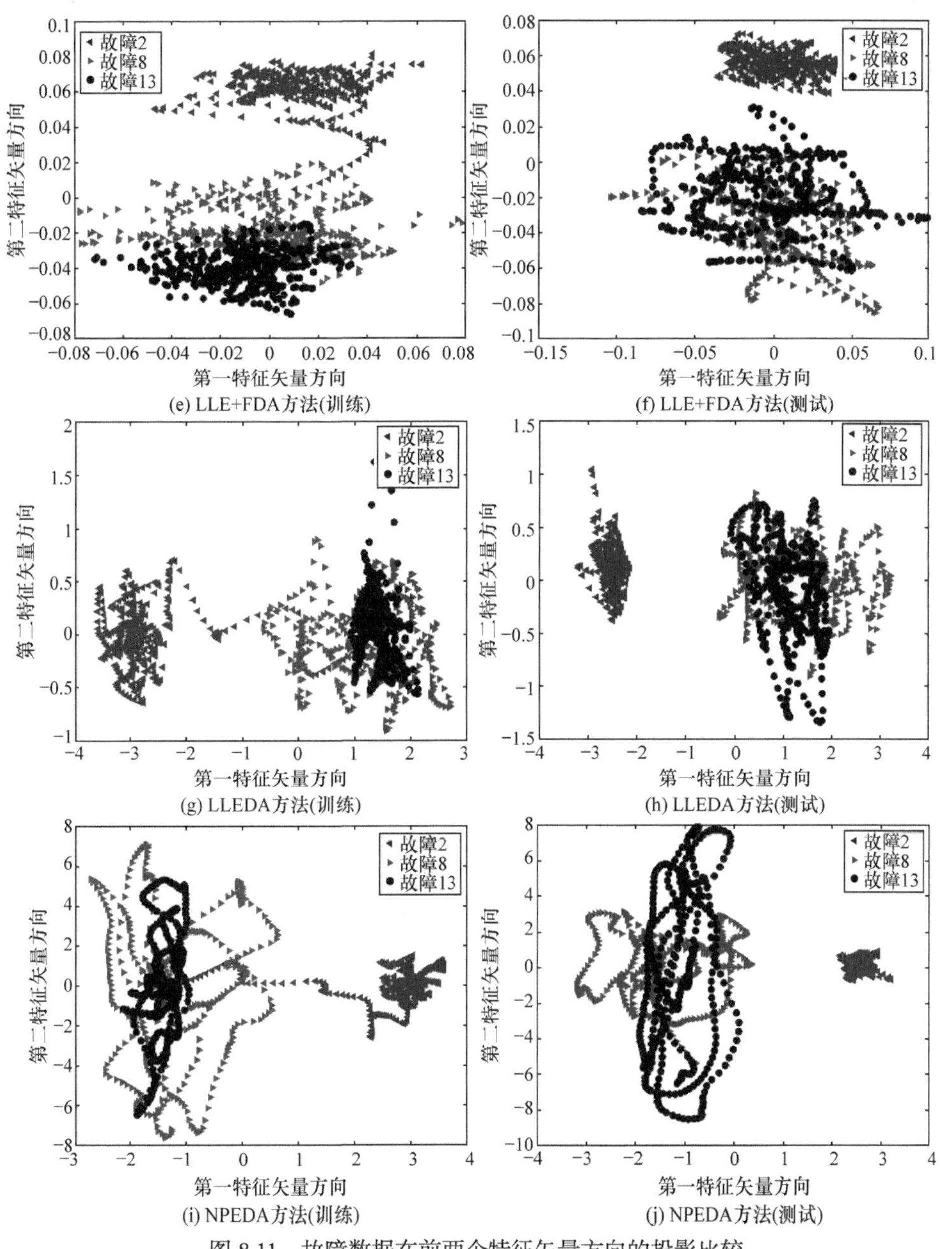

图 8.11　故障数据在前两个特征矢量方向的投影比较

表 8.4　不同分类方法下故障 2、8、13 的 FCR

特征矢量数	故障类型	FCR				
		FDA	EDA	LLE+FDA	LLEDA	NPEDA
1	故障 2	1	1	1	1	1
	故障 8	0.4425	0.2125	0.4625	0.2125	0.2125

续表

特征矢量数	故障类型	FCR				
		FDA	EDA	LLE+FDA	LLEDA	NPEDA
1	故障 13	0.415	0.6875	0.4175	0.6875	0.6875
2	故障 2	1	1	1	1	1
	故障 8	0.3525	0.475	0.48	0.4175	0.475
	故障 13	0.36	0.6325	0.3475	0.6875	0.6325
3	故障 2	1	1	1	1	1
	故障 8	0.4375	0.67	0.3825	0.5975	0.67
	故障 13	0.29	0.55	0.3375	0.6275	0.55
4	故障 2	1	1	0.9925	1	1
	故障 8	0.47	0.8325	0.425	0.705	0.8325
	故障 13	0.2825	0.6575	0.295	0.565	0.6575
5	故障 2	1	1	0.995	1	1
	故障 8	0.625	0.8825	0.4875	0.815	0.8825
	故障 13	0.53	0.6325	0.3025	0.5975	0.6325
6	故障 2	1	1	1	1	1
	故障 8	0.665	0.9325	0.62	0.895	0.9325
	故障 13	0.5125	0.7225	0.25	0.6225	0.7225
7	故障 2	1	1	0.9925	1	1
	故障 8	0.695	0.8925	0.6	0.9125	0.8925
	故障 13	0.49	0.7425	0.2425	0.725	0.7425
8	故障 2	1	1	0.9825	1	1
	故障 8	0.7275	0.88	0.7075	0.885	0.88
	故障 13	0.4775	0.74	0.2275	0.7125	0.74
9	故障 2	0.9925	1	0.99	1	1
	故障 8	0.745	0.88	0.6575	0.89	0.88
	故障 13	0.49	0.725	0.2025	0.7025	0.725
10	故障 2	0.99	1	0.995	1	1
	故障 8	0.7625	0.8725	0.5825	0.8825	0.8725
	故障 13	0.47	0.735	0.225	0.7125	0.735

图 8.12 所示为 LLEDA 和 NPEDA 方法下故障 2、8、13 的诊断结果。较大的

后验概率值意味着，测试数据属于此类的可能性越高。此外，诊断结果与分类能力有关。如果分类性能较好，则可以取得较高的 FCR。

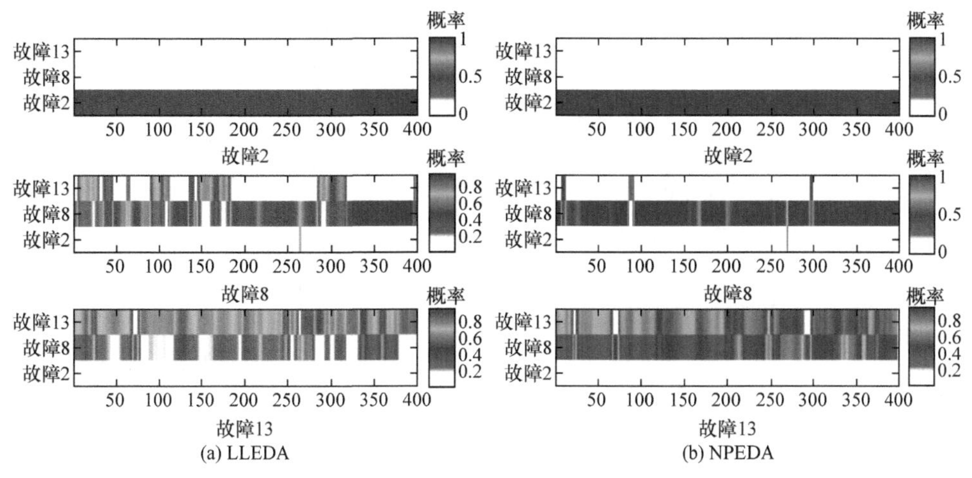

图 8.12　LLEDA 和 NPEDA 方法下故障 2、8、13 的诊断结果

8.3　基于聚类-LLEDA 的混合型故障检测

8.3.1　混合型故障检测方法

值得注意的是，LLEDA 方法在故障识别方面表现很好，但它是一种监督算法，需要对历史数据集进行已知的分类。然而，从实际工业过程中收集的数据通常都是没有标记的。为了克服这一问题，首先引入聚类分析方法，将有监督 LLEDA 方法扩展为无监督学习。聚类方法可以获取故障数据的类别信息，并输入 LLEDA 先验建模[9-11]。为了更好地利用 LLEDA 方法，我们给出一种混合型故障检测策略。混合型故障检测和诊断信息流程如图 8.13 所示。

图 8.13 表明，混合型故障检测策略主要包括历史数据分析、故障模型库建立、在线检测和故障识别 3 个模块。首先，利用 PCA 对工业过程历史数据进行粗略检测，对故障数据进行标注。然后，利用层次聚类技术将检测到的过程数据分为不同的故障类型。最后，利用 LLEDA 建立了所有故障类型的模型库，进一步提取故障特征，实现故障的精细识别。

历史数据分析模块的流程概括如下。

① 从 DCS 历史数据库中收集过程数据并标准化。

② 建立正常运行的 PCA 模型，并计算统计量 T^2 和 SPE 及其控制限。

③ 利用 PCA 模型检测历史数据库中的其他数据是否异常。

故障模型库的建立过程如下。

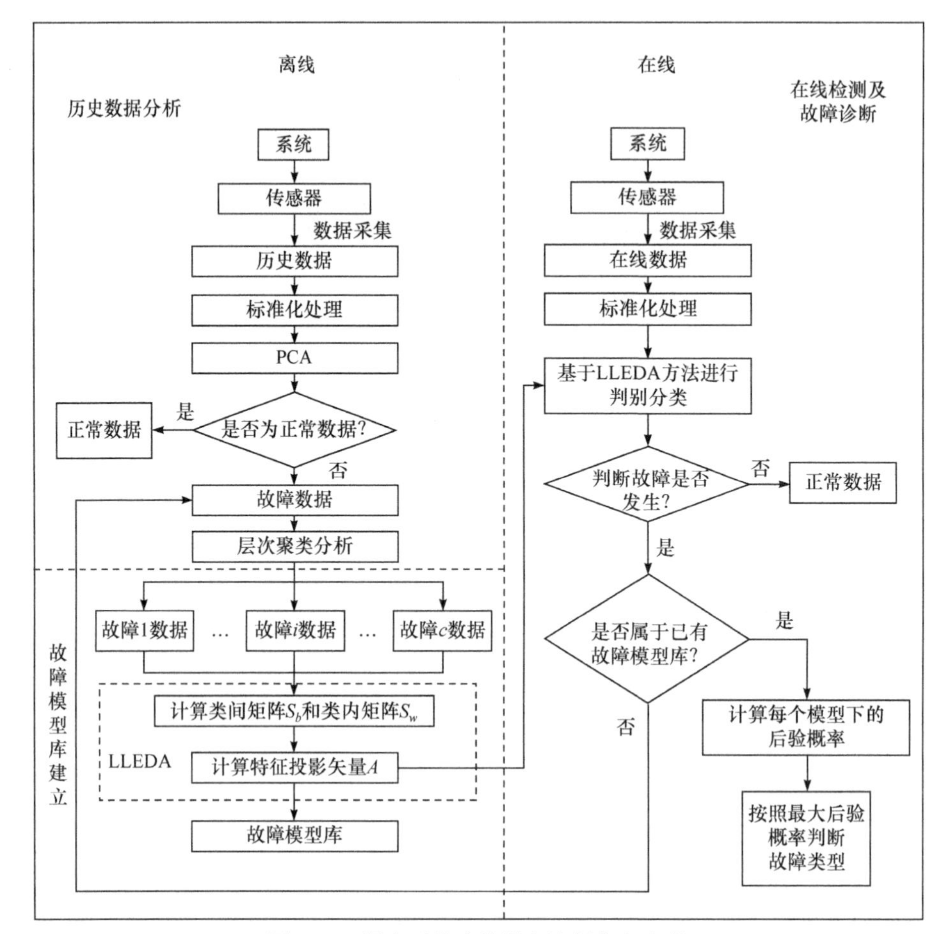

图 8.13　混合型故障检测和诊断信息流程

① 对异常运行数据进行层次聚类分析，并将其划分为不同的故障类别。

② 计算类间和类内散度矩阵 S_b 和 S_w，基于 LLEDA 方法找到对应不同故障类别的投影向量 A，建立故障模型库。

在线检测和故障识别的过程总结如下。

① 采样实时数据并将其标准化。

② 基于 LLEDA 方法进行判别分析，将样本数据投影并提取特征向量。

③ 将样本数据投影到正常模型的方向向量 A 上，通过观察判别函数是否超限来判断当前操作是正常还是异常。

④ 如果异常，则计算样本数据在每个故障模型中的后验概率，进而识别故障类型。如果样本数据不在现有的故障类别中，则将这一新的故障作为新的模块引入故障模型库。

层次聚类算法的应用较为广泛，具有计算简单、快速、易获得相似结果、无需事先知道聚类数目等优点[12-14]。聚类首先将 n 个样本各自作为一类，并规定样本之间的距离和类与类之间的聚类，然后将距离最近的两类合并为一个新类，重新计算新类与其他类之间的距离，重复进行最近两个类的合并，直至所有的样本合并为一类或者达到某个条件。

在聚类分析中，用 G 表示类，假定 G 中有 m 个样本，用列向量 $x_i(i=1,2,\cdots,m)$ 表示，d_{ij} 表示 x_i 与 x_j 之间的距离，D_{KL} 表示类 G_K 和 G_L 之间的距离，采用类平均法定义。

G_K 和 G_L 之间的平方距离为

$$D_{KL}^2=\frac{1}{n_K n_L}\sum_{x_i\in G_K,\ x_j\in G_L} d_{ij}^2 \tag{8.19}$$

类间平方聚类的递推公式为

$$D_{ML}^2=\frac{n_K}{n_M}D_{KJ}^2+\frac{n_L}{n_M}D_{LJ}^2 \tag{8.20}$$

这里采用不一致系数确定最终聚类个数 c。输入参数 $Z_{(n-1)\times 3}$ 为系统聚类树矩阵，输出参数 Y 是一个 $(n-1)\times 4$ 的矩阵，其中第一列为计算涉及的所有链接长度(即并类距离)的均值，第二列为计算涉及的所有链接长度的标准差，第三列为计算涉及的链接个数，第四列为不一致系数。

对第 k 次并类得到链接，计算不一致系数，即

$$Y(k,4)=\frac{Z(k,3)-Y(k,1)}{Y(k,2)} \tag{8.21}$$

在使类别数尽量少的前提下，参照不一致系数的变化，确定最终的分类数。

8.3.2　仿真研究

实验使用 TE 过程评估混合方法的有效性。

(1) 实验一：故障初筛与分类

在实验过程中，首先利用 PCA 对 TE 数据集进行检测。基于 PCA 的故障检测结果如图 8.14 所示。最终得到的 T^2 和 SPE 统计量分别为 0.4951 和 0.6882。由于 FCR 较低，因此进一步利用已知故障类别的数据集进行故障检测。具体检测如表 8.5 所示。结果表明，故障 1、2、6、7、8、12、13、14、17、18 的 FCR 较高，其他的 FCR 较低。这说明，显著故障可以被检测出来，而潜在或微小的故障无法被检测出来。基于 PCA 的故障检测方法只能对数据集进行粗分，检测出显著故障。只有在已知故障类别情况下，才能提高微小或潜在 FCR。值得指出的是，在

历史数据粗分阶段，不仅可以使用 PCA 方法将故障数据识别出来，也可以采用改进 PCA 或者其他故障检测方法进一步提高 FCR。

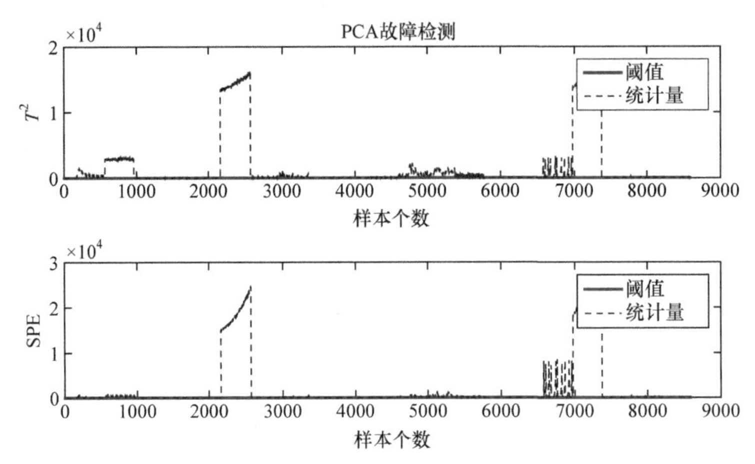

图 8.14　基于 PCA 的故障检测结果

表 8.5　基于 PCA 方法的 FCR

故障类型	FCR		故障类型	FCR	
	T^2	SPE		T^2	SPE
故障 1	0.995	0.9988	故障 12	0.9875	0.99
故障 2	0.9825	0.9925	故障 13	0.9513	0.9625
故障 3	0.0225	0.2675	故障 14	0.9988	1
故障 4	0.41	1	故障 15	0.0488	0.2625
故障 5	0.2625	0.5025	故障 16	0.2325	0.6937
故障 6	0.99	1	故障 17	0.8013	0.975
故障 7	1	1	故障 18	0.8912	0.9375
故障 8	0.975	0.9825	故障 19	0.0675	0.5913
故障 9	0.0362	0.235	故障 20	0.3738	0.735
故障 10	0.4163	0.7638	故障 21	0.3775	0.6687
故障 11	0.5212	0.8163			

通过对历史数据分析后发现故障数据，利用层次聚类方法对故障数据聚类成不同的故障类。由于故障类型较多，直接展示所有故障数据分类的树形图效果并不好，而且实际中多种故障同时发生的情况很少，因此为更简洁方便地观察聚类

效果，先选取部分故障分类效果进行展示。众所周知，原料和环境的微小变化都会导致产品质量发生巨大变化，选择较容易诊断的显著故障 1、2、6，在此只是作为层次聚类分析算法聚类效果的展示。故障 1 是成分 A/C 进料比率发生阶跃变化，成分 B 保持不变。故障 2 是成分 B 发生阶跃变化，成分 A/C 的进料流量保持不变。故障 6 是成分 A 进料损失发生阶跃变化。图 8.15 为故障数据的层次聚类树形图。根据不一致系数确定最终分类个数为三类，符合实际分类效果。最后，将聚类结果作为下一步故障诊断分析的先验知识，进行判别分析。

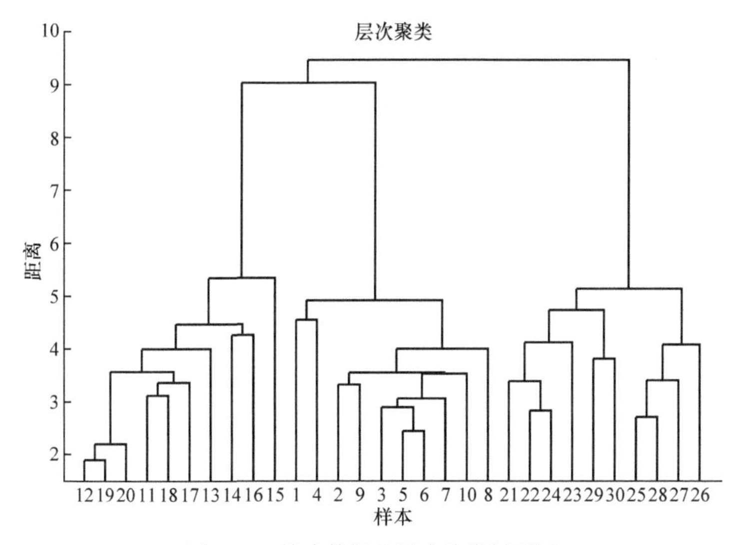

图 8.15　故障数据的层次聚类树形图

根据层次聚类的不一致系数，最终确定故障类别数为 10。采用平行坐标可视化方法，能够同时反映各变量之间的相互关系及变化趋势，提高可视化效果。该方法允许高维变量以一系列相互平行的轴表示，坐标轴上的数值表示变量的大小。为了反映各变量的相互关系，将描述不同变量的各点连接成折线以便展示。故障数据的平行坐标可视化结果如图 8.16 所示。

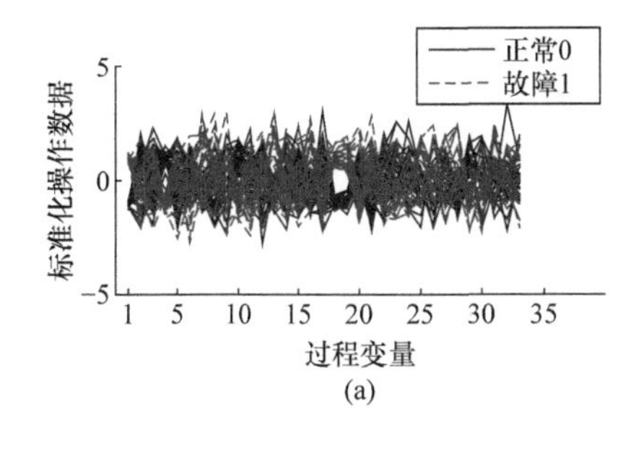

(a)

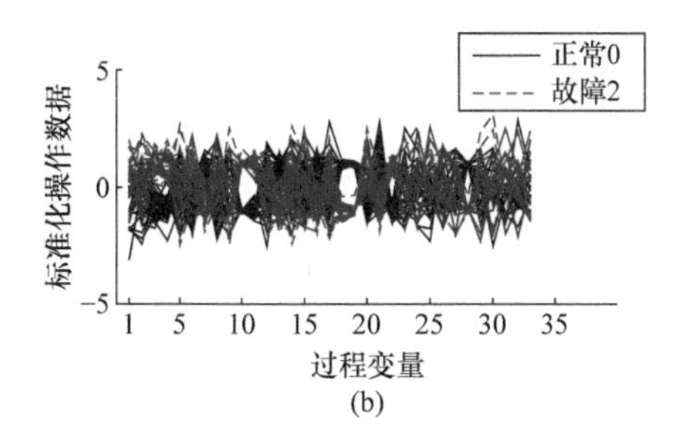

(b)

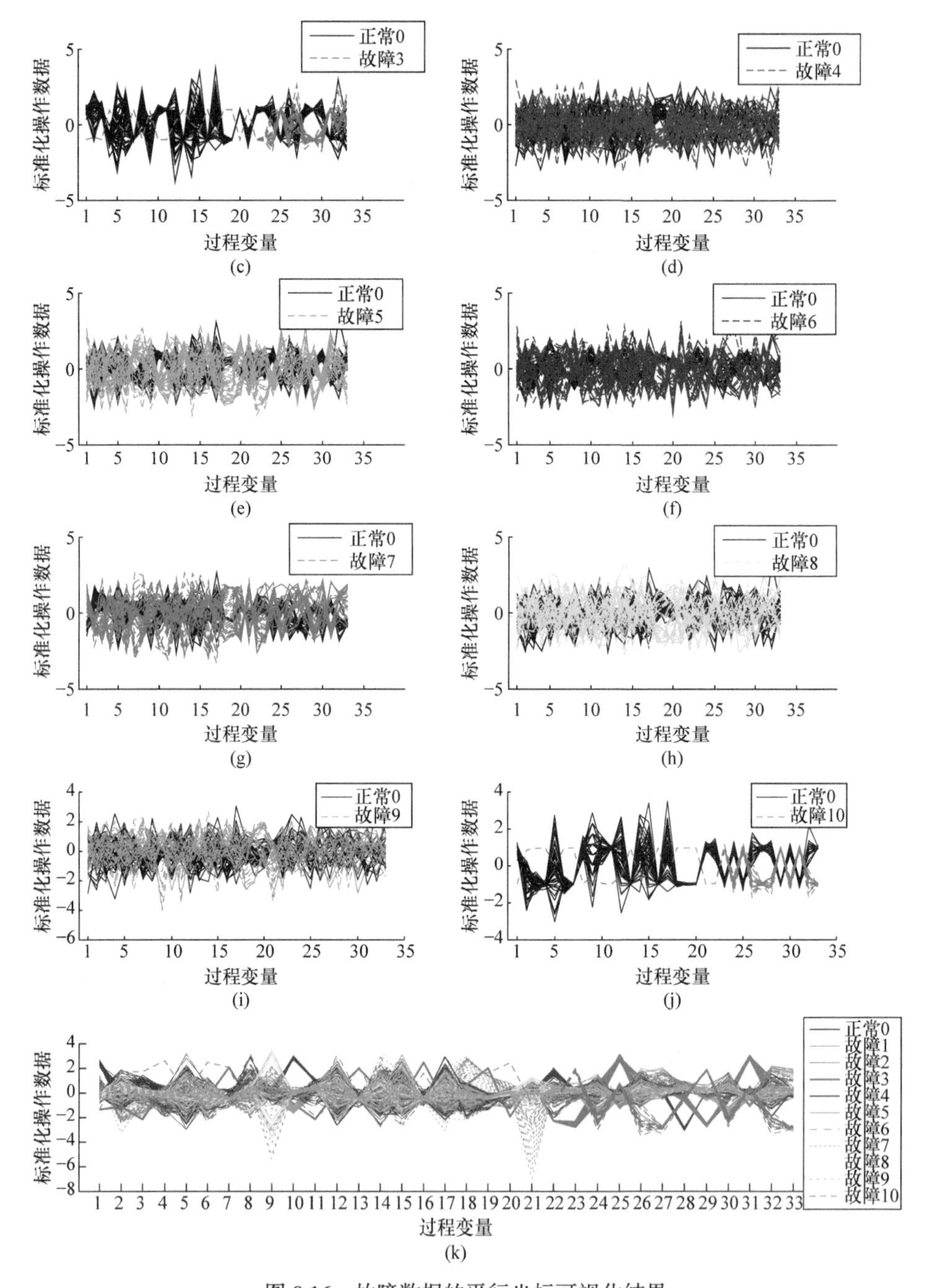

图 8.16　故障数据的平行坐标可视化结果

(2) 实验二：基于 LLEDA 的故障诊断

LLEDA 在进行判别分析的时候将类间散度矩阵和类内散度矩阵指数化，即使数据集中存在难诊断的微小故障，也能增大不同类别间的距离，提高分类能力。实验选择较难诊断的故障 4、8、13，其中故障 4 是微小故障，表现为反应器冷却水的入口温度发生阶跃变化，其他 50 个变量仍处于稳定状态，与正常数据相比变化幅度小于 2%；故障 13 是故障发生时造成反应器动力学常数发生慢漂移，引起其他变量发生剧烈反应，导致最终产品 *G* 始终处于波动状态；故障 8 指成分 A、B、C 进料随机变量发生变化。

为了更好地从空间结构上观察分类效果，将三种故障的训练数据和测试数据通过不同的方法投影到潜空间的前 3 个特征向量上。不同故障数据前 3 个特征矢量空间的投影比较分类结果如图 8.17 所示。分别采用 FDA、LLE + FDA、LLEDA 方法将三种故障的训练数据和测试数据投影，三维散点图的形式更容易观察故障的分类情况，可视化效果较好。

图 8.18 给出了通过 LLEDA 方法获得的不同测试数据在不同模型下的后验概率值。通过热图方式给出诊断结果的概率值，从下到上依次对应概率值 0～1，通过这种方式将故障识别结果可视化。当样本属于第 *i* 类时，后验概率值较大。诊

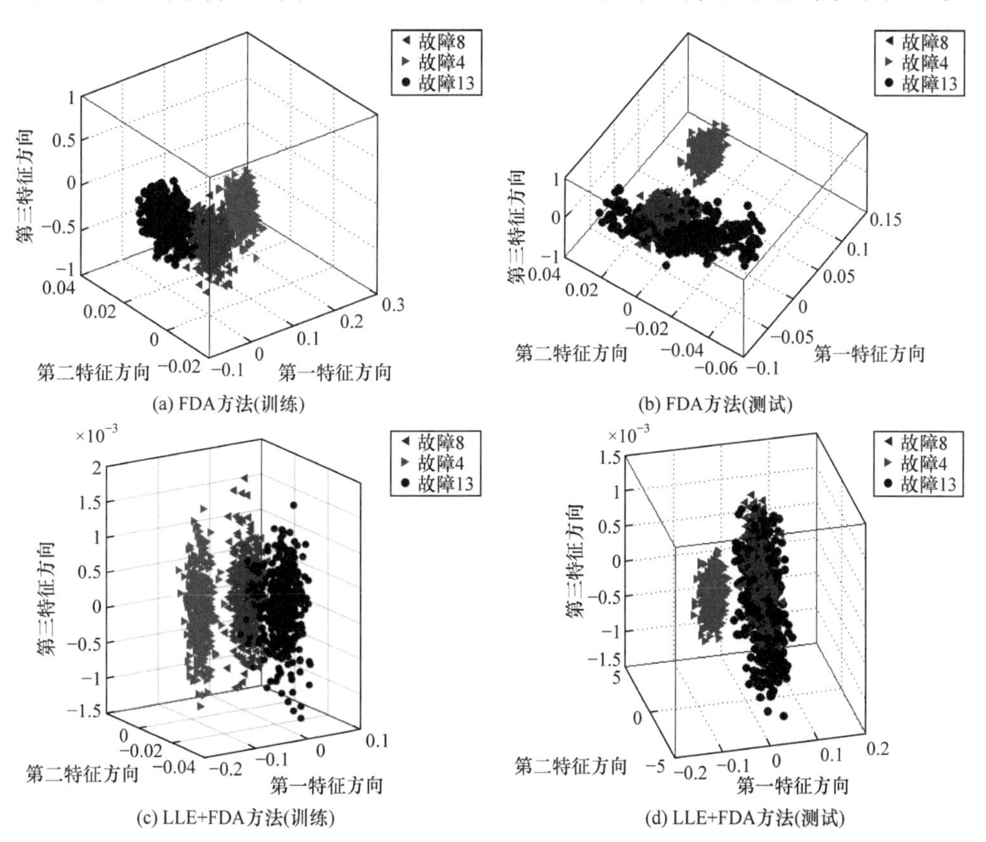

(a) FDA方法(训练)　(b) FDA方法(测试)

(c) LLE+FDA方法(训练)　(d) LLE+FDA方法(测试)

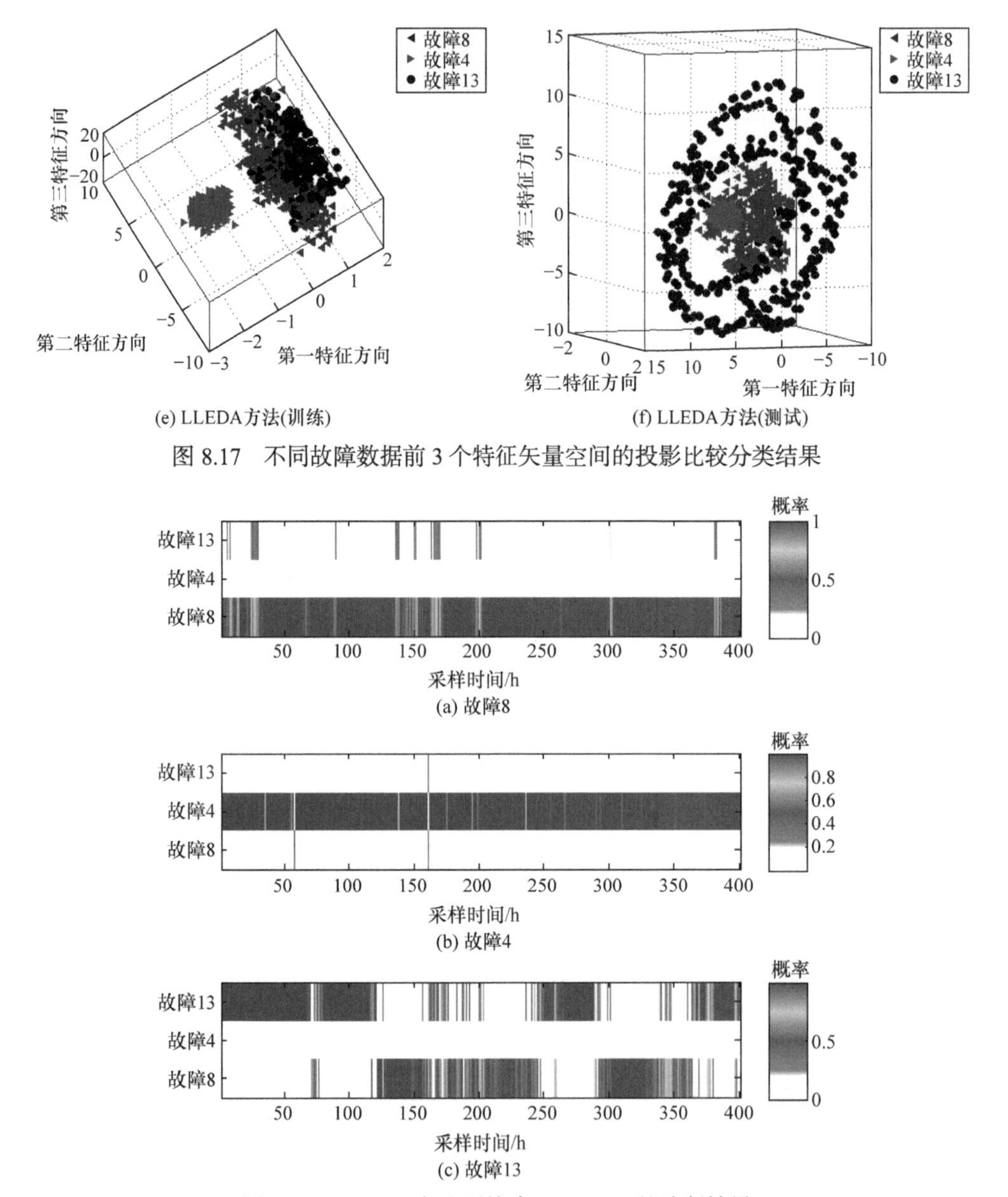

(e) LLEDA方法(训练)　　(f) LLEDA方法(测试)

图 8.17　不同故障数据前 3 个特征矢量空间的投影比较分类结果

(a) 故障8

(b) 故障4

(c) 故障13

图 8.18　LLEDA 方法下故障 4、8、13 的诊断结果

断结果与分类能力有关，分类性能良好时，FCR 较高。图 8.18 中故障 13 的分类效果不好是由于选择的特征矢量个数较少，增加特征矢量个数即可提高 FCR。

8.4 结　论

本章提出几种能够处理非线性、避免小样本数据问题的判别分析方法(KEDA、LLEDA、NPEDA)，并将其应用于工业过程故障诊断中。基于这些方法开发正常和各类故障的数据模型，监控是否发生异常行为，并标识测试数据的故障类型。为处理非线性问题，本章结合 LLE 和 KEDA 的优点，综合考虑数据的局部结构和全局特征，提出两种新的有监督降维方法(LLEDA 和 NPEDA)。它们在特征值提取过程中，通过保持数据的内部结构，对非线性数据进行分段线性化，避免常规的高维核映射操作。同时，由于采用指数化技术，克服了类内散度矩阵奇异性问题，因此对于小样本问题也表现出良好的性能。最后，本章给出一种有效结合 PCA 初始检测、层次聚类和 LLEDA 判别分析的综合过程监控与故障识别算法，确保在没有先验知识的情况下可以直接对采集的数据进行检测和诊断。

参 考 文 献

[1] Wang J, Zhou J, Chen X. Data-driven Fault Detection and Reasoning for Industrial Monitoring. Singapore: Springer, 2022.

[2] Dong Y, Qin S J. Dynamic latent variable analytics for process operations and control. Computers & Chemical Engineering, 2018, 114: 69-80.

[3] Rato T, Reis M, Schmitt E, et al. PCA-based methods for monitoring high-dimensional, time-dependent processes. Alche Journal, 2016, 62(5): 1478-1493.

[4] Craig A, Mertler, Rachel V R. Advanced and Multivariate Statistical Methods. New York: Taylor and Francis, 2016.

[5] Wang R, Wang J, Zhou J, et al. Fault diagnosis based on the integration of exponential discriminant analysis and local linear embedding. The Canadian Journal of Chemical Engineering, 2018, 96(2): 463-483.

[6] Hu L, Zhang W. Orthogonal neighborhood preserving discriminant analysis with patch embedding for face recognition. Pattern Recognition, 2020, 106: 107450-107463.

[7] Wu Q, Jing R,Wang E. Improved weighted local linear embedding algorithm based on Laplacian eigenmaps. International Journal of Knowledge-based and Intelligent Engineering Systems, 2021, 24(4): 323-330.

[8] Yu W, Zhao C. Sparse exponential discriminant analysis and its application to fault diagnosis. IEEE Transactions on Industrial Electronics, 2018, 65(7): 5931-5940.

[9] 陈晓露, 王瑞璇, 王晶, 等. 基于混合型判别分析的工业过程监控及故障诊断. 自动化学报, 2020, 46(8): 1600-16141.

[10] Adil M, Abid M, Khan A Q, et al. Exponential discriminant analysis for fault diagnosis. Neurocomputing, 2016, 171: 1344-1353.

[11] Liu J, Song C, Zhao J. Active learning based semi-supervised exponential discriminant analysis and its application for fault classification in industrial processes. Chemometrics and Intelligent Laboratory Systems, 2018, 180: 42-53.

[12] Saxena A, Prasad M, Gupta A, et al. A review of clustering techniques and developments. Neurocomputing, 2017, 267(6): 664-681.

[13] Gagolewski M, Bartoszuk M, Cena A. Genie: a new, fast, and outlier resistant hierarchical clustering algorithm. Information Sciences, 2017, 363: 8-23.

[14] Zhou S, Xu Z, Liu F. Method for determining the optimal number of clusters based on agglomerative hierarchical clustering. IEEE Transactions on Neural Networks and Learning Systems, 2017, 28(12): 3007-3017.

第 9 章　全局与局部融合的潜结构投影

现代工业生产规模不断扩大，工艺操作复杂性日益提高，产生了大量高度相关的过程变量和质量变量数据。由于质量变量的测量频率相较于过程变量要低得多，具有显著的时间延迟，因此在这些高度相关的过程变量和质量变量的信息挖掘中，数据驱动扮演着重要角色[1-5]。监控与质量变量相关的过程变量对于发现那些可能导致系统宕机，甚至造成巨大经济损失的潜在危害非常重要。

PLS 是一种典型的双测量空间多元统计分析技术，适用于质量相关的故障检测和过程监控。然而，实际工业数据往往具有强非线性、动态性和耦合性等特点，PLS 只考虑多个数据源之间的静态线性映射，因此直接应用 PLS 可能难以获得准确的检测结果。为了提取工业数据的复杂特征，如何将局部结构保持能力引入 PLS 的全局结构投影中成为一个重要的方向。这种全局结构和局部结构融合的思想通常可以通过加和和嵌入两种策略实现。本章重点基于加和思想，首先给出 GLPLS 的概念，然后进一步提出全局与局部融合潜结构投影(global plus local projection to latent structure，GPLPLS)方法，分别或同时考虑输入测量空间和输出测量空间的投影要求，给出三种不同的性能函数。

9.1　全局结构与局部结构的融合动因

PLS 方法可以通过输入空间和输出空间之间的关系来提取潜变量，进行质量相关的过程监控，因此广泛应用于工业生产[6-11]。它可以最大化地保持质量变量和过程变量之间的相关性，因此具有更好的质量相关故障检测能力。然而，传统 PLS 是一种线性方法，仅利用了数据的均值和方差。这些都属于全局结构信息，造成该方法在具有较强局部非线性特征的系统中性能较差。

非线性 PLS 模型可分为外部非线性 PLS 模型和内部非线性 PLS 模型。线性 PLS 分解示意如图 9.1 所示。外部非线性 PLS 模型通常在输入、输出变量中引入非线性变换。例如，KPLS 将原始空间数据通过核函数映射到高维特征空间，解决了自变量之间的非线性相关，以及扩展数据矩阵和输出矩阵之间的线性关系问题[12,13]。虽然 KPLS 有效地解决了输入空间主成分分量与输出空间主成分分量之间的非线性问题，但在实际应用中，KPLS 模型的核函数难以选择。类似地，核内并发典型相关分析(kernel concurrent canonical correlation analysis，KCCCA)算法在非线性过程监控中考虑了质量变量的非线性特征，同样适用于与质量相关的非线性过程监控[14]。其基于核方法，将原始数据映射到(可能是高维的)希尔伯特空间(特征空间)，会导致特征空间中的投影很复杂，投影的方向和长度无法确定，并且核函数难以选择。

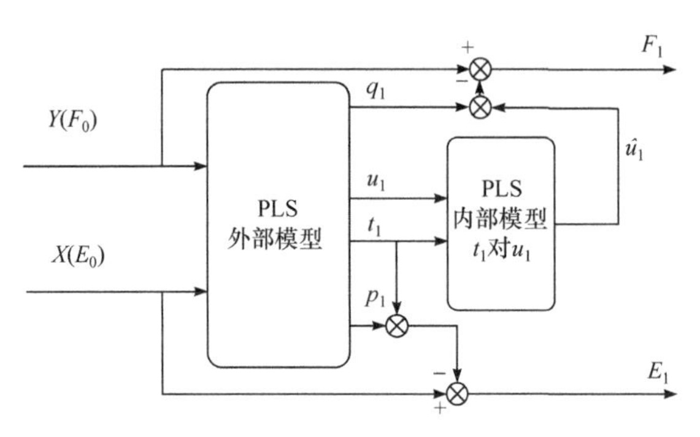

图 9.1　线性 PLS 分解示意图

内部非线性 PLS 模型是将潜变量之间的内部线性模型替换为非线性模型，而其外部模型保持不变，如二次 PLS(quadratic partial least square，QPLS)[15]、样条函数 PLS(spline partial least square，SPLS)[16]和神经网络 PLS(neural network partial least square，NNPLS)[17, 18]等。递归非线性 PLS(recursive nonlinear partial least square，RNPLS)方法使用移动窗口函数和遗忘因子来处理动态非线性过程[19]。基于切片变换的非线性 PLS(slice transform nonlinear partial least square，SLTNPLS)和基于分段线性化的 SLTNPLS 方法都可用于非线性校正。其中，后者构建了基于切片变换的分段线性函数，实现输入输出得分向量之间的非线性映射[20]。该方法通过假设内部非线性 PLS 得分向量为原始变量的线性投影，对 NIPALS 进行改进。其代价是增加了计算量和优化复杂度。

正交非线性 PLS(orthogonal nonlinear partial least square，O-NLPLS)属于外部模型和内部模型都具有非线性的一类 PLS 方法。它考虑输入输出变量之间的正交相关非线性[21]。该方法基于径向基函数(radial basis function，RBF)神经网络架构，因此保留了 PCA 的正交特性。同样，RBF 神经网络可用于识别输入变量的非线性，并建立输入输出变量之间的非线性关系[22]。

不同的线性 PLS 表示在数学上是等价的，但是不同的非线性 PLS 方法会得到不同的性能和特性。现有的非线性 PLS 方法存在一些不足，例如难以选择未知非线性系统中的核函数或潜结构；使用神经网络进行非线性映射时，计算复杂度增加的问题；缺乏一种优越的分解算法。因此，如何简化非线性 PLS 建模是急需解决的问题。

另外，PLS 及其扩展算法只关注数据集的全局结构特征，从而造成这些方法在局部强非线性系统中可能不适用。近年来，利用流形学习方法中的局部保持投影(local preserving projection，LPP)可以解决局部邻近结构特征问题，有效地弥补这一不足[23, 24]。此外，还有许多其他流形学习方法，如等距特征映射[25]、LLE[26]、拉普拉斯特征映射[27]等。

流形学习方法将全局结构投影到一个低维的近似线性空间，并构造一个邻域图探索样本数据集固有的几何特征和流形结构，从而保持局部特征。这些方法并未考虑数据的整体结构，缺乏对过程变量与质量变量之间关系的详细分析和解释。因此，将全局投影方法(如 PLS)与流形学习方法(如 LPP 和 LLE)相结合，成为越来越多工程师关注的新课题。

关于全局与局部信息的结合，Zhong 等[28]提出质量相关的 GLPLS。GLPLS 结合了 LPP 和 PLS 方法的优点，可以从高维过程数据和质量数据中提取有意义的低维表达。虽然 GLPLS 中的主成分尽可能地保持了过程变量和质量变量各自的局部非线性结构信息，但是它们之间的相关性并没有得到加强，而且在 PLS 方法与 LPP 方法结合的过程中，LPP 方法的约束条件被移除了，会对监控效果产生影响。

在进一步分析 LPP 和 PLS 的几何特性后，Wang 等[29]提出局部保持偏最小二乘(local projection partial least square，LPPLS)。该方法更多地关注局部结构信息的保持特性。LPPLS 方法可以在过程变量和质量变量空间中利用基础几何结构信息保持样本数据的局部非线性结构特征。虽然 LPPLS 考虑了过程变量和质量变量之间的最大相关性，但是全局特征也被转化为多个局部线性化特征的组合，而不是直接描述。在许多实际过程中，线性关系可能是最重要的。最好的方法是直接描述它而不是通过多个局部线性化特征的组合来描述，这还有待于更深入的研究。

9.2　降维过程的数学描述

9.2.1　PLS 目标优化

利用 PLS 对归一化后的数据集 $X=[x(1),x(2),\cdots,x(n)]\in \mathrm{R}^{n\times m}$ $(x=[x_1,x_2,\cdots,x_m]^{\mathrm{T}})$ 与 $Y=[y(1),y(2),\cdots,y(n)]\in \mathrm{R}^{n\times l}$ $(y=[y_1,y_2,\cdots,y_l])$ 之间的关系进行建模，X 与 Y 分别为过程变量与质量变量，m 与 l 分别为输入空间和输出空间维数，n 为样本数量。X 与 Y 可分解为

$$X=TP^{\mathrm{T}}+\bar{X} \tag{9.1}$$

$$Y=UQ^{\mathrm{T}}+\bar{Y} \tag{9.2}$$

其中，$T=[t_1,t_2,\cdots,t_d]\in \mathrm{R}^{n\times d}$ 和 $U=[u_1,u_2,\cdots,u_d]\in \mathrm{R}^{n\times d}$ 分别为 X 和 Y 的得分矩阵；$P=[p_1,p_2,\cdots,p_d]\in \mathrm{R}^{m\times d}$ 和 $Q=[q_1,q_2,\cdots,q_d]\in \mathrm{R}^{l\times d}$ 分别为 X 和 Y 的载荷矩阵，$\bar{X}\in \mathrm{R}^{n\times m}$ 和 $\bar{Y}\in \mathrm{R}^{n\times l}$ 分别为 X 和 Y 的残差矩阵；d 为潜变量的数量。

通过 NIPALS 算法求出权重向量 w 和 c，使分向量的协方差最大化，即

$$\begin{aligned}&\operatorname{cov}(t,u)\\&=\sqrt{\operatorname{var}(t)\operatorname{var}(u)r(t,u)}\\&=\sqrt{\operatorname{var}(Xw,)\operatorname{var}(Yc)r(Xw,Yc)}\end{aligned}\tag{9.3}$$

式(9.3)实际上等价于求解以下优化问题，即

$$\begin{aligned}&\max_{w,c}\langle Xw,Yc\rangle\\&\text{s.t.}\quad \|w\|=1,\quad \|c\|=1\end{aligned}\tag{9.4}$$

或者

$$\begin{aligned}&J_{\mathrm{PLS}}=\max w^{\mathrm{T}}X^{\mathrm{T}}Yc\\&\text{s.t.}\quad \|w\|=1,\quad \|c\|=1\end{aligned}\tag{9.5}$$

9.2.2　LPP 与 PCA 优化目标相似性

LPP 旨在将空间 X 中的点通过矩阵 $W=[w_1,w_2,\cdots,w_d]\in \mathrm{R}^{m\times d}$ 投影到低维空间 $\Phi=[\phi^{\mathrm{T}}(1),\phi^{\mathrm{T}}(2),\cdots,\phi^{\mathrm{T}}(n)]^{\mathrm{T}}\in \mathrm{R}^{n\times d}(d<m,\phi=[\phi_1,\phi_2,\cdots,\phi_d])$，其中

$$\phi(i)=x(i)W,\quad i=1,2,\cdots,n\tag{9.6}$$

求解如下最小化问题，即

$$\begin{aligned}J_{\mathrm{LPP}}(w)&=\min\frac{1}{2}\sum_{i,j=1}\|\phi_i-\phi_j\|^2 s_{xij}\\&=\min(w^{\mathrm{T}}X^{\mathrm{T}}D_xXw-w^{\mathrm{T}}X^{\mathrm{T}}S_xXw)\\\text{s.t.}\quad &w^{\mathrm{T}}X^{\mathrm{T}}D_xXw=1\end{aligned}\tag{9.7}$$

其中，$S_x=[s_{xij}]\in \mathrm{R}^{n\times n}$ 为 x_i 与 y_i 之间的邻近关系矩阵；$D_x=[d_{xij}]$ 为对角矩阵，$d_{xij}=\sum_j s_{xij}$。

$$s_{xij}=\begin{cases}e^{-\frac{\|x(i)-x(j)\|^2}{2\delta_x^2}}, & x(i),x(j)\in \text{“邻近”}\\0, & \text{其他}\end{cases}\tag{9.8}$$

其中，δ_x 为邻域参数，利用 K-最邻近算法计算 $x(i)$ 与 $x(j)$ 的“邻近”。

空间 X 中的 LPP 问题(9.7)可以更新为

$$J_{\text{LPP}} = \max w^{\text{T}} X^{\text{T}} S_x X w \\ \text{s.t.} \quad w^{\text{T}} X^{\text{T}} D_x X w = 1 \tag{9.9}$$

X 的局部结构信息包含在矩阵 $X^{\text{T}} S_x X$ 和 $X^{\text{T}} D_x X$ 中，对角线元素值的大小表示相应变量在保持局部结构方面的作用大小。非对角元素对应于观测变量之间的相关性。类似地，PCA 的优化问题可以表示为

$$J_{\text{PCA}} = \max w^{\text{T}} X^{\text{T}} X w \\ \text{s.t.} \quad w^{\text{T}} w = 1 \tag{9.10}$$

基于 LPP 和 PCA 优化目标的相似性，结合 PLS 中 PCA 的主成分提取思想，我们自然地考虑将 LPP 特征融合到 PLS 中，增强 PLS 局部特征提取能力。最简单的特征融合方法是通过一些权重参数将两个优化目标重新整合成为一个新的优化目标，如 GLPLS[28]。

9.3　GLPLS 方法简介

GLPLS 方法在获得质量变量和过程变量之间关系的同时可以尽可能地保持数据的局部结构特征。其主要思想是将 LPP 方法与 PLS 方法相结合，以保持局部结构特征，并进行相关的质量统计分析。同时，考虑过程变量 X 和产品输出变量 Y 的流形结构，并引入参数 λ_1 和 λ_2 来考虑全局特征和局部特征提取之间的平衡，因此得到的 GLPLS 目标函数为

$$J_{\text{GLPLS}}(w,c) = \arg\max \{ w^{\text{T}} X^{\text{T}} Y c + \lambda_1 w^{\text{T}} \theta_x w + \lambda_2 c^{\text{T}} \theta_y c \} \\ \text{s.t.} \quad w^{\text{T}} w = 1, c^{\text{T}} c = 1 \tag{9.11}$$

其中，$\theta_x = X^{\text{T}} S_x X$ 和 $\theta_y = Y^{\text{T}} S_y Y$ 分别表示过程变量和质量变量的局部结构信息，S_x、S_y 为 LPP 算法的局部特征参数；λ_1 和 λ_2 为控制全局与局部特征之间平衡的权重系数。

从式(9.11)可以发现，GLPLS 的目标函数包含 PLS 算法的目标函数 $w^{\text{T}} X^{\text{T}} Y c$，以及部分 LPP 算法的目标函数 $w^{\text{T}} X^{\text{T}} S_x X w$ 和 $c^{\text{T}} Y^{\text{T}} S_y Y c$。

优化函数式(9.11)似乎是 PLS 算法全局特性和 LPP 算法局部特性的良好结合。我们先分析该优化问题的解。为求解优化目标函数(9.11)，引入以下拉格朗日函数，即

$$\psi(w,c) = w^{\text{T}} X^{\text{T}} Y c + \lambda_1 w^{\text{T}} \theta_x w + \lambda_2 c^{\text{T}} \theta_y c - \eta_1 (w^{\text{T}} w - 1) - \eta_2 (c^{\text{T}} c - 1) \tag{9.12}$$

文献[28]根据极值条件计算得到式(9.11)的最优解为

$$J_{\mathrm{GLPLS}}(w,c)=\eta_1+\eta_2 \tag{9.13}$$

在实际中，常将上述优化问题转化为最大特征值问题。令 $\lambda_1=\eta_1$、$\lambda_2=\eta_2$，最佳投影向量 w 和 c 分别为下式最大特征值对应的特征向量，记为

$$\begin{aligned}(I-\theta_x)^{-1}X^{\mathrm{T}}Y(I-\theta_y)^{-1}Y^{\mathrm{T}}Xw=4\eta_1\eta_2 w\\(I-\theta_y)^{-1}Y^{\mathrm{T}}X(I-\theta_x)^{-1}X^{\mathrm{T}}Yc=4\eta_1\eta_2 c\end{aligned} \tag{9.14}$$

式(9.13)表明，GLPLS 目标函数的最优值为 $\eta_1+\eta_2$。在实际计算中，其最优值为式(9.14)对应的 $\eta_1\eta_2$。显然，在大多数情况下，使 $\eta_1+\eta_2$ 和 $\eta_1\eta_2$ 最大化的投影向量是不同的。

为了进一步解释二者的差异，我们再次回到 GLPLS 优化目标(9.11)。式(9.11)是一个全局(PLS)和局部(LPP)特征组合优化问题。不可否认，这种结合在一定程度上是合理的。然而，PLS 选择潜变量时为了尽可能地体现方差变化，并使潜在变量之间的相关性尽可能强；LPP 在构造潜变量时只需要尽可能地保持局部结构信息。换句话说，尽管过程变量 $(x(\theta_x=X^{\mathrm{T}}S_xX))$ 和质量变量 $(y(\theta_y=Y^{\mathrm{T}}S_yY))$ 的局部特征得到增强，但是局部特征之间的相关性没有得到增强。因此，这种全局与局部特征的直接结合可能导致错误的结果。

在 GLPLS 方法中，LPP 用于保持局部结构特征。LLE 也是一种常用的流形学习算法。与 LPP 算法一样，LLE 算法也通过保持局部结构信息将全局非线性问题转化为多个局部线性问题的组合，但是与 LPP 算法相比，LLE 算法具有更少的可调参数，也是一个求解强局部非线性过程问题的好方法。下面，我们尝试以一种新的方式将 PLS 与 LLE/LPP 结合起来，试图同时维持过程变量和质量变量的全局与局部结构信息，并增强局部结构信息之间的相关性。

9.4 GPLPLS 基本原理

9.4.1 GPLPLS 模型

考虑一般的非线性映射 $F(Z)$，其泰勒级数展开为

$$F(Z)=A(Z-Z_0)+g(Z-Z_0) \tag{9.15}$$

其中，$A(Z-Z_0)$ 为线性部分；$g(Z-Z_0)$ 为非线性部分。

在许多实际系统中，特别是平衡点附近，线性关系占据主导作用，非线性关系相对次要。当使用 PLS 方法对一个非线性系统建模效果不佳时，一般采用线性降维的 PCA 获得主成分，仅建立输入变量空间 X 与输出变量空间 Y 之间的线性关系。为了获得具有更好局部非线性特征的模型，KPLS 模型将原始数据映射到

高维特征空间[12]，而 LPPLS 模型将非线性特征转化为多个局部线性化特征的组合[29]。这两种方法都可以在一定程度上解决非线性问题。但是，KPLS 模型的特征空间不容易确定，对于 LPPLS 模型，若将它主要的线性关系使用全局结构特征直接描述将更为合适。

实际上，PLS 的优化目标函数式(9.5)包括两个目标，一个是选择的潜变量尽可能地包含更多的变异信息，另一个是输入空间和输出空间潜变量之间的相关性尽可能强。虽然 GLPLS 模型结合了全局与局部的特征信息，但是两者的结合并不协调。如何协调全局与局部这两部分功能来保持相同的目标？根据非线性函数式(9.15)的表达式，输入空间和输出空间可以分成线性和非线性部分。然后，通过引入局部结构信息，可以将非线性部分转换成多个局部线性问题的组合。

受到 PCA 算法 $w^{\mathrm{T}}X^{\mathrm{T}}Xw$ 在 PLS 模型 $w^{\mathrm{T}}X^{\mathrm{T}}Yc$ 中作用的启发，本章提出一种新的降维方法(GPLPLS)，可以解决 GLPLS 模型无法保证局部特征相关性的局限性。该方法结合全局(PCA)和局部(LLE/LPP)的特征，提取非线性系统的潜变量。输入 X 和输出 Y 被映射到新的特征 X_F 和 Y_F，新的特征又被分为全局线性部分和非线性部分(或多个局部线性部分)。基于上述思想，可以得到 GPLPLS 的目标函数，即

$$\begin{aligned}&J_{\mathrm{GPLPLS}}(w,c)=\operatorname{argmax}\{w^{\mathrm{T}}X_F^{\mathrm{T}}Y_Fc\}\\&\text{s.t.}\quad w^{\mathrm{T}}w=1,\quad c^{\mathrm{T}}c=1\end{aligned}\tag{9.16}$$

其中，$X_F=X+\lambda_x\theta_x^{\frac{1}{2}}$；$Y_F=Y+\lambda_y\theta_y^{\frac{1}{2}}$。

可以看出，新的特征 X_F 和 Y_F 都被划分为线性部分(X,Y)和非线性部分$(\lambda_x\theta_x^{\frac{1}{2}},\lambda_y\theta_y^{\frac{1}{2}})$。类似于式(9.15)，图 9.2 给出了 GPLPLS 方法的原理。X_{global}、Y_{global} 是输入空间、输出空间对应的线性部分。采用传统的全局投影方法，PLS 将其投影到降维空间。X_{local}、Y_{local} 是输入空间、输出空间对应的非线性部分，可以通过 LPP 对其进行降维投影。

式(9.16)建立了 X 与 Y 之间的关系模型。它实际上包含两个关系，即输入和输出各自被分为“得分”和“载荷”(外部关系)，输入 X 和输出 Y 的潜变量之间的关系(内部关系)。这两种关系从图 9.2 中也可以看出。显然，我们可以只保持内部模型或外部模型，或者同时保持内部模型和外部模型的局部结构信息。因此，通过设置 4 种不同的 λ_x 和 λ_y 的值，可以对应 4 种不同的优化目标函数。

(1) PLS 优化目标函数

$$\lambda_x=0,\lambda_y=0$$

(2) GPLPLS$_x$ 优化目标函数

$$\lambda_x>0,\lambda_y=0$$

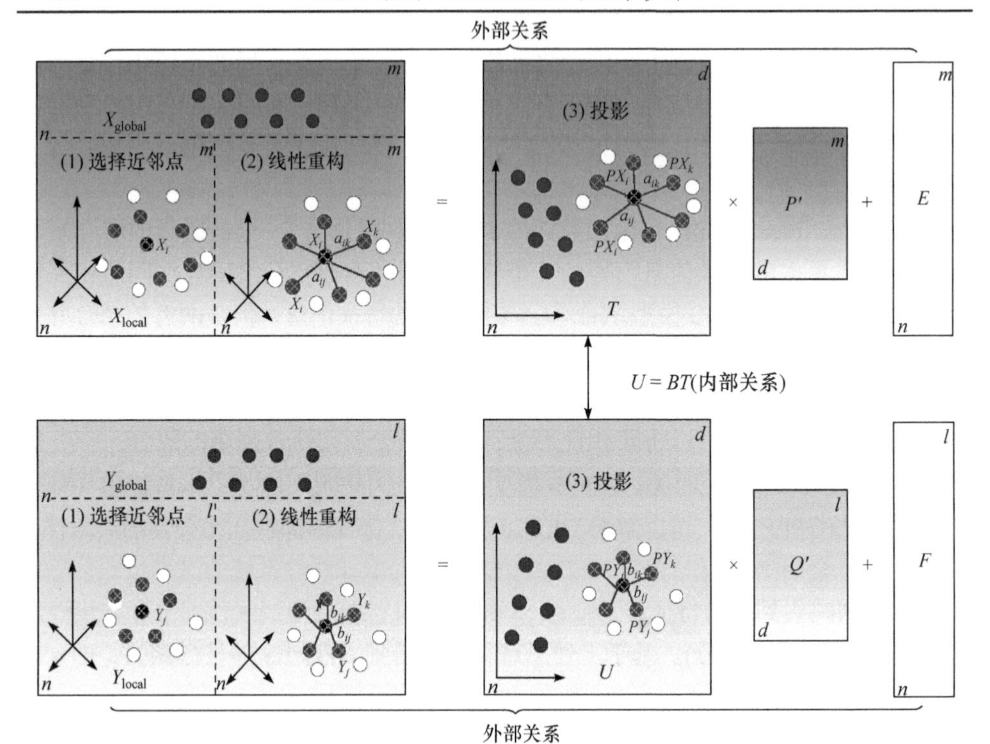

图 9.2　GPLPLS 方法的原理图

(3) GPLPLS_y 优化目标函数

$$\lambda_x = 0, \lambda_y > 0$$

(4) GPLPLS_{x+y} 优化目标函数

$$\lambda_x > 0, \lambda_y > 0$$

9.4.2　GPLPLS 模型之间的关系

GPLPLS 方法的优化目标函数式(9.16)根据不同的 λ_x 和 λ_y，对应三种 GPLPLS 模型。这三种 GPLPLS 模型之间的关系什么呢？它们建模之间的差异是什么？这些问题将在下面讨论。

假设原始关系是 $Y = f(X)$，LLE 或 LPP 可以视为系统线性化的平衡点。从这个角度来看，不同 λ_x 和 λ_y 组合的模型如下。

(1) PLS 优化目标函数

$$\hat{Y} = A_0 X$$

(2) GPLPLS_x 优化目标函数

$$\hat{Y} = A_1 [X, X_{z_i}]$$

(3) GPLPLS$_y$ 优化目标函数

$$\hat{Y} = A_2[X, f(X_{l_j})]$$

(4) GPLPLS$_{x+y}$ 优化目标函数

$$\hat{Y} = A_3[X, X_{z_i}, f(X_{l_j})]$$

其中，$X_{z_i}(i=1,2,\cdots,k_x)$ 和 $Y_{l_j}=f(X_{l_j})(j=1,2,\cdots,k_y)$ 为输入空间和输出空间的局部特征；A_0、A_1、A_2、A_3 为模型系数矩阵。

显然，PLS 使用的是原始系统的简单线性近似。对于非线性较强的系统，这种近似效果通常不好。GPLPLS 模型使用空间局部分解的方法，并用多个简单线性模型的总和近似原始系统。GPLPLS$_x$ 和 GPLPLS$_y$ 模型是 GPLPLS$_{x+y}$ 模型的特例。从表面来看，这三种组合已经包含了所有可能的 GPLPLS 模型。

GPLPLS$_{x+y}$ 的优化目标函数可以写为

$$\begin{aligned} J_{\mathrm{GPLPLS}_{x+y}}(w,c) &= \arg\max_{w,c}\left[w^{\mathrm{T}}\left(X+\lambda_x\theta_x^{\frac{1}{2}}\right)^{\mathrm{T}}\left(Y+\lambda_y\theta_y^{\frac{1}{2}}\right)c\right] \\ &= \arg\max_{w,c}\left(w^{\mathrm{T}}X^{\mathrm{T}}Yc+\lambda_x w^{\mathrm{T}}\theta_x^{\frac{1}{2}\mathrm{T}}Yc\right. \\ &\quad \left.+\lambda_y w^{\mathrm{T}}X^{\mathrm{T}}\theta_y^{\frac{1}{2}}c+\lambda_x\lambda_y w^{\mathrm{T}}\theta_x^{\frac{1}{2}\mathrm{T}}\theta_y^{\frac{1}{2}}c\right) \\ \text{s.t.}\quad & w^{\mathrm{T}}w=1,\quad c^{\mathrm{T}}c=1 \end{aligned} \tag{9.17}$$

很明显，式(9.17)包含两个耦合分量($\theta_x^{\frac{1}{2}\mathrm{T}}Y$ 和 $X^{\mathrm{T}}\theta_y^{\frac{1}{2}}$)，代表线性部分和非线性部分之间的相关性。在某些情况下，这些耦合分量可能对建模产生负面影响。另外，输入和输出空间的外部关系可以描述为线性和非线性的组合，输入和输出空间(最终模型)之间的内部关系也可以描述为线性和非线性的组合。因此，在对线性和非线性部分进行建模时，可以忽略二者的耦合分量。相应地，在上述优化目标函数中也不需要考虑二者的耦合分量。由此得到 GPLPLS$_{xy}$ 模型的优化目标函数为

$$\begin{aligned} J_{\mathrm{GPLPLS}_{xy}}(w,c) &= \arg\max\left(w^{\mathrm{T}}X^{\mathrm{T}}Yc+\lambda_{xy}w^{\mathrm{T}}\theta_x^{\frac{1}{2}\mathrm{T}}\theta_y^{\frac{1}{2}}c\right) \\ \text{s.t.}\quad & w^{\mathrm{T}}w=1,\quad c^{\mathrm{T}}c=1 \end{aligned} \tag{9.18}$$

其中，参数 λ_{xy} 用来实现全局与局部特征之间的权衡。

9.4.3　GPLPLS 模型的主成分

本节介绍如何获取 GPLPLS 模型的主成分。为了便于与传统的线性 PLS 模型进行比较，用 $E_{0F}=X_F$ 和 $F_{0F}=Y_F$ 表示。所有 GPLPLS 模型的优化目标函数为

$$
\begin{gathered}
J_{\mathrm{GPLPLS}}(w,c)=\arg\max\left(w^{\mathrm{T}}X_F^{\mathrm{T}}Y_F c+\lambda_{xy}w^{\mathrm{T}}\theta_x^{\frac{1}{2}\mathrm{T}}\theta_y^{\frac{1}{2}}c\right) \\
\text{s.t.}\quad w^{\mathrm{T}}w=1,\quad c^{\mathrm{T}}c=1
\end{gathered}
\tag{9.19}
$$

其中，$[\lambda_x,\lambda_y]$ 和 λ_{xy} 至少有一个是 0。

GPLPLS 模型式(9.19)的主成分获取步骤如下。首先，引入拉格朗日乘数因子，将目标函数(9.19)转化成无约束形式，即

$$
\begin{aligned}
\Psi(w_1,c_1)=&\,w_1^{\mathrm{T}}E_{0F}^{\mathrm{T}}F_{0F}c_1+\lambda_{xy}w_1^{\mathrm{T}}\theta_x^{\frac{1}{2}\mathrm{T}}\theta_y^{\frac{1}{2}}c_1 \\
&-\lambda_1(w_1^{\mathrm{T}}w_1-1)-\lambda_2(c_1^{\mathrm{T}}c_1-1)
\end{aligned}
\tag{9.20}
$$

令 $(\partial\Psi)/(\partial w_1)=0$ 和 $(\partial\Psi)/(\partial c_1)=0$，式(9.19)转化为广义最大特征值问题，即

$$
(E_{0F}^{\mathrm{T}}F_{0F}+\lambda_{xy}\theta_x^{\frac{1}{2}\mathrm{T}}\theta_y^{\frac{1}{2}})^{\mathrm{T}}(E_{0F}^{\mathrm{T}}F_{0F}+\lambda_{xy}\theta_x^{\frac{1}{2}\mathrm{T}}\theta_y^{\frac{1}{2}})w_1=\theta^2 w_1 \tag{9.21}
$$

$$
(F_{0F}^{\mathrm{T}}E_{0F}+\lambda_{xy}\theta_y^{\frac{1}{2}\mathrm{T}}\theta_x^{\frac{1}{2}})^{\mathrm{T}}(F_{0F}^{\mathrm{T}}E_{0F}+\lambda_{xy}\theta_y^{\frac{1}{2}\mathrm{T}}\theta_x^{\frac{1}{2}})c_1=\theta^2 c_1 \tag{9.22}
$$

其中，$\theta=w^{\mathrm{T}}X_F^{\mathrm{T}}Y_F c+\lambda_{xy}w^{\mathrm{T}}\theta_x^{\frac{1}{2}\mathrm{T}}\theta_y^{\frac{1}{2}}c$；目标向量 w_1 和 c_1 可以通过式(9.21)和式(9.22)计算得到。

在获得目标向量(即主成分的方向向量)后，依次计算主成分 t_1 和 u_1、载荷向量 p_1 和 q_1、残差矩阵 E_1 和 F_1，即

$$
t_1=E_{0F}w_1,\quad u_1=F_{0F}c_1 \tag{9.23}
$$

$$
p_1=\frac{E_{0F}^{\mathrm{T}}t_1}{t_1^2},\quad q_1=\frac{F_{0F}^{\mathrm{T}}t_1}{t_1^2} \tag{9.24}
$$

$$
E_{1F}=E_{0F}-t_1p_1^{\mathrm{T}},\quad F_{1F}=F_{0F}-t_1q_1^{\mathrm{T}} \tag{9.25}
$$

与 PLS 类似，GPLPLS 模型的其他主成分可以通过继续分解残差矩阵 E_{iL} 和 $F_{iL}(i=1,2,\cdots,d-1)$ 得到。通常仅使用前 d 个主成分构建预测回归模型，其中 d 由交叉验证确定[30]。

以上是 GPLPLS 模型的建立及其主成分提取步骤。现在比较 GPLPLS 模型和 GLPLS 模型。

与 GLPLS 方法一样，GPLPLS 方法的主要思想是结合全局与局部结构特征(协方差)。显然，GPLPLS 方法比 GLPLS 方法可以更好地融合全局与局部结构特征。与 GLPLS 方法不同，GPLPLS 方法不但可以保持局部结构特征，而且可以尽可能地提取其在输入空间和输出空间的相关信息。因此，GPLPLS 方法在尽可能提取最大全局相关性的同时，也能提取过程变量和质量变量之间的局部结构相关性。

与 LPPLS 和局部线性嵌入潜结构投影(local linear embedding projection to latent strldcture，LLEPLS)相比，LPPLS 方法的所有特征均可由局部特征描述。这种不加区别的描述在强非线性系统中具有优势，但是对于以线性关系为主但局部强非线性的系统不一定具有优势。本章提出的 GPLPLS 方法是针对线性关系占优的过程，仍然保持部分非线性关系。它可以尽可能地整合全局特征(协方差)和非线性相关(多重方差)。

9.5　基于 GPLPLS 的质量监控

9.5.1　基于 GPLPLS 的过程与质量监控

PLS 常用的监控指标是 T^2 和 SPE。第 11 章会详细分析不适合用 SPE 统计量进行监控的原因。本章基于 GPLPLS 的过程监控方法仅使用 T^2 统计量。与传统的 PLS 类似，基于 GPLPLS 方法的过程监控也分为离线过程监控和在线过程监控。

GPLPLS 将输入 X 和输出 Y 映射到由少量主成分 $[t_1,t_2,\cdots,t_d]$ 定义的低维空间。E_{0F} 和 F_{0F} 的分解为

$$\begin{aligned} E_{0F} &= \sum_{i=1}^{d} t_i p_i^{\mathrm{T}} + \bar{E}_{0L} = TP^{\mathrm{T}} + \bar{E}_{0F} \\ F_{0F} &= \sum_{i=1}^{d} t_i q_i^{\mathrm{T}} + \bar{F}_{0L} = TQ^{\mathrm{T}} + \bar{F}_{0F} \end{aligned} \tag{9.26}$$

其中，$T=[t_1,t_2,\cdots,t_d]$ 为得分向量；$P=[p_1,p_2,\cdots,p_d]$ 和 $Q=[q_1,q_2,\cdots,q_d]$ 为过程变量 E_{0F} 和质量变量 F_{0F} 的载荷向量。

用 E_{0F} 表征 t_i，则有

$$T = E_{0F}R = (I+\lambda_x S_x^{\frac{1}{2}})E_0 R \tag{9.27}$$

其中，$R=[r_1,r_2,\cdots,r_d]$ 为分解矩阵，并且 $r_i=\prod_{j=1}^{i-1}(I_n - w_j p_j^{\mathrm{T}})w_i, i=1,2,\cdots,d$。

值得注意的是，E_{0F} 包含局部保持学习的结果。在模型训练期间，执行操作

式(9.26)和式(9.27)即可。在线监控过程中，数据是实时采样得到的，无法从单个实时数据中构造局部学习所需的变换矩阵 S_x 和 S_y 。从实际应用角度考虑，将式(9.26)和式(9.27)转换为归一化矩阵 E_0 和 F_0 的分解，即

$$E_0 = T_0 P^{\mathrm{T}} + \bar{E}_0 \tag{9.28}$$

$$F_0 = T_0 Q^{\mathrm{T}} + \bar{F}_0 = E_0 R \bar{Q}^{\mathrm{T}} + \bar{F}_0 \tag{9.29}$$

其中，$T_0 = E_0 R$; $\bar{Q} = T_0^{+} F_0$。

为了对新样本 x 和 y (标准化后的数据)进行实时监控，在输入空间 x 引入倾斜投影，即

$$x = \hat{x} + x_e \tag{9.30}$$

$$\hat{x} = R P^{\mathrm{T}} x \tag{9.31}$$

$$x_e = (I - R P^{\mathrm{T}}) x \tag{9.32}$$

分别计算主成分空间和残差子空间的统计量 T_{pc}^2 和 T_e^2 ，可得

$$\begin{aligned} t &= R^{\mathrm{T}} x \\ T_{pc}^2 &:= t^{\mathrm{T}} \Lambda^{-1} t = t^{\mathrm{T}} \left(\frac{1}{n-1} T_0^{\mathrm{T}} T_0 \right)^{-1} t \\ T_e^2 &:= x_e^{\mathrm{T}} \Lambda_e^{-1} x_e = x_e^{\mathrm{T}} \left(\frac{1}{n-1} x_e^{\mathrm{T}} x_e \right)^{-1} x_e \end{aligned} \tag{9.33}$$

其中，Λ 和 Λ_e 为样本的协方差矩阵。

一般地，T_{pc}^2 和 T_e^2 统计量的控制限 $\mathrm{Th}_{pc,\alpha}$ 和 $\mathrm{Th}_{e,\alpha}$ 通过 F 分布进行估计。然而，GPLPLS 方法的 T_{pc} 与 T_e 统计量不是通过标准化数据 E_0 获得的，输出变量或许不服从高斯分布，因此不能利用 F 分布直接计算控制限。我们采用 KDE 方法估计其概率密度函数(probability density function，PDF)，构建相关统计量的控制限[31]。

基于 GPLPLS 模型的故障诊断逻辑为

$$\begin{cases} T_{pc}^2 > \mathrm{Th}_{pc,\alpha}, & \text{质量相关故障} \\ T_{pc}^2 > \mathrm{Th}_{pc,\alpha} \text{或} T_e^2 > \mathrm{Th}_{e,\alpha}, & \text{过程相关故障} \\ T_{pc}^2 \leqslant \mathrm{Th}_{pc,\alpha} \text{且} T_e^2 \leqslant \mathrm{Th}_{e,\alpha}, & \text{无故障} \end{cases} \tag{9.34}$$

GPLPLS 监控流程如下。

① 对原始数据进行标准化处理，可以得到具有零均值和方差为 1 的 X 和 Y 。然后，通过式(9.28)和式(9.29)执行 GPLPLS 算法，得到 T_0 、$\bar{Q}$ 、R 。

② 构建输入残差子空间 X_e 。

③ 利用 KDE 方法计算控制限，并根据式(9.34)执行故障诊断。

9.5.2　后验监控评估

目前，许多质量相关的过程监控方法都在众所周知的 TE 过程仿真平台验证其监控性能。大多数方法的目标是使质量相关的报警率尽可能高，然而哪种方法的监控结果更合理，似乎很少受到关注。因此，与控制回路的性能评估指标类似，定义后验监控评估(posterior monitoring assessment，PMA)指标，评估质量相关的报警率是否合理，即

$$\mathrm{PMA}=\frac{E(y_N^2)}{E(y_F^2)} \tag{9.35}$$

其中，$E(\cdot)$ 为数学期望；y_N 和 y_F 为训练数据集(即正常数据)和测试数据集(通常为故障数据)的产品质量输出数据。

两者均通过正常数据 y_N 的平均值和标准偏差进行标准化处理。该指标接近 1 意味着测试集中的质量数据接近正常情况；指标大于 1 意味着测试集中的质量数据优于正常情况；该指标远离 1 意味着测试集中的质量数据与正常操作条件下的质量数据差别很大。此时，相应的质量相关指数 T^2 (PLS 方法)或 T_{pc}^2 (GPLPLS 方法)应该越高，而其他指标应该越低。

然而，控制器的广泛使用会在一定程度上削弱某些故障对输出质量的影响，特别是小故障，因此单一 PMA 指标并不能真正反映系统的动态变化。为此，我们使用 PMA_1 和 PMA_2 两个指标分别描述系统的动态和稳态效应，即

$$\mathrm{PMA}_1=\min\left(\frac{E(Y_N^2(k_0:k_1,i))}{E(Y_F^2(k_0:k_1,i))}\right),\quad i=1,2,\cdots,l \tag{9.36}$$

$$\mathrm{PMA}_2=\min\left(\frac{E(Y_N^2(k_2:n,i))}{E(Y_F^2(k_2:n,i))}\right),\quad i=1,2,\cdots,l \tag{9.37}$$

其中，$k_0<k_1<k_2$ 为给定的常数。

当 PMA_1 和 PMA_2 都远远小于 1 时，说明系统的控制器无法消除该故障对输出质量的影响；当 PMA_1 远远小于 1 且 PMA_2 接近 1 时，表明系统控制器能很快消除故障对输出质量的影响。利用这两个后验质量评估指标可以很好地区分控制器是否能够消除某些故障对输出质量的影响。需要指出的是，由于质量监控的滞后性，这些 PMA 指标只能评估所提方法的故障检测结果是否合理，而不能直接作为故障检测指标。

9.6 TE 过程仿真分析

在 TE 过程仿真平台上测试 GPLPLS 过程监控和故障诊断的有效性，并与 PLS、并行 PLS(concurrent PLS，CPLS)[32]的监控性能进行对比分析。CPLS 将输入和输出投影到 5 个子空间，即联合输入-输出子空间、输出主成分子空间、输出残差子空间、输入主成分子空间、输入残差子空间。为了突出基于过程的质量监控，仿真不考虑 CPLS 模型中对输出主子空间和输出残差子空间的监控。仅考虑对质量相关故障的监控性能，CPLS 模型的输入主成分子空间和输入残差子空间被输入残差子空间 X_e 代替，相应的监控统计量由 T_e^2 代替。为了比较不同的方法，我们使用两个不同的数据集，它们分别来自文献[29]、[33]。

9.6.1 模型与讨论

过程变量矩阵由所有的过程测量变量[XMEAS(1：22)]和 11 个操纵变量[XMV(1：11)、XMV(5)、XMV(9)除外]组成。XMEAS(35)、XMEAS(36)组成质量变量矩阵。训练数据集为正常数据 IDV(0)，测试数据集由 21 个故障数据 IDV(1-21)组成。控制限根据置信水平 99.75%计算。

在本次仿真中，GPLPLS 模型具体指 GPLPLS_{xy} 模型。其局部非线性结构特征通过 LLE 方法提取。设置模型参数 $k_x = 22$、$k_y = 23$、$\lambda_x = \lambda_y = 0$、$\lambda_{xy} = 1$、$k_0 = 161$。PLS、CPLS、GPLPLS 模型的主成分个数由交叉验证方法确定，分别为 6、6、2。$k_1 = n = 960, k_2 = 701$。PLS、CPLS、GPLPLS_{xy} 的 FDR 如表 9.1 所示。

表 9.1 PLS、CPLS、GPLPLS_{xy} 的 FDR

故障序号 IDV	PLS		CPLS		GPLPLS_{xy}		PMA	
	T_{pc}^2	T_e^2	T_{pc}^2	T_e^2	T_{pc}^2	T_e^2	PMA_1	PMA_2
1	99.75	99.75	84.13	99.75	35.00	99.75	0.2040	0.6930
2	98.38	98.38	94.75	98.25	74.00	97.88	0.0660	0.0580
3	0.50	1.75	0.13	1.13	0.25	1.25	0.7720	0.8670
4	29.38	100.00	7.25	100.00	0.50	100.00	0.8880	0.9277
5	23.50	100.00	17.38	100.00	13.25	100.00	0.3018	0.9461
6	99.00	100.00	98.25	100.00	96.88	100.00	0.0029	0.0026
7	100.00	100.00	97.88	100.00	26.00	100.00	0.1439	0.9721

续表

故障序号 IDV	PLS		CPLS		$GPLPLS_{xy}$		PMA	
	T_{pc}^2	T_e^2	T_{pc}^2	T_e^2	T_{pc}^2	T_e^2	PMA_1	PMA_2
8	96.63	97.88	76.13	97.88	72.63	97.88	0.0596	0.0951
9	0.63	1.38	0.38	1.63	0.38	0.75	0.8977	0.8465
10	40.00	85.38	16.38	84.63	17.50	84.75	0.5888	0.5064
11	34.13	77.88	8.13	77.13	1.50	77.25	0.7830	0.6956
12	96.63	99.88	83.75	99.75	71.88	99.88	0.0404	0.0232
13	94.88	95.25	88.00	95.13	75.50	95.25	0.0229	0.0208
14	99.88	100.00	20.88	100.00	0.50	100.00	1.0721	0.8580
15	1.50	3.75	1.25	2.88	3.13	3.25	0.9027	0.5710
16	24.50	46.13	9.13	44.00	8.63	44.00	0.7770	0.5355
17	74.75	97.00	36.50	97.00	8.75	96.63	0.6443	0.6862
18	89.50	90.13	89.00	89.88	87.00	90.13	0.0049	0.0037
19	0.75	37.88	0.00	39.00	0.00	36.13	0.9453	0.8859
20	28.88	90.38	20.13	88.25	12.50	90.25	0.6700	0.7366
21	50.13	53.38	37.25	45.75	21.25	50.75	0.2342	0.1063

利用表 9.1 的两个 PMA 指标，可以将 21 个故障分为两种类型。一种是质量无关故障($PMA_1 > 0.9$ 或者 $PMA_1 + PMA_2 > 1.5$)，包括故障 IDV(3)、IDV(4)、IDV(9)、IDV(11)、IDV(14)、IDV(15)和 IDV(19)。另一种是质量相关故障。质量相关故障又可以进一步分成 4 类。

① 对质量有轻微影响的故障 $(0.5 < PMA_i < 0.8, i = 1,2)$ ，包括故障 IDV(10)、IDV(16)、IDV(17)、IDV(20)。

② 质量可恢复故障($PMA_1 < 0.35$ 且 $PMA_2 > 0.65$)，包括故障 IDV(1)、IDV(5)、IDV(7)。

③ 对质量有严重影响的故障($PMA_i < 0.1, i = 1,2$)，包括故障 IDV(2)、IDV(6)、IDV(8)、IDV(12)、IDV(13)。

④ 导致输出缓慢漂移的故障，如故障 IDV(21)。

上述质量相关故障的分类结果取决于参数 k_0、k_1、k_2 的选择，虽然这只是个初步的结果，但是仍具有参考价值。对于第三类对质量有严重影响的故障，所有方法都给出了一致的测试结果，接下来的故障诊断分析将不再讨论这类故障，只对其他类型的故障做详细分析。

9.6.2 故障诊断分析

对于某些故障，不同方法的检测结论不一致，包括质量可恢复故障、轻微质量相关故障和质量无关故障。在下述所有的检测结果图中，横轴代表采样时间，纵轴代表统计量值(T^2、T_e^2)，虚线是 99.75%的控制限，实线是实际检测值。在所有的输出预测图中，横轴代表样本，纵轴代表输出值，虚线是实际输出值，实线是预测输出值。

(1) 质量可恢复故障

质量可恢复故障有 IDV(1)、IDV(5)、IDV(7)，它们都是阶跃变化引发的系统运行状态改变。在实际生产过程中，反馈控制器或者串级控制器的存在会降低这些故障对输出产品质量的影响[32]。因此，故障 IDV(1)、IDV(5)、IDV(7)中的质量变量慢慢恢复正常，GPLPLS_{xy} 对故障 IDV(1)、IDV(5)、IDV(7)的输出预测值如图 9.3 所示。PLS、CPLS 和 GPLPLS_{xy} 对 IDV(7)的相应故障检测结果如图 9.4 所示。从输入空间来看，所有的 T_{pc}^2 和 T_e^2 统计量都检测到与过程变量相关的故障。对于 GPLPLS_{xy}，T_{pc}^2 统计量的值趋于恢复正常值，而 T_e^2 统计量仍然保持较高值，意味着这些故障是质量可恢复故障。PLS 和 CPLS 报告这些故障是质量相关的，

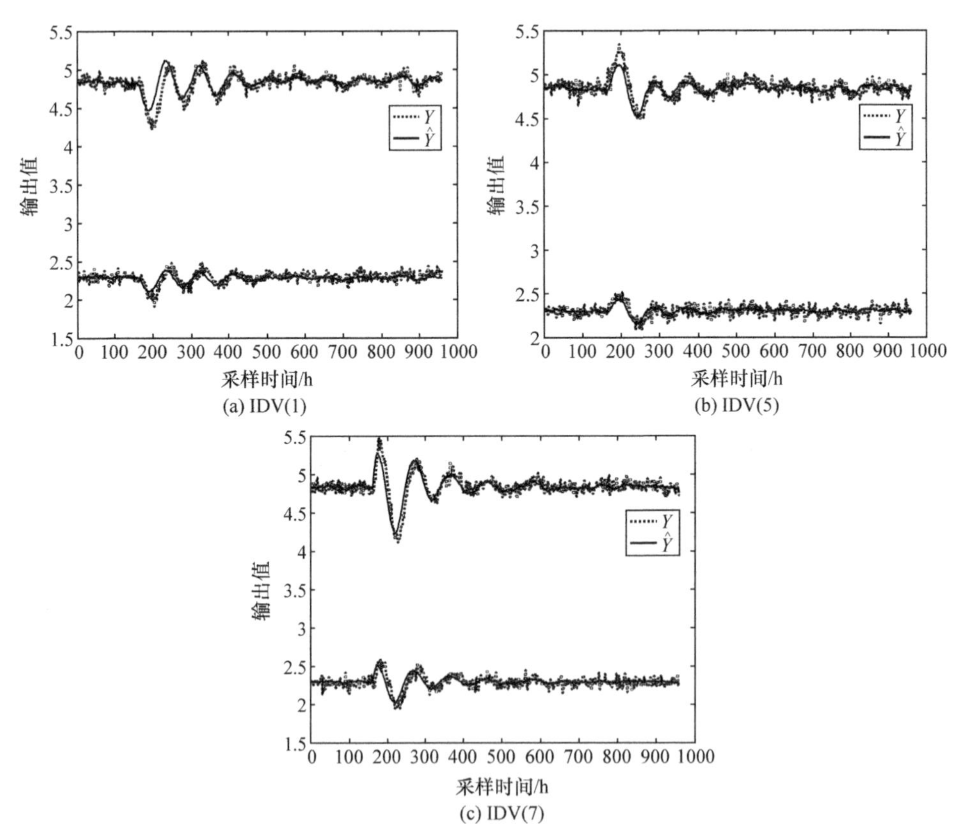

图 9.3 GPLPLS_{xy} 对故障 IDV(1)、IDV(5)、IDV(7)的输出预测值

但是同时也给出了许多误报，特别是对于 IDV(7)。T^2 的统计值虽然比较接近控制限，但是仍然超过控制限。即使在控制器作用下的系统已恢复正常，PLS 和 CPLS 仍然显示故障报警。这表明，PLS、CPLS 不能完全捕获质量可恢复故障检测问题的本质。在这种情况下，GPLPLS_{xy} 可以准确地反映过程和质量的变化。

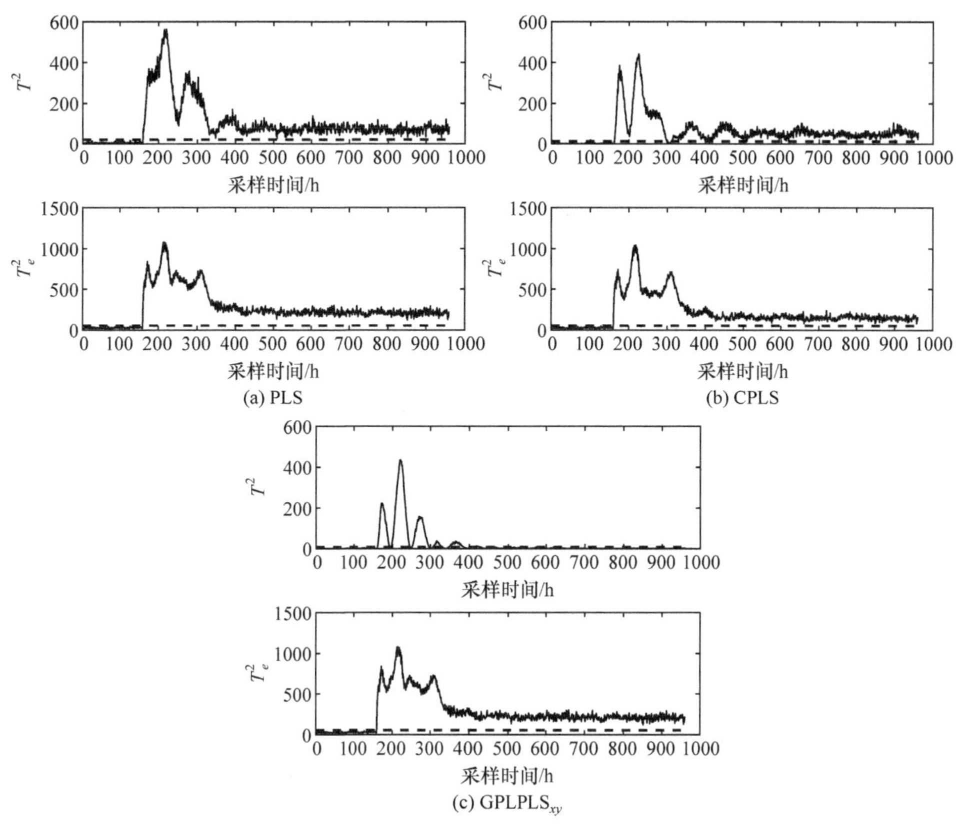

(a) PLS　(b) CPLS　(c) GPLPLS_{xy}

图 9.4　PLS、CPLS、GPLPLS_{xy} 对故障 IDV(7)的检测结果

(2) 质量无关故障

与质量无关的故障包括 IDV(4)、IDV(11)和 IDV(14)等，但它们与过程变量有关。所有这些故障都与反应器冷却水有关，这些干扰几乎不会影响输出产品的质量。GPLPLS_{xy} 对故障 IDV(4)、IDV(11)和 IDV(14)的输出预测值如图 9.5 所示。可以看出，故障发生后质量几乎没有改变。PLS、CPLS 和 GPLPLS_{xy} 对 IDV(14)的检测结果如图 9.6 所示。在 GPLPLS_{xy} 模型中，T_{pc}^2 几乎低于控制限，表明这些故障是与质量无关的。在 PLS 和 CPLS 模型中，T^2 和 T_e^2 中都检测到这些故障。换句话说，PLS 或 CPLS 模型表明，这些干扰与质量有关。与 PLS 相比，CPLS 模

型的 T_{pc}^2 指标可以在一定程度上消除一些故障报警，但是仍然比 GPLPLS$_{xy}$ 有更高的报警率。

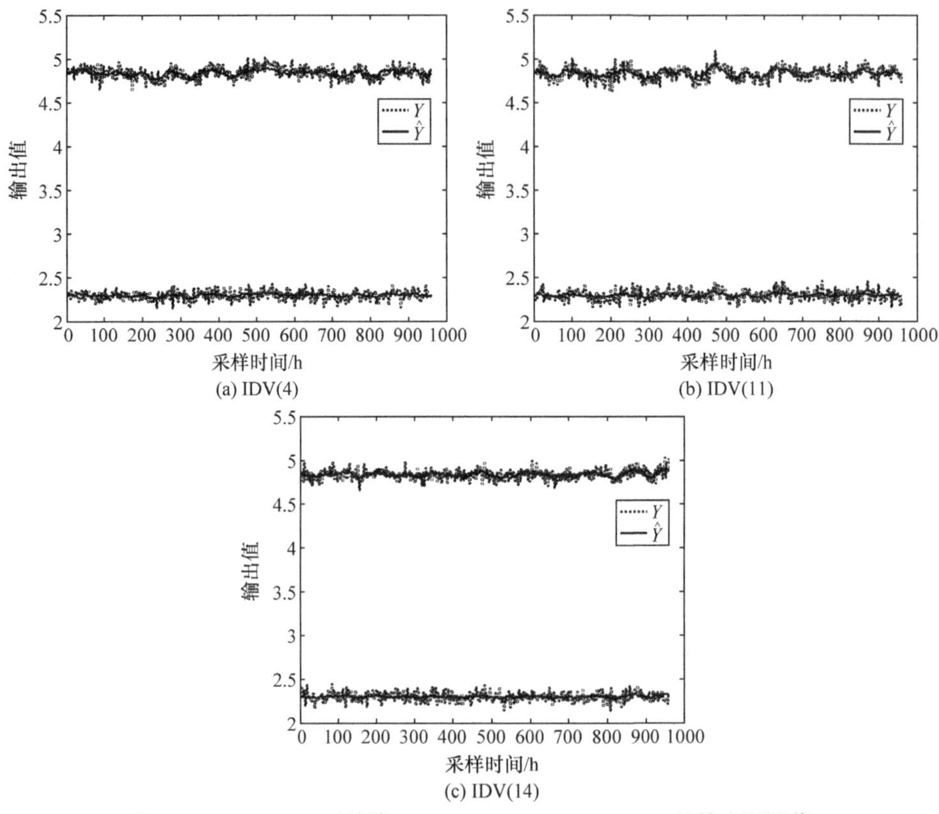

图 9.5　GPLPLS$_{xy}$ 对故障 IDV(4)、IDV(11)、IDV(14)的输出预测值

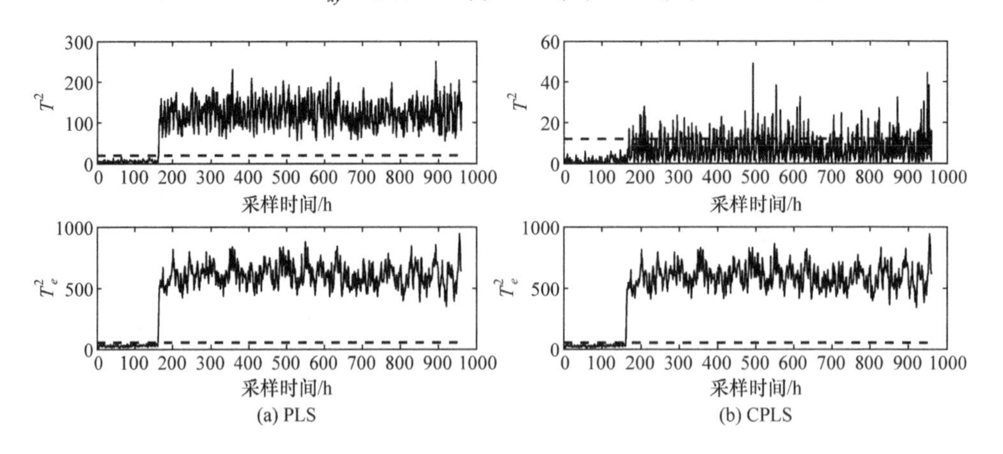

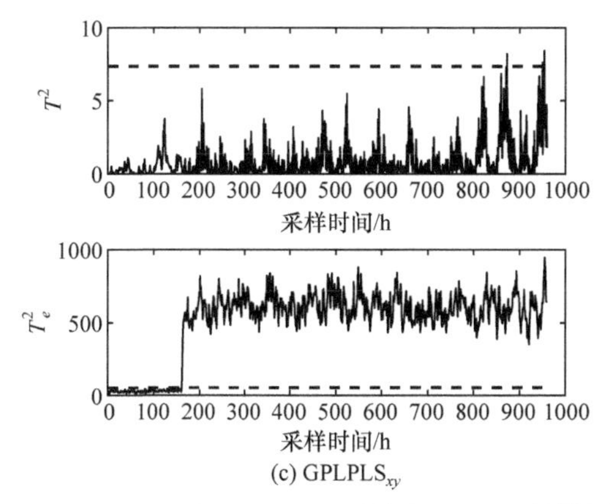

(c) GPLPLS$_{xy}$

图 9.6　PLS、CPLS 和 GPLPLS$_{xy}$ 对故障 IDV(14)的检测结果

(3) 对质量有轻微影响的故障

对质量有轻微影响的故障是 IDV(10)、IDV(16)、IDV(17)和 IDV(20)等。虽然它们也是质量相关的，但是对质量的影响很小，监控统计量 T^2 相对较小。从质量相关的报警率来看，此类故障与质量可恢复故障类似。在某种程度上，这些故障也可以视为与质量无关的故障。许多方法，如 PLS 都未能准确地检测到它们。GPLPLS$_{xy}$ 对故障 IDV(16)、IDV(17)和 IDV(20)的输出预测值如图 9.7 所示。采用 PLS、CPLS 和 GPLPLS$_{xy}$ 对故障 IDV(20)的检测结果如图 9.8 所示。可以看出，GPLPLS$_{xy}$ 中过程变化与质量变化匹配，得到的检测结果最为准确，PLS 和 CPLS 给出了错误的报警结果。

从上面分析的三种情况可以看出，GPLPLS 方法可以滤除虚假的质量相关的报警情况。它既可以用于质量相关的轻微故障，也可以用于质量无关故障，还可以用于质量可恢复故障。GPLPLS 方法故障诊断性能良好的可能原因有两个。首先，GPLPLS 的主成分提取是基于多个非线性局部结构特征的线性组合构成的

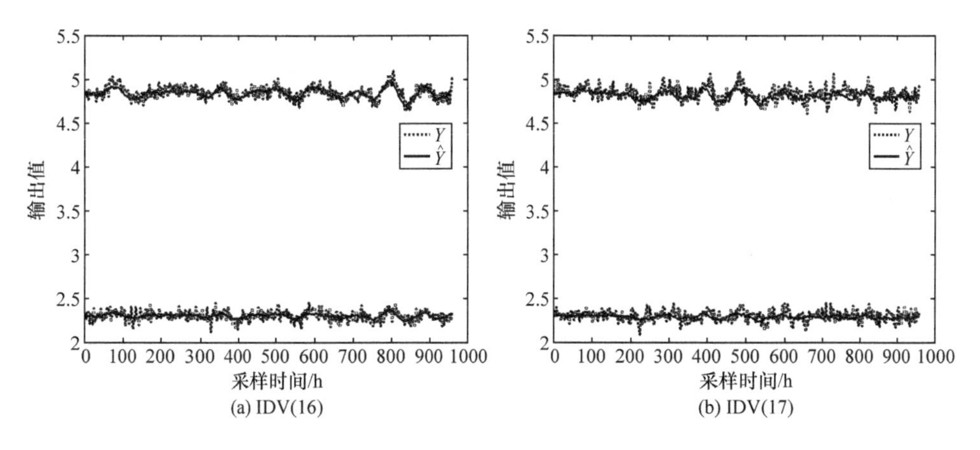

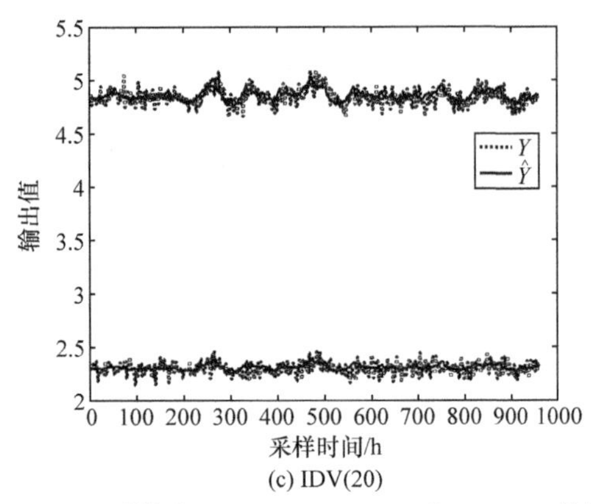

(c) IDV(20)

图 9.7　GPLPLS$_{xy}$ 对故障 IDV(16)、IDV(17)和 IDV(20)的输出预测值

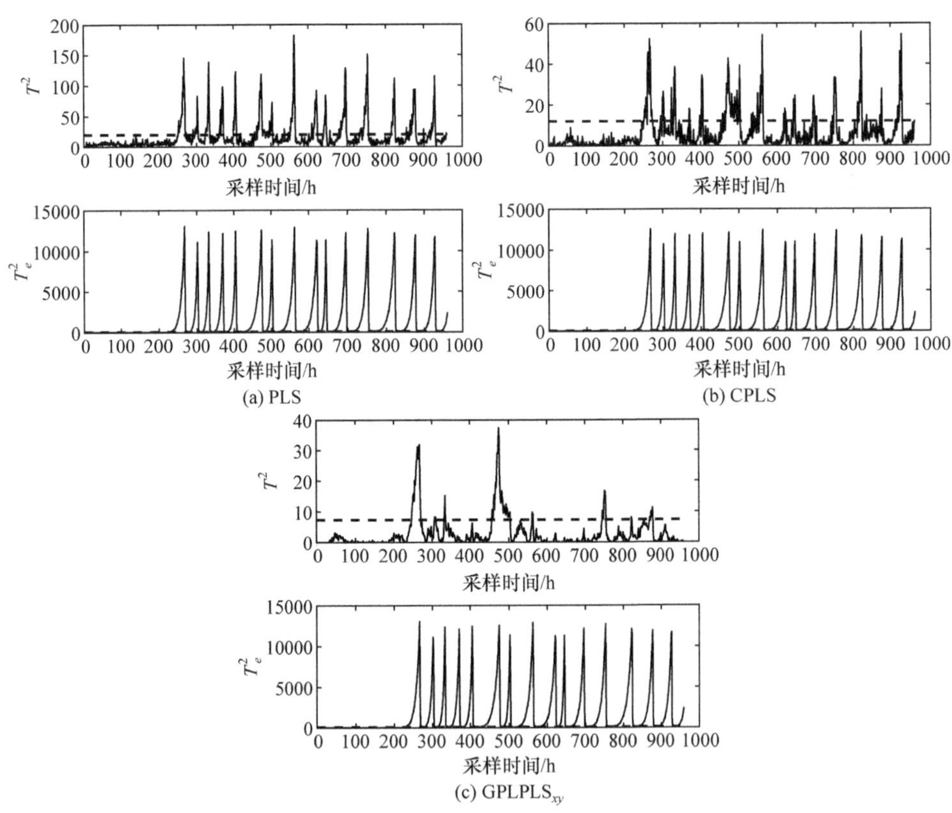

(a) PLS　　(b) CPLS　　(c) GPLPLS$_{xy}$

图 9.8　PLS、CPLS 和 GPLPLS$_{xy}$ 对故障 IDV(20)的检测结果

全局特征。它不仅具有良好的全局特征，也可以保持流形学习非线性映射获得的局部特征。其次，GPLPLS 使用非高斯控制限，更适合不一定满足高斯假设的工业数据。

9.6.3 不同 GPLPLS 模型的比较

使用相同的数据集，对比其他三种GPLPLS_x、GPLPLS_y和GPLPLS_{x+y}模型，其中局部非线性结构特征都通过 LLE 提取。获得的 FDR 如表 9.2 所示，其中$K=[k_x,k_y]$。可以看出，这些方法的监控效果都很好，并得出一致的结论，尤其是GPLPLS_{x+y}模型和GPLPLS_{xy}模型的 FDR 非常接近。

表 9.2 具有 LLE 局部特征 GPLPLS 模型的 FDR

故障序号 IDV	GPLPLS_x		GPLPLS_y		GPLPLS_{x+y}		GPLPLS_{xy}	
	$k_x=16$		$k_y=16$		$K=[22,24]$		$K=[22,23]$	
	T_{pc}^2	T_e^2	T_{pc}^2	T_e^2	T_{pc}^2	T_e^2	T_{pc}^2	T_e^2
1	35.50	99.75	38.75	99.75	35.13	99.75	35.00	99.75
2	70.75	98.38	95.13	98.13	74.00	98.38	74.00	98.38
3	0.00	1.38	1.00	1.25	0.25	1.13	0.25	1.38
4	0.00	100.00	1.25	100.00	0.50	100.00	0.50	100.00
5	10.75	100.00	19.25	100.00	13.25	100.00	13.25	100.00
6	96.13	100.00	98.75	100.00	96.88	100.00	96.88	100.00
7	23.50	100.00	79.25	100.00	26.25	100.00	26.00	100.00
8	68.63	97.88	81.88	97.88	72.63	97.88	72.63	97.88
9	0.00	1.50	0.75	1.38	0.38	1.13	0.38	1.25
10	13.88	84.75	21.13	84.75	17.50	84.38	17.50	84.50
11	0.88	77.50	2.88	77.00	1.50	76.63	1.50	76.75
12	68.25	99.88	87.00	99.75	71.88	99.88	71.88	99.88
13	72.63	95.25	88.00	95.13	75.50	95.13	75.50	95.25
14	0.00	100.00	3.25	100.00	0.50	100.00	0.38	100.00
15	0.88	2.50	1.38	3.50	3.13	1.63	3.13	1.63
16	7.13	45.38	12.88	43.50	8.63	42.63	8.63	43.75
17	1.88	96.88	11.38	97.00	8.88	96.75	8.75	96.88
18	86.38	90.00	88.88	90.00	87.00	90.00	87.00	89.88
19	0.00	38.25	0.00	38.50	0.00	37.75	0.00	37.38
20	8.63	90.63	22.50	89.75	12.50	90.50	12.50	90.38
21	14.00	52.75	31.63	44.25	21.25	49.63	21.25	50.25

为了更清楚地讨论这些模型的差异，选择故障 IDV(7)进一步分析。表 9.2 给出了具有 LLE 局部特征 GPLPLS 模型的 FDR。可以看出，GPLPLS_y模型对 IDV(7)的检测结果与其他方法明显不一致。T^2统计量给出了较高的报警率(79.25%)。根

据前面的分析，这种报警大多是虚假报警。其他三种模型对故障IDV(7)的报警率相对较低，接近 26%，这意味着监控效果都很好。造成这种情况可能的原因是 $GPLPLS_y$ 模型只在输出空间增强了局部非线性结构特征。$GPLPLS_y$ 模型对输入空间线性、输出空间非线性的过程监控结果可能更好。然而，TE 仿真过程的输入空间也具有很强的非线性，导致该模型的监控效果不理想，其他 3 个模型更符合这类型的过程监控。

以上是 GPLPLS 模型结合 LLE 保持局部非线性结构特征的监控结果。下面给出 GPLPLS 模型结合另一种局部保持算法 LPP 的监控结果。具有 LPP 局部特征 GPLPLS 模型的 FDR 如表 9.3 所示，其中 $\Sigma=[\sigma_x,\sigma_y]$。可以看出，表 9.3 给出了一致的结论，因此这里不再进行分析。

表 9.3　具有 LPP 局部特征 GPLPLS 模型的 FDR

故障序号 IDV	$GPLPLS_x$		$GPLPLS_y$		$GPLPLS_{x+y}$		$GPLPLS_{xy}$	
	$k_x=16$		$k_y=16$		$K=[22,24]$		$K=[22,23]$	
	$\sigma_x=2$		$\sigma_y=0.05$		$\Sigma=[2,1]$		$\Sigma=[0.05,1.3]$	
	T^2	T_e^2	T^2	T_e^2	T^2	T_e^2	T^2	T_e^2
1	49.00	99.75	61.13	99.75	47.63	99.75	41.75	99.75
2	56.38	98.38	94.88	98.13	46.75	98.38	60.00	98.38
3	0.13	1.25	0.75	1.75	0.50	1.25	0.25	1.25
4	0.38	100.00	1.38	100.00	0.50	100.00	0.38	100.00
5	12.88	100.00	19.63	100.00	13.75	100.00	12.75	100.00
6	96.75	100.00	99.13	100.00	97.00	100.00	96.88	100.00
7	26.00	100.00	56.75	100.00	27.13	100.00	26.63	100.00
8	71.50	97.88	85.25	97.88	72.63	97.88	72.00	97.88
9	0.25	1.00	1.00	1.50	0.38	1.25	0.38	1.25
10	18.25	84.00	21.50	84.75	18.38	84.25	18.00	84.25
11	2.00	76.75	3.00	77.13	2.38	77.00	1.88	77.00
12	71.25	99.88	88.38	99.75	71.75	99.88	71.63	99.88
13	75.13	95.25	84.75	95.13	75.75	95.25	75.63	95.25
14	0.25	100.00	8.75	100.00	0.38	100.00	0.50	100.00
15	2.75	1.75	1.50	3.13	3.38	1.88	2.75	1.88
16	9.13	42.88	9.75	45.00	9.50	43.00	9.13	43.00
17	5.63	97.00	14.25	96.88	7.50	97.00	5.50	97.00
18	86.75	89.88	89.38	90.00	86.88	89.88	86.75	89.88
19	0.00	36.75	0.13	39.00	0.00	37.13	0.00	37.13
20	10.25	90.38	25.13	89.38	11.75	90.38	11.25	90.38
21	20.38	49.50	29.50	43.63	20.88	49.00	20.88	49.38

许多方法具有相似的全局投影和局部保持的融合思想，如 GLPLS、LPPLS 等。这些方法都需要调整参数。不同的参数有不同的结果。为了尽可能地与其他方法现有的结果保持一致，我们选择与文献[29]相同的数据集进行测试。

在本次仿真中，选择所有过程变量[XMEAS(1 : 22):$=x_1 : x_{22}$]和除 XMV(12)之外的 11 个操纵变量($x_{23} : x_{33}$)构建过程变量矩阵 X，XMEAS(35)和 XMEAS(38)组成质量变量矩阵 Y。几种基于流形学习算法和 PLS 结合的模型参数设置如下。

① GLPLS 模型：$\delta_x = 0.1$、$\delta_y = 0.8$、$k_x = 12$、$k_y = 12$。

② LPPLS 模型：$\delta_x = 1.5$、$\delta_y = 0.8$、$k_x = 20$、$k_y = 15$。

③ GPLPLS 模型：$k_x = 11$、$k_y = 16$(主要指 GPLPLS_{xy} 模型)。

表 9.4 列出了不同质量相关的监控方法的 FDR，分别对应 PLS、CPLS、GLPLS 和 GPLPLS 模型，相应的控制限为 99.75%。后两列是基于仿真数据集的 PMA。

表 9.4　不同质量相关的监控方法的 FDR 值

故障序号 IDV	PLS	CPLS	GLPLS	GPLPLS	PMA1	PMA2
1	99.13	96.13	99.75	66.75	0.20	0.68
2	98.00	81.25	97.63	92.75	0.07	0.06
3	0.38	0.50	1.13	0.50	0.77	1.19
4	0.63	0.13	98.88	0.25	0.89	1.02
5	21.88	20.38	21.38	17.63	0.30	1.04
6	99.25	99.25	99.38	96.38	0.00	0.00
7	36.75	35.63	83.63	27.75	0.14	1.03
8	92.50	87.75	93.38	74.88	0.06	0.07
9	0.63	0.38	0.75	0.00	0.90	0.81
10	30.00	28.00	23.13	13.88	0.59	0.81
11	1.38	0.25	53.50	0.38	0.78	0.76
12	87.50	84.75	87.75	75.50	0.04	0.03
13	93.88	85.00	95.25	79.75	0.02	0.02
14	33.50	1.63	96.88	0.00	1.07	0.77
15	0.63	0.75	1.50	0.50	0.90	0.57
16	14.25	12.63	9.00	8.00	0.78	0.53
17	56.00	37.13	96.75	1.63	0.64	0.70
18	88.00	88.00	90.25	86.75	0.01	0.00
19	0.00	0.00	2.50	0.00	0.95	0.75
20	26.63	27.75	36.25	10.25	0.67	0.78
21	29.88	24.50	44.38	8.63	0.23	0.09

从表 9.1 和表 9.4 可以看出，尽管数据集不同，但是 PMA 的结果相似。因此，质量相关的检测结果应该是相似的。很明显，GPLPLS 模型给出了一致的结论。由于不能很好地区分这些故障是否与质量有关，其他监控模型的 FDR 高于 GPLPLS。尽管 GLPLS 具有相似的全局特征和局部结构的融合思想，但是参数和模型结构不合理使其监控性能较差。

综上所述，GPLPLS 模型表现出良好的监控性能。这也意味着，GPLPLS 模型对于全局特征和局部特征的融合方式是合适的，因此对于模型的输出预测结果和故障监控结果都优于其他几种模型。

9.7 结　　论

本章首先介绍基于全局与局部直接加和思想的 GLPLS 方法，同时分析该模型构建时的缺陷，即未能充分考虑提取主成分之间的相关性。为此，提出一种 GPLPLS 方法，不但可以保持输入与输出数据自身的全局与局部结构特征，而且关注提取的主成分之间的相关性。最后，给出基于 GPLPLS 方法的监控模型与流程，并在 TE 过程仿真平台进行验证。结果表明，与 PLS、CPLS、GLPLS、LPPLS 等相比，GPLPLS 的过程监控和故障诊断性能更好。

参考文献

[1] Ding S X. Data-driven design of monitoring and diagnosis systems for dynamic processes: a review of subspace technique based schemes and some recent results. Journal of Process Control, 2014, 24(2): 431-449.

[2] Aumi S, Corbett B, Clarke-Pringle T, et al. Model predictive quality control of batch processes. Aiche Journal, 2013, 59(8): 2852-2861.

[3] Dong J, Zhang K, Huang Y, et al. Adaptive total PLS based quality-relevant process monitoring with application to the Tennessee Eastman process. Neurocomputing, 2015, 154: 77-85.

[4] Chen Z W, Ding S X, Zhang K , et al. Canonical correlation analysis-based fault detection methods with application to alumina evaporation process. Control Engineering Practice, 2016, 46: 51-58.

[5] Wang G, Shen Y, Kaynak O. An LWPR-based data-driven fault detection approach for nonlinear process monitoring. IEEE Transactions on Industrial Informatics, 2014, 10(4): 2016-2023.

[6] Severson K, Chaiwatanodom, Braatz R D. Perspective on process monitoring of industrial systems. Annual Reviews in Control, 2016, 48(21): 931-939.

[7] Ge Z, Song Z, Gao F. Nonlinear quality prediction for multiphase batch processes. AIChE Journal, 2012, 58(6): 1778-1787.

[8] Gang Li, Qin S J, Zhou D. Geometric properties of partial least squares for process monitoring. Automatica, 2010. 46(1): 204-210.

[9] Zhao C. Quality-relevant fault diagnosis with concurrent phase partition and analysis of relative

changes for multiphase batch processes//Intelligent Control and Automation, NewYork, 2014: 1372-1377.

[10] Zhang Y, Qin S J. Improved nonlinear fault detection technique and statistical analysis. AIChE Journal, 2008, 54(12): 3207-3220.

[11] Qin S J. Statistical process monitoring: basics and beyond. Journal of Chemometrics, 2003, 17(8-9): 480-502.

[12] Rosipal R, Trejo L J . Kernel partial least squares regression in reproducing kernel hilbert space. Journal of Machine Learning Research, 2002, 2: 97-123.

[13] Godoy J L, Zumoffen D A, Vega J R, et al. New contributions to non-linear process monitoring through kernel partial least squares. Chemometrics and Intelligent Laboratory Systems, 2014, 135: 76-89.

[14] Zhu J, Ge Z, Song Z, et al. Large-scale plant-wide process modeling and hierarchical monitoring: a distributed Bayesian network approach. Journal of Process Control, 2017, 65: 91-106.

[15] Svante Wold, Kettaneh-Wold N, Skagerberg B. Nonlinear PLS modeling. Chemometrics & Intelligent Laboratory Systems, 1989, 7(1-2): 53-65.

[16] Wold S. Nonlinear partial least squares modelling II. spline inner relation. Chemometrics and Intelligent Laboratory Systems, 1992, 14(1-3): 71-84.

[17] Qin S J, Mcavoy T J. Nonlinear PLS modeling using neural networks. Computers & Chemical Engineering, 1992, 16(4): 379-391.

[18] Qin S J, Mcavoy T J. Nonlinear FIR modeling via a neural net PLS approach. Computers & Chemical Engineering, 1996, 20(2): 147-159.

[19] Li C, Ye H, Wang G, et al. A recursive nonlinear PLS algorithm for adaptive nonlinear process modeling. Chemical Engineering & Technology, 2005, 28(2): 141-152.

[20] Shan P, Peng S, Tang L, et al. A nonlinear partial least squares with slice transform based piecewise linear inner relation. Chemometrics and Intelligent Laboratory Systems, 2015, 143: 97-110.

[21] Doymaz F, Palazoglu A, Romagnoli J A. Orthogonal nonlinear partial least-squares regression. Industrial & Engineering Chemistry Research, 2003, 42(23): 5836-5849.

[22] Zhao S J, Zhang J, Xu Y M, et al. Nonlinear projection to latent structures method and its applications. Industrial & Engineering Chemistry Research, 2006, 45(11): 3843-3852.

[23] He X. Locality preserving projections. Advances in Neural Information Processing Systems, 2003, 16(1): 186-197.

[24] He X, Yan S, Hu Y, et al. Face recognition using Laplacianfaces. IEEE Transactions on Pattern Analysis & Machine Intelligence, 2005, 27(3): 328-340.

[25] Tenenbaum J B, Silva V D, Langford J C. A global geometric framework for nonlinear dimensionality reduction. Science, 2000, 290(5500): 2319-2323.

[26] Roweis S, Saul L. Nonlinear dimensionality reduction by locally linear embedding. Science, 2000, 290(5500): 2323-2326.

[27] Belkin M, Niyogi P. Laplacian eigenmaps for dimensionality reduction and data representation. Neural Computation, 2003, 15(6): 1373-1396.

[28] Zhong B, Wang J, Zhou J, et al. Quality-related statistical process monitoring method based on global and local partial least-squares projection. Industrial & Engineering Chemistry Research, 2016, 55(6): 1609-1622.

[29] Wang J, Zhong B, Zhou J L. Quality-relevant fault monitoring based on locality preserving partial least squares statistical models. Industrial & Engineering Chemistry Research, 2017, 56(24): 7009-7020.

[30] Zhou D, Gang L, Qin S J. Total projection to latent structures for process monitoring. AIChE Journal, 2010, 56(1): 168-178.

[31] Lee J M, Yoo C K, Lee I B. Statistical process monitoring with independent component analysis. Journal of Process Control, 2004, 14(5): 467-485.

[32] Qin S J, Zheng Y. Quality-relevant and process-relevant fault monitoring with concurrent projection to latent structures. AIChE Journal, 2013, 59(2): 496-504.

[33] Zhang K, Dong J, Peng K. A novel dynamic non-Gaussian approach for quality-related fault diagnosis with application to the hot strip mill process. Journal of the Franklin Institute, 2016, 354(2): 702-721.

第 10 章　局部保持偏最小二乘回归

为了拓展 PLS 方法在非线性映射方面的能力，出现很多有意思的研究成果，第 9 章对非线性 PLS 做了详细地论述。本章提出 LPPLS。与 GLPLS 和 GPLPLS 不同，它基于嵌入的思想，将 LPP 的最优线性近似特性和局部结构保持特性完整地嵌入 PLS 模型中。LPPLS 提取主成分 t_i 和 u_i 需同时满足两个条件：t_i 和 u_i 应尽可能保持各自数据集中包含局部非线性结构的变异信息；t_i 和 u_i 之间具有最大相关性。

本章首先介绍 PCA 和 LPP 的几何解释，以及 PCA 和 PLS 的关系，并提出 LPPLS 模型和基于 LPPLS 的质量相关过程监控方法。然后，针对三种非线性情况，输入空间 X 非线性、输出空间 Y 非线性，以及输入输出空间均为非线性，分别在同一框架下给出三种不同类型的 LPPLS 模型，并给出一种典型的主成分提取算法。最后，通过人工合成的三维数据和 TE 过程仿真验证该方法的可行性和有效性。

10.1　PCA、PLS 和 LPP 的关系

过程变量 X 与质量变量 Y 的标准化数据集记为 $X=[x^{\mathrm{T}}(1),x^{\mathrm{T}}(2),\cdots,x^{\mathrm{T}}(n)]\in \mathrm{R}^{n\times m}$（$x\in \mathrm{R}^{1\times m}$），$Y=[y^{\mathrm{T}}(1),y^{\mathrm{T}}(2),\cdots,y^{\mathrm{T}}(n)]\in \mathrm{R}^{n\times l}$（$y\in \mathrm{R}^{1\times l}$），其中 m 和 l 为过程变量空间和质量变量空间的维度，n 为样本的个数。PCA、PLS 和 LPP 的约束优化问题分别为

$$
\begin{aligned}
&J_{\mathrm{PCA}}(w)=\max w^{\mathrm{T}}X^{\mathrm{T}}Xw \\
&\text{s.t.}\quad w^{\mathrm{T}}w=1
\end{aligned}
\tag{10.1}
$$

$$
\begin{aligned}
&J_{\mathrm{LPP}}(w)=\max w^{\mathrm{T}}X^{\mathrm{T}}S_xXw \\
&\text{s.t.}\quad w^{\mathrm{T}}X^{\mathrm{T}}D_xXw=1
\end{aligned}
\tag{10.2}
$$

$$
\begin{aligned}
&J_{\mathrm{PLS}}(w,c)=\max w^{\mathrm{T}}X^{\mathrm{T}}Yc \\
&\text{s.t.}\quad w^{\mathrm{T}}w=1
\end{aligned}
\tag{10.3}
$$

相关变量的含义在第 9 章已经给出。此外，在第 9 章中还指出，为增强 PLS 的局部特征提取能力，可以将输入空间 X 和输出空间映射 Y 到一个新的特征空间 X_F

和 Y_F 中，其中包括一个全局线性子空间和多个局部线性子空间。使用特征空间 X_F 或 Y_F 取代原空间 X 或 Y，得到的 GPLPLS 优化目标函数为

$$\begin{aligned} J_{\text{GPLPLS}}(w,c) &= \text{argmax}\{w^{\text{T}} X_F^{\text{T}} Y_F c\} \\ \text{s.t.} \quad & w^{\text{T}} w = 1, \quad c^{\text{T}} c = 1 \end{aligned} \tag{10.4}$$

其中，$X_F = X + \lambda_x \theta_x^{\frac{1}{2}}$；$Y_F = Y + \lambda_y \theta_y^{\frac{1}{2}}$。

虽然在全局特征的基础上加入局部特征使 GPLPLS 模型在故障检测中表现出优异的性能，但是 GPLPLS 模型并没有完全实现局部特征的提取，或者说其局部特征只有一部分被提取。主要原因是，GPLPLS 模型的约束条件仍然是 PLS 的约束条件。当然，这种组合方式一般不能同时保证 PLS 和流形学习方法的约束条件。

第 9 章指出，GPLPLS 模型中只有非线性部分是由局部特征描述的，而线性部分仍然由传统协方差矩阵来描述。事实上，线性部分也可以采用局部特征来描述。为此，我们可以将线性部分和非线性部分视为一个整体，从而避免考虑全局与局部权重参数(λ_x 和 λ_y)间的平衡问题。针对 PLS 中包含主成分提取的核心思想，本章尝试从 PCA 和 LPP 之间的差异和相似分析入手来实现这一目标。

对 LPP 来说，输入空间 X 的局部特征包含在矩阵 $X^{\text{T}} S_x X$ 和 $X^{\text{T}} D_x X$ 中。为了研究 LPP 和 PCA 的相似性，将矩阵 S_x 和 D_x 分别分解为 $S_x^{\frac{1}{2}\text{T}} S_x^{\frac{1}{2}}$ 和 $D_x^{\frac{1}{2}\text{T}} D_x^{\frac{1}{2}}$，因此 LPP 优化目标(10.2)可进一步转化为

$$\begin{aligned} J_{\text{LPP}}(w) &= \max w^{\text{T}} X_M^{\text{T}} X_M w \\ \text{s.t.} \quad & w^{\text{T}} M_x^{\text{T}} M_x w = 1 \end{aligned} \tag{10.5}$$

其中，$M_x = D_x^{\frac{1}{2}} X$；$X_M = S_x^{\frac{1}{2}} X$。

比较式(10.5)和式(10.1)可以发现，LPP 与 PCA 优化问题的数学描述结构十分相似。PCA 选择全局协方差矩阵的最大特征值对应的特征向量组成子空间，而 LPP 选择局部协方差矩阵的非零最小特征值对应的特征向量组成子空间[1]。从这一点看，LPP 和 PCA 的本质相同。传统 PLS 的主成分提取策略就是 PCA，因此利用 LPP 替代 PCA 在 PLS 成分提取中的作用，就可能实现局部非线性保持的潜结构投影。

在 PLS 提取潜变量的准则式(10.3)中，就输入空间 X 来说，实际上是使用 PCA 准则来提取主成分，将原始的输入空间 X 转化成一组得分向量 T，进而形成潜变量。PCA 和 PLS 只提取全局线性特征，因此不能反映样本的局部信息和非线性特征。实际上，PCA 并不是提取主成分的唯一方法，LPP 将全局非线性转换为多个局部线性的组合。从这个角度看，LPP 适用于局部非线性特征系统。与 PCA 一样，LPP 也可用于主成分提取。

10.2　LPPLS 模型及基于 LPPLS 的故障检测

10.2.1　LPPLS 模型

主成分 t 和 u 的提取应保证它们尽可能多地携带各自数据集中的变异信息，同时二者的相关程度达到最大。根据 PLS 提取潜变量准则式(10.3)，首先在输入空间 X 与输出空间 Y 中提取第一对主成分潜变量 t_1 和 u_1，其中 t_1 是 $(x_1,x_2,\cdots,x_m)$ 的线性组合，u_1 是 $(y_1,y_2,\cdots,y_l)$ 的线性组合。此时，优化目标(10.3)进一步整理为

$$\begin{aligned} &J_{\mathrm{PLS}}(w_1,c_1)=\max w_1^{\mathrm{T}}X^{\mathrm{T}}Yc_1 \\ &\text{s.t.}\quad w_1^{\mathrm{T}}w_1=1,\quad c_1^{\mathrm{T}}c_1=1 \end{aligned} \tag{10.6}$$

定义 $E_0=X$、$F_0=Y$，那么潜变量 t_1 和 u_1 可由 $t_1=E_0w_1$ 和 $u_1=F_0c_1$ 描述。其中，w_1 和 c_1 分别是矩阵 $E_0^{\mathrm{T}}F_0F_0^{\mathrm{T}}E_0$ 和 $F_0^{\mathrm{T}}E_0E_0^{\mathrm{T}}F_0$ 的最大特征值 θ_1^2 对应的特征向量，即

$$E_0^{\mathrm{T}}F_0F_0^{\mathrm{T}}E_0w_1=\theta_1^2w_1 \tag{10.7}$$

$$F_0^{\mathrm{T}}E_0E_0^{\mathrm{T}}F_0c_1=\theta_1^2c_1 \tag{10.8}$$

考虑 LPP 和 PCA 的相似性，若在 PLS 模型分解中用 LPP 代替 PCA 来提取原则成分，即可实现一类新的潜结构投影，即基于局部保持嵌入的潜结构投影(如 LPPLS)。依据不同空间的 LPP，可将 LPPLS 分成三类 LPPLS 模型(I 型、II 型和 III 型)。

I 型 LPPLS 模型用来处理输入空间 X 内部存在非线性关系，但是输入空间 X 与输出空间 Y 之间为线性关系的情形。因此，I 型 LPPLS 的输入空间 X 的主成分由 LPP 提取，输出空间 Y 的主成分由 PCA 提取，优化目标为

$$\begin{aligned} &J_{\mathrm{LPPLS_I}}(w,c)=\max w^{\mathrm{T}}X_M^{\mathrm{T}}Yc \\ &\text{s.t.}\quad c^{\mathrm{T}}c=1,\quad w^{\mathrm{T}}M_x^{\mathrm{T}}M_xw=1 \end{aligned} \tag{10.9}$$

II 型 LPPLS 模型用来处理输入空间 X 和输出空间 Y 之间为非线性相关，但是输入空间 X 只存在线性关系的情形。此时，输入空间 X 的主成分由 PCA 提取，输出空间 Y 的主成分由 LPP 提取，对应的优化函数为

$$\begin{aligned} &J_{\mathrm{LPPLS_{II}}}(w,c)=\max w^{\mathrm{T}}X^{\mathrm{T}}Y_Mc \\ &\text{s.t.}\quad w^{\mathrm{T}}w=1,\quad c^{\mathrm{T}}M_y^{\mathrm{T}}M_yc=1 \end{aligned} \tag{10.10}$$

其中

$$Y_M = S_y^{\frac{1}{2}} Y, \quad S_y = S_y^{\frac{1}{2}\mathrm{T}} S_y^{\frac{1}{2}}$$

$$M_y = D_y^{\frac{1}{2}} Y, \quad D_y = D_y^{\frac{1}{2}\mathrm{T}} D_y^{\frac{1}{2}}$$

其中，S_y 和 D_y 与(9.8)中的 S_x 和 D_x 有类似的含义，但它们的邻近参数 δ_y 不同。

III 型 LPPLS 模型用于处理输入空间 X 和输出空间 Y 之间，以及输入空间 X 和输出空间 Y 内部均存在非线性的情形。此时，输入空间 X 和输出空间 Y 的主成分都由 LPP 提取，优化目标函数为

$$\begin{aligned} & J_{\mathrm{LPPLS_{III}}}(w,c) = \max w^{\mathrm{T}} X_M^{\mathrm{T}} Y_M c \\ & \text{s.t.} \quad w^{\mathrm{T}} M_x^{\mathrm{T}} M_x w = 1, c^{\mathrm{T}} M_y^{\mathrm{T}} M_y c = 1 \end{aligned} \tag{10.11}$$

值得指出的是，文献[2]提出的 GLPLS 模型为了让潜变量 t_i 和 u_i 更好地携带各自空间的非线性变化信息，采用如下优化目标函数，即

$$J_{\mathrm{GLPLS}}(w,c) = \max\{w^{\mathrm{T}} X^{\mathrm{T}} Y c + \beta_1 w^{\mathrm{T}} X_M^{\mathrm{T}} X_M w + \beta_2 c^{\mathrm{T}} Y_M^{\mathrm{T}} Y_M c\} \tag{10.12}$$

$$\text{s.t.} \quad w^{\mathrm{T}} w = 1, c^{\mathrm{T}} c = 1$$

其中，β_1 和 β_2 用来平衡全局与局部特征的提取。

此时，GLPLS 只是 PLS 与部分 LPP 的融合，其中 LPP 的约束条件 $w^{\mathrm{T}} X^{\mathrm{T}} D_x X w = 1$ 和 $c^{\mathrm{T}} Y^{\mathrm{T}} D_y Y c = 1$ 在式(10.12)中并没有体现出来，因此它的嵌入特性和数据筛选特性被忽略了。正如文献[2]指出的那样，式(10.12)的最佳向量 w 和 c 和对应的空间组成的潜变量提取了输入空间 X 和输出空间 Y 的最大相关性，同时保持了部分非线性变化信息。另外，$w^{\mathrm{T}} X^{\mathrm{T}} S_x X w$ 和 $c^{\mathrm{T}} Y^{\mathrm{T}} S_y Y c$ 仅利用输入和输出空间的局部特征，并未考虑相关性特征。然而，对 LPPLS 模型而言，LPP 特征是完全嵌入式，三种类型的 LPPLS 分别被对应嵌入到 PLS 的外部模型和内部模型中。同时，输入和输出空间的相关性信息也得以完整保留。

下面以最具有普遍性的 III 型 LPPLS 模型为例来阐述主成分的提取过程。假设第一个主成分对是 (t_1, u_1)。为了便于与传统的线性 PLS 进行比较，定义 $E_{0L} = X_M$ 和 $F_{0L} = Y_M$。

首先，通过拉格朗日乘子将第一组主成分对的优化问题(10.11)转换为无约束优化问题，即

$$\Psi(w_1, c_1) = w_1^{\mathrm{T}} E_{0L}^{\mathrm{T}} F_{0L} c_1 - \lambda_1 (w_1^{\mathrm{T}} M_x^{\mathrm{T}} M_{x1} - 1) - \lambda_2 (c_1^{\mathrm{T}} N_y^{\mathrm{T}} N_y c_1 - 1) \tag{10.13}$$

令 $\dfrac{\partial \Psi}{\partial w_1} = 0$、$\dfrac{\partial \Psi}{\partial c_1} = 0$，可得

$$E_{0L}^{\mathrm{T}}F_{0L}c_1 = 2\lambda_1 M_x^{\mathrm{T}} M_x w_1 \tag{10.14}$$

$$F_{0L}^{\mathrm{T}}E_{0L1} = 2\lambda_2 M_y^{\mathrm{T}} M_y c_1 \tag{10.15}$$

对式(10.14)和式(10.15)左乘 w_1^{T} 与 c_1^{T}，整理可得

$$\theta_1 : 2\lambda_1 = 2\lambda_2 = w_1^{\mathrm{T}} E_{0L}^{\mathrm{T}} F_{0L} c_1 = c_1^{\mathrm{T}} F_{0L}^{\mathrm{T}} E_{0L} w_1 \tag{10.16}$$

比较式(10.11)与式(10.16)，可知 θ_1 是目标函数值。将式(10.16)代入式(10.14)和式(10.15)，可得 w_1 与 c_1 的关系，即

$$w_1 = \frac{1}{\theta_1}(M_x^{\mathrm{T}} M_x)^{-1} E_{0L}^{\mathrm{T}} F_{0L} c_1 \tag{10.17}$$

$$c_1 = \frac{1}{\theta_1}(N_x^{T} N_x)^{-1} F_{0L}^{T} E_{0L} w_1 \tag{10.18}$$

将式(10.18)代入式(10.14)，式(10.17)代入式(10.15)，可得

$$(M_x^{\mathrm{T}} M_x)^{-1} E_{0L}^{\mathrm{T}} F_{0L} (N_x^{\mathrm{T}} N_x)^{-1} F_{0L}^{\mathrm{T}} E_{0L} w_1 = \theta_1^2 w_1 \tag{10.19}$$

$$(N_x^{\mathrm{T}} N_x)^{-1} F_{0L}^{\mathrm{T}} E_{0L} (M_x^{\mathrm{T}} M_x)^{-1} E_{0L}^{\mathrm{T}} F_{0L} c_1 = \theta_1^2 c_1 \tag{10.20}$$

求解式(10.19)与式(10.20)的最大特征值，就可以获得最优权重向量 w_1 和 c_1 。潜变量 t_1 和 u_1 为

$$t_1 = E_{0L} w_1, \quad w_1 = F_{0L} c_1$$

载荷向量为

$$p_1 = \frac{E_{0L}^{\mathrm{T}} t_1}{\| t_1 \|^2}, \quad \overline{q}_1 = \frac{F_{0L}^{\mathrm{T}} t_1}{\| t_1 \|^2}$$

残差矩阵 E_{1L} 和 F_{1L} 为

$$E_{1L} = E_{0L} - t_1 p_1^{\mathrm{T}}, \quad F_{1L} = F_{0L} - u_1 \overline{q}_1^{\mathrm{T}}$$

PLS 的最优权重向量提取如式(10.7)所示，第一个最优权重向量 w_1 为矩阵 $E_0^{\mathrm{T}} F_0 F_0^{\mathrm{T}} E_0$ 最大特征值对应的特征向量。在 LPPLS 模型中，最优权重变量提取如式(10.19)所示，w_1 为矩阵 $(M_x^{\mathrm{T}} M_x)^{-1} E_{0L}^{T} F_{0L} (N_y^{\mathrm{T}} N_y)^{-1} F_{0L}^{\mathrm{T}} E_{0L}$ 最大特征值对应的特征向量。式(10.19)最大特征值的优化问题与传统线性 PLS，即式(10.7)非常相似，利用传统的 NIPALS 可以方便地提取剩余的主成分。

根据残差矩阵 E_{iL}、$F_{iL}, (i = 1, 2, \cdots, d-1)$ 计算其他潜变量，即

$$t_{i+1} = E_{iL} w_{i+1}, \quad u_{i+1} = F_{iL} c_{i+1}$$

其中，w_{i+1} 为矩阵 $(M_x^{\mathrm{T}} M_x)^{-1} E_{iL}^{\mathrm{T}} F_{iL} (N_y^{\mathrm{T}} N_y)^{-1} F_{iL}^{\mathrm{T}} E_{iL}$ 最大特征值 θ_{i+1}^2 对应的特征向

量；c_{i+1} 为矩阵 $(N_y^{\mathrm{T}}N_y)^{-1}F_{iL}^{\mathrm{T}}E_{iL}(M_x^{\mathrm{T}}M_x)^{-1}E_{iL}^{\mathrm{T}}F_{iL}$ 最大特征值对应的特征向量。

然后，计算其对应的载荷向量，即

$$p_{i+1}=\frac{E_{iL}^{\mathrm{T}}t_{i+1}}{t_{i+1}^2},\quad \overline{q}_{i+1}=\frac{E_{iL}^{\mathrm{T}}t_{i+1}}{t_{i+1}^2}$$

最后，利用交叉验证确定 LPPLS 的潜变量个数 d。

10.2.2 基于 LPPLS 的过程及质量监控

通过潜变量 $(t_1,t_2,\cdots,t_d)$ 将 X 与 Y 投影到一个维度较低的空间，原始数据 E_{0L} 和 F_{0L} 的邻近映射分解为

$$\begin{aligned}E_{0L}&=\sum_{i=1}^{d}t_i p_i^{\mathrm{T}}+E=TP^{\mathrm{T}}+\overline{E}\\F_{0L}&=\sum_{i=1}^{d}t_i q_i^{\mathrm{T}}+F=T\overline{Q}^{\mathrm{T}}+\overline{F}\end{aligned}\tag{10.21}$$

其中，$T=[t_1,t_2,\cdots,t_d]$ 为得分向量；$P=[p_1,p_2,\cdots,p_d]$、$\overline{Q}=[\overline{q}_1,\overline{q}_2,\cdots,\overline{q}_d]$ 为 E_{0L}、F_{0L} 对应的载荷矩阵。

T 可由数据 E_{0L} 的邻近映射表示为

$$T=E_{0L}R=S_x^{\frac{1}{2}}E_0R\tag{10.22}$$

其中，$R=[r_1,r_2,\cdots,r_d]$。

$$r_i=\prod_{j=1}^{i-1}(I_n-w_j p_j^{\mathrm{T}})w_i$$

与 GPLPLS 类似，在线检测时无法获得实时采集数据的 LPP 矩阵 S，导致式(10.21)与式(10.22)难以应用于实际情况。因此，改为将 E_0、F_0 直接分解，即

$$E_0=S_x^{-\frac{1}{2}}(TP^{\mathrm{T}}+\overline{E})=T_0P^{\mathrm{T}}+E'\tag{10.23}$$

$$F_0=S_y^{-\frac{1}{2}}\left(S_x^{\frac{1}{2}}T_0\overline{Q}^{\mathrm{T}}+\overline{F}\right)\tag{10.24}$$

其中，$T_0=E_0R$；$E'=S_x^{-\frac{1}{2}}\overline{E}$。

对输入数据 x 进行倾斜投影操作，完成对新采集的标准化数据样本 x、y 的过程及质量的监控，即

$$x = \hat{x} + x_e$$
$$\hat{x} = RP^{\mathrm{T}}x \tag{10.25}$$
$$x_e = (I - PR^{\mathrm{T}})x$$

尽管残差空间仍然包含大量的数据变化信息[3]，但这不是 LPPLS 的关注点。为了便于与传统的检测方法进行比较，本章直接采用传统故障检测指标统计量 T^2 与 Q，即

$$t = R^{\mathrm{T}}x$$
$$T^2 = t^2 \Lambda^{-1} t = t^{\mathrm{T}}\left(\frac{1}{n-1}T_0^{\mathrm{T}}T_0\right)^{-1} t \tag{10.26}$$
$$Q = \| x_e \|^2 = x^{\mathrm{T}}(I - PR^{\mathrm{T}})x$$

其中，Λ 为样本协方差矩阵。

III 型 LPPLS 中的 $\tilde{X}$ 或者 E_{0L} 并不是以均值为中心的标准化数据。此外，在非线性系统中，即使输入变量服从高斯分布，输出变量也可能不服从高斯分布。因此，统计量 T^2 与 Q 的控制限无法直接利用 F 分布和卡方分布进行计算，而应该根据非参数 KDE 得到它们的概率密度函数，计算其控制限[4]。

虽然 LPPLS 分解式(10.23)类似于线性 PLS，但是其残差空间 E' 与局部保持矩阵 $S_x^{\frac{1}{2}}$ 有关。在线故障检测中，新数据的 LPP 矩阵 $S_x^{\frac{1}{2}}$ 难以获得，但其协方差矩阵 Λ、统计量 T^2 与 Q 式(10.26)均未与 LPP 矩阵 $S_x^{\frac{1}{2}}$ 有直接联系，这有利于在线监控。

尽管矩阵 $S_L := S_y^{-\frac{1}{2}} S_x^{\frac{1}{2}}$ 是定常的，但式(10.24)并不能用于输出预测。正如上面提到的，第一个原因就是新数据的 LPP 矩阵 $S_x^{\frac{1}{2}}$、$S_y^{\frac{1}{2}}$ 难以获取。另一个原因在于，直接利用最小二乘解 $S_R = E_0^{+} S_L E_0$ 可能导致预测效果不够理想。预测效果的好坏直接决定了模型在实际应用中是否需要优化。为此，基于式(10.23)、式(10.24)的 F_0、T_0 构造回归方程为

$$F_0 = T_0 Q^{\mathrm{T}} + \tilde{F} \tag{10.27}$$

当 $S_L = I$ 时，式(10.24)与式(10.27)是等价的。多数情况下，二者得到的回归系数 $\bar{Q}$ 和 Q 有明显的差异，但 $\bar{Q}$ 与 Q 都是回归方程 F_0 的最小二乘解，所以回归误差 $\bar{F}$ 与 F 在统计上也是等价的。另外，后一种回归系数不含 LPP 信息。因此，通常采用式(10.27)预测新输入数据对应的输出。

10.2.3　局部保持能力分析

通常利用三维合成的 Scurve 曲面数据(10.28)和 Swiss 卷数据(10.29)验证流形学习算法的性能，即

$$X_1 = [x_1; x_2; x_3] = [\cos(\alpha), -\cos(\alpha); 5v_1; \sin(\alpha), 2 - \sin(\alpha)] \tag{10.28}$$

$$X_2 = [x_1; x_2; x_3] = [t\cos(t); 2v_3; t\sin(t)] \tag{10.29}$$

其中，$\alpha = \dfrac{1.5v_2 - 1}{\pi}$； $t = \dfrac{3\pi}{2(1+2v_4)}$； $v_1 \sim v_4$ 均为(0,1)上的均匀分布。

定义两种输出函数分别为 $y_1 = x_1 x_3$ (非线性)、 $y_2 = x_1 - x_3$ (线性)。本节利用它们说明 LPPLS 的局部保持能力。

在三维空间 (x_1, x_2, x_3) 随机生成 1000 个采样点，分别利用 PLS 和 LPPLS 提取两个主成分 t_1 和 t_2。PLS 和 LPPLS 模型的投影结果对比如图 10.1 和图 10.2 所示。

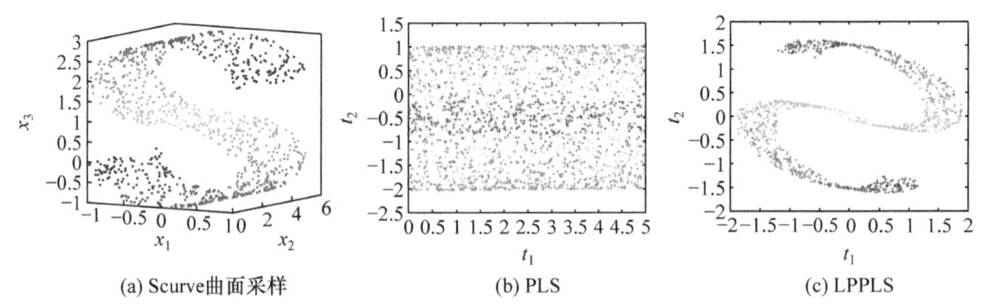

(a) Scurve曲面采样　(b) PLS　(c) LPPLS

图 10.1　PLS 和 LPPLS 模型的投影结果对比(Scurve 曲面数据 $Y = x_1 x_3$ ，III 型 LPPLS)

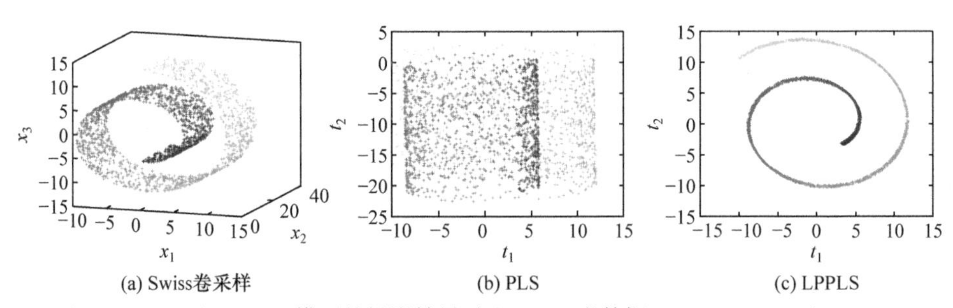

(a) Swiss卷采样　(b) PLS　(c) LPPLS

图 10.2　PLS 和 LPPLS 模型的投影结果对比(Swiss 卷数据 $Y = x_1 - x_3$ ，I 型 LPPLS)

投影结果表明，PLS 不能保持 Scurve 曲面和 Swiss 卷的局部结构信息。可以看出，经 PLS 投影后的这些数据没有被正确分类，而 LPPLS 保持局部结构特征，并且可以得到理想的分类结果。LPPLS 可以提高 PLS 的局部保持能力，并且能更好地识别边界特征。因此，在强非线性系统中，可用 LPPLS 方法检测与输出变量相关的故障。

10.3 案例研究

在 TE 过程仿真平台[5]上对提出的 LPPLS 故障检测方法进行验证。TE 过程在第 4 章和文献[6]中有详细描述。相关数据集可从麻省理工学院 Braatz 研究室官网直接下载。PCA[7,8]和其他全局-局部保持预测方法[9-11]只考虑输入空间的监控，没有考虑输出空间的任何信息。因此，本章仅将 LPPLS 方法与两种质量相关的检测方法(PLS 和 GLPLS)进行比较。

10.3.1 PLS、GLPLS 和 LPPLS 模型

输入变量矩阵 $X=[x_1\ x_2\ \cdots\ x_{33}]^{\mathrm{T}}$ 包含 22 个过程变量 (XMEAS(1∶22)∶$=x_1:x_{22}$) 和除了 XMV(12) 之外的 11 个操作变量 ($x_{23}:x_{33}$)。输出质量变量矩阵由产物 G 与产物 E 组成，即 XMEAS(35)(y_1) 和 XMEAS(38)(y_2)。训练集 IDV(0)包含 960 个样本的正常数据，测试集 IDV(1：21)为故障数据。每个故障数据有 960 个样本，其中前 160 个样本正常，后 800 个样本有故障。模型参数设置为 $\delta_x=1.5$、$\delta_y=0.8$、$K_x=20$、$K_y=15$，其中 K_x与K_y 分别为输入空间，输出空间中的邻近参数。PLS、GLPLS 和 LPPLS 模型得到的回归系数如表 10.1 所示。PLS、GLPLS 和 LPPLS 模型的训练的相对误差如图 10.3 所示。这里的相对误差计算公式为 $R_{yi}=(y_i-y_{i,tr})/y_i$，$y_{i,tr}$ 为训练模型对应的输出。

表 10.1　PLS、GLPLS 和 LPPLS 模型的回归系数

故障序号 IDV	PLS		GLPLS		LPPLS	
	y_1	y_2	y_1	y_2	y_1	y_2
	18.1489	−0.7162	13.6677	−3.07777	212.8754	−77.0014
x_1	−0.0593	0.0855	0.0387	0.0392	−0.0496	0.0932
x_2	0.0000	0.0000	0.0001	0.0000	−0.0001	0.0000
x_3	−0.0001	0.0000	0.0000	0.0000	−0.0001	0.0000
x_4	0.0261	−0.0149	0.1011	−0.0058	0.0271	−0.0182
x_5	−0.0055	0.0015	0.0058	0.0046	0.0000	0.00 30
x_6	0.0003	−0.0009	0.0041	0.0000	0.0056	−0.0007
x_7	−0.0009	0.0000	−0.0009	0.0003	−0.0002	−0.0003
x_8	−0.0013	0.0000	−0.0125	0.0003	−0.0061	−0.0003
x_9	−0.0656	0.0229	−0.1396	−0.0028	−0.1016	0.0447

续表

故障序号 IDV	PLS		GLPLS		LPPLS	
	y_1	y_2	y_1	y_2	y_1	y_2
	18.1489	−0.7162	13.6677	−3.07777	212.8754	−77.0014
x_{10}	−0.0946	0.0128	−0.0293	0.0440	−0.4048	0.0257
x_{11}	0.0223	−0.0027	0.0240	0.0007	0.0296	0.0000
x_{12}	−0.0009	0.0002	−0.0008	−0.0008	−4.0733	1.5519
x_{13}	−0.0009	0.0000	−0.0005	0.0002	0.0003	−0.0001
x_{14}	0.0005	0.0002	0.0018	−0.0001	0.0000	0.0001
x_{15}	0.0007	−0.0004	−0.0004	0.0001	−0.8701	0.5530
x_{16}	−0.0011	0.0001	−0.0009	0.0004	−0.0031	0.0002
x_{17}	0.0007	0.0000	0.0016	−0.0001	−0.2341	0.0077
x_{18}	0.0101	−0.0051	−0.0220	0.0039	−0.0251	−0.0167
x_{19}	0.0001	−0.0001	0.0005	0.0000	0.0001	−0.0001
x_{20}	−0.0001	−0.0020	0.0076	−0.0025	−0.0005	−0.0012
x_{21}	0.0145	0.0035	0.0949	0.0218	−0.0094	0.0074
x_{22}	0.0044	−0.0036	0.0152	0.0026	−0.0033	−0.0054
x_{23}	−0.0043	0.0008	0.0017	0.0069	−0.0047	0.0010
x_{24}	−0.0040	−0.0019	0.0106	−0.0030	−0.0044	−0.0024
x_{25}	−0.0006	0.0009	−0.0001	0.0005	0.0001	0.0005
x_{26}	−0.0003	−0.0002	0.000	0.0008	0.0006	−0.0003
x_{27}	−0.0053	−0.0039	−0.0095	−0.0027	−0.0146	−0.0042
x_{28}	−0.0007	0.0003	−0.0034	−0.0003	0.0011	0.0002
x_{29}	−0.0003	0.0001	−0.0003	−0.0003	1.3836	−0.5273
x_{30}	0.0003	−0.0002	−0.0002	0.0000	0.3753	−0.2391
x_{31}	0.0004	−0.0005	−0.0004	−0.0001	0.0054	0.0007
x_{32}	−0.0017	−0.0004	0.0046	−0.0017	0.0022	−0.0010
x_{33}	−0.0007	0.0002	00001	−0.0001	−0.0990	0.0037

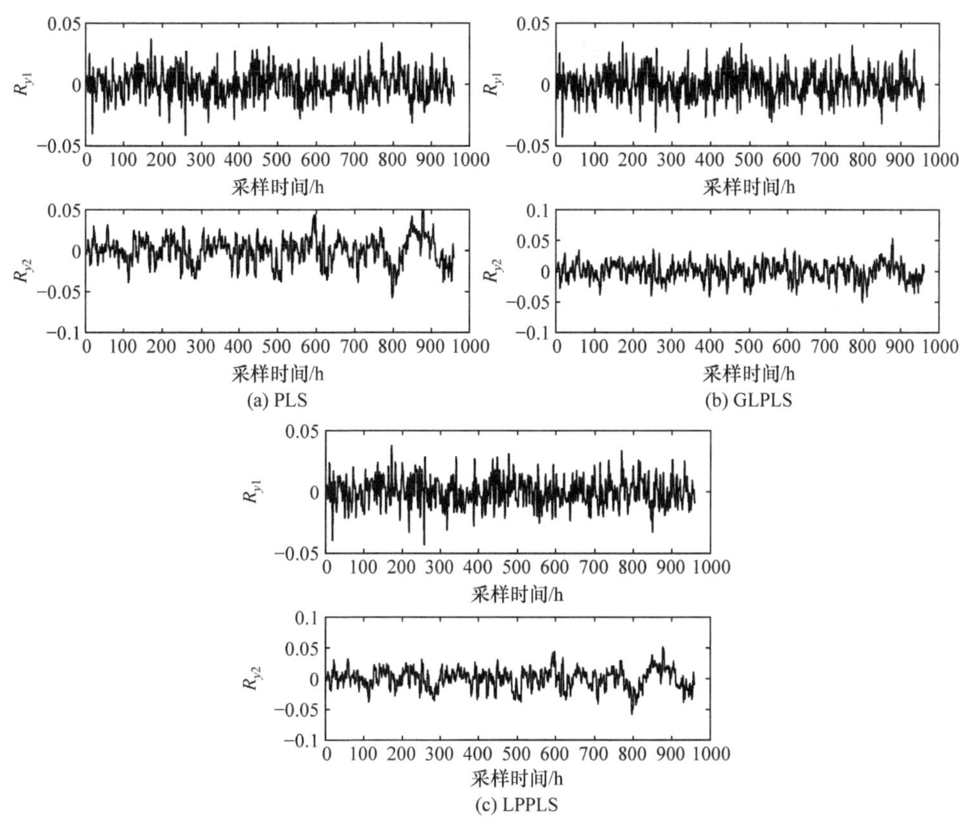

图 10.3　PLS、GLPLS 和 LPPLS 模型的训练的相对误差

从图 10.3 中的训练误差可以看出，PLS、GLPLS 和 LPPLS 模型的训练结果均满足建模要求。这些模型在所有故障条件下，对所有的测试数据集都完成了输出预测实验。在大多数情况下，其预测效果与实测数据接近。PLS、GLPLS 和 LPPLS 模型对 IDV(21)预测结果如图 10.4 所示。y_1 和 y_2 分别表示这些数据的最大值和最小值。故障 IDV(21)是由输出变量的缓慢漂移引起的输出缓慢漂移[12]，但即使在这种故障情况下，三种方法的预测性能仍然很好，由此验证了三种模型的泛化能力。

10.3.2　质量监控分析

统计量 T^2 反映 PLS 回归及其相关方法的过程变量和质量变量之间的映射关系。其警报可看作发生了质量相关故障。与其相反的是，Q 统计量仅代表输入空间的残差，因此它的警报表示该故障与质量无关。表 10.2 给出了以置信水平为 99.75%计算的控制限下各模型的 FDR。

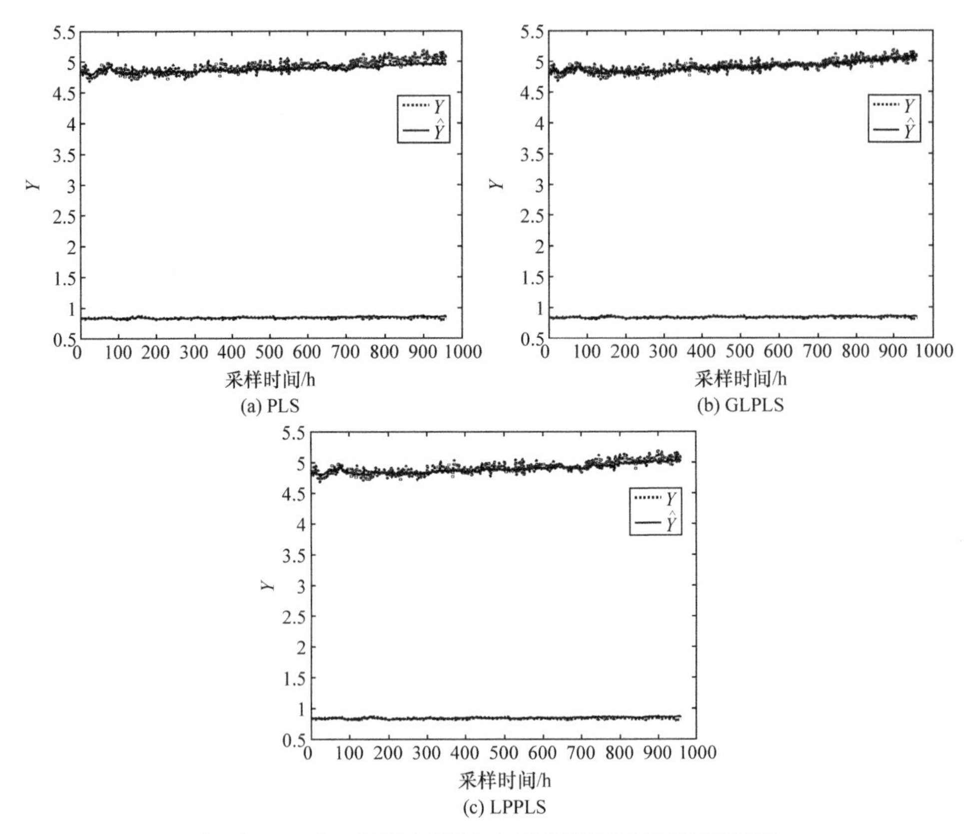

图 10.4　PLS、GLPLS 和 LPPLS 模型对 IDV(21)预测结果

表 10.2　PLS、GLPLS 和 LPPLS 的 FDR

故障序号 IDV	PLS		GLPLS		LPPLS	
	T^2	Q	T^2	Q	T^2	Q
1	99.13	99.38	98.50	99.38	98.63	99.38
2	98.00	98.25	85.25	98.38	98.13	97.88
3	0.38	0.13	0.88	0.13	0.50	0.13
4	0.63	86.00	0.25	67.00	0.25	85.88
5	21.88	16.00	46.25	26.00	99.63	100.00
6	99.25	100.00	100.00	100.00	100.00	100.00
7	36.75	100.00	40.25	100.00	37.63	100.00
8	92.50	94.00	85.88	96.75	92.25	94.75
9	0.63	0.50	0.75	0.13	0.63	0.50
10	30.00	4.38	79.25	60.13	49.00	31.00
11	1.30	57.88	2.75	53.88	2.88	59.00
12	87.50	91.00	94.38	96.38	95.50	97.50

续表

故障序号 IDV	PLS		GLPLS		LPPLS	
	T^2	Q	T^2	Q	T^2	Q
13	93.88	93.00	93.00	93.38	94.13	93.88
14	33.50	100.00	57.63	99.88	2.50	100.00
15	0.63	0.38	1.88	0.38	0.75	0.25
16	14.25	3.13	82.38	52.25	53.38	38.75
17	56.00	85.38	49.13	85.13	52.75	86.50
18	88.00	89.25	88.88	89.13	87.88	89.25
19	0.00	4.13	37.50	13.13	3.25	7.88
20	26.63	34.00	39.63	49.63	28.13	34.00
21	29.88	39.75	37.13	37.63	42.38	38.63

产品质量由组分 G(XMEAS(35)) 和组分 E(XMEAS(38)) 组成。故障 IDV(3、4、9、11、14、15、19)对产品质量几乎没有影响，但其余故障则会导致质量变量发生显著变化。LPPLS 的 FDR 与上述实际物理分析情况匹配，其质量相关故障检测的准确性远远高于 PLS 和 GLPLS，如表 10.2 中的 IDV(5)和 IDV(12)。考虑以下三种故障场景，反应器冷却水扰动、冷凝器冷却水扰动和 4 号蒸汽阀门位置恒定，以便进一步检查故障检测的性能。

(1) 反应器冷却水扰动(质量无关故障)

与反应器冷却水有关的故障为 IDV(4)、IDV(11)和 IDV(14)。它们对产品质量影响不大，但是与工艺有关。反应器冷却水变化检测结果，即 PLS、GLPLS 和 LPPLS 对故障 IDV(14)的检测结果，如图 10.5 所示。以 IDV(14)为例是为了与其他质量相关的方法进行比较。

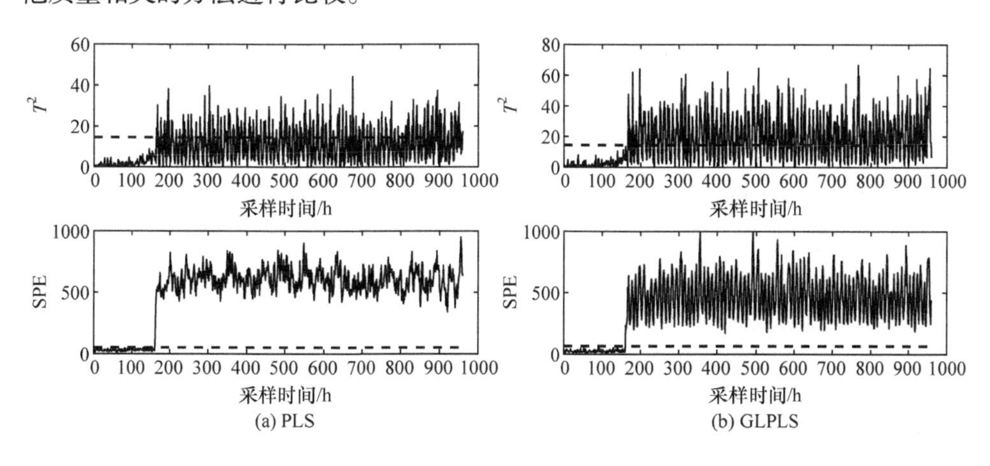

(a) PLS　　(b) GLPLS

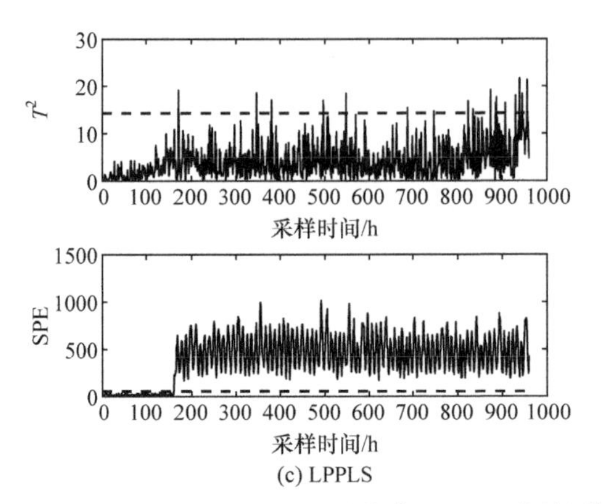

(c) LPPLS

图 10.5　PLS、GLPLS 和 LPPLS 对故障 IDV(14)的检测结果

与反应器冷却水有关的故障会引起反应器温度的变化，但是反应器温度是由串级控制器控制的。因此，包括阶跃故障 IDV(4)、随机故障 IDV(11)和阀门卡阻扰动 IDV(14)的任何扰动均不影响质量。PLS、GLPLS 和 LPPLS 的 Q 统计量在输入空间检测出这些与过程相关的故障，对应的 FDR 较高，但是 LPPLS 基于 T^2 统计量的 FDR 比其他方法要小得多，表明这些故障与质量无关。故障 IDV(14)是一种特殊情况，当传统的分析方法，如滤波等应用于该故障时，大部分的故障特征信息都会丢失，导致在输入空间中难以检测到故障信息。故障 IDV(14)的检测结果显示，基于 PLS 和 GLPLS 模型 T^2 统计量的 FDR 分别为 33.5%和 96.88%，远高于 LPPLS 模型 FDR。这意味着，PLS 和 GLPLS 将故障 IDV(14)判定为质量相关，LPPLS 的 FDR 为 2.5%，接近 GPLPLS 的 FDR。因此，与 GPLPLS 类似，LPPLS 可以有效地滤除与质量无关的故障。

(2) 冷凝器冷却水扰动(质量相关故障)

这些与质量相关的故障包括 IDV(5)、IDV(12)。故障 IDV(5)是由冷凝器中冷却水流量的阶跃变化引起的。由于串级控制器可以补偿这一步骤的变化，分离器温度返回到设定点。PLS 和 GLPLS 有相似的预测结果，在故障 10h 后返回设置点，但是基于 LPPLS 的检测在统计数据 (T^2) 中出现一个持续的报警，如图 10.6 所示。这一事实表明，故障检测统计的持久性；尽管几乎所有的过程变量已经恢复到其正常值，但它继续提醒操作员处理这类质量相关的异常情况；这对于保证最终的产品质量尤其重要[12]。事实上，冷凝器中的冷却水，如流量的扰动总是影响输出质量。值得注意的是，冷却水流量对化工厂的生产质量和安全起着重要的作用。这种冷却水流量故障报警不应该被串级控制器消除，尽管控制器可以补偿该故障引起后续过程变量的变化。在 LPPLS 方法中，与过程相关的 Q 统计量监控提供了连续的报警，而 PLS 和 GLPLS 的 Q 统计量报警也是持续一段时间后消失。PLS、GLPLS 和 LPPLS 对故障 IDV(5)的监控结果如图 10.6 所示。

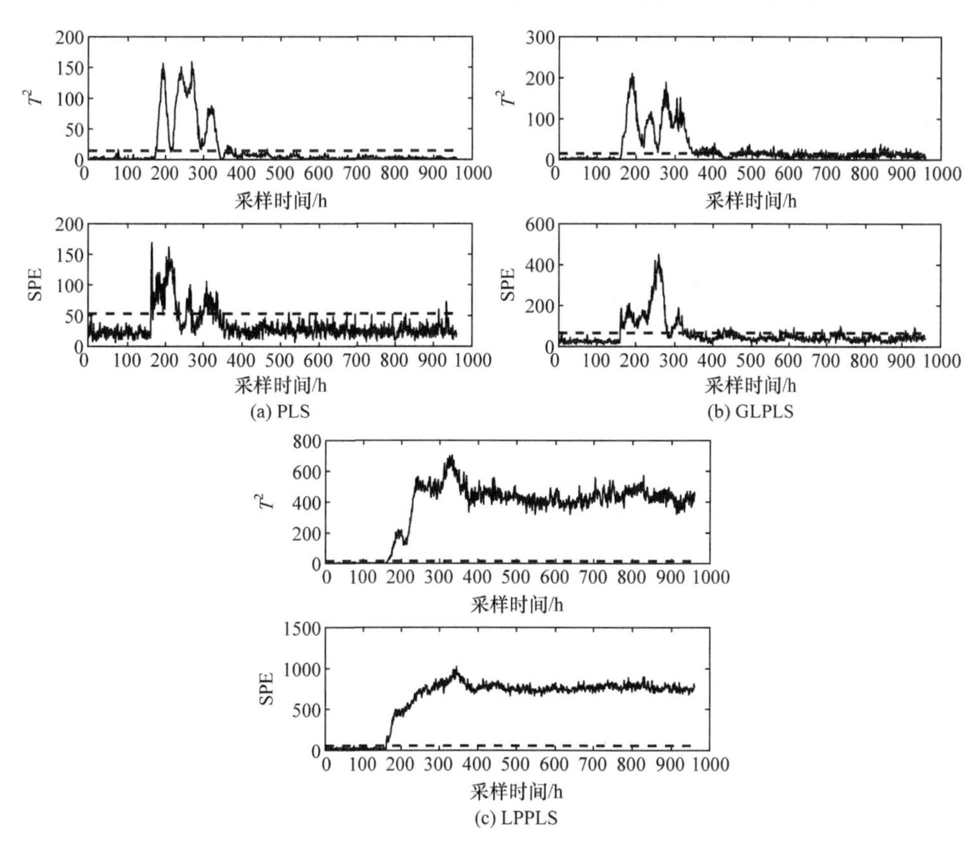

图 10.6　PLS、GLPLS 和 LPPLS 对故障 IDV(5)的检测结果

(3) 4 号蒸汽阀门位置恒定

目前，人们对于缓慢的质量输出漂移故障 IDV(21)的研究很少，故障检测的灵敏度与质量漂移的大小有关,因此快速检测故障 IDV(21)有利于质量控制。PLS、GLPLS 和 LPPLS 对故障 IDV(21)的检测结果如图 10.7 所示。对于 GLPLS、LPPLS 和 PLS，分别经过大约 650、720 和 780 个质量采样后，该故障被完全检测出。可见，LPPLS 和 GLPLS 检测故障 IDV(21)比 PLS 要更快。

通过上述实验可以得出以下结论。

① PLS 是一种线性模型，对强非线性系统的某些故障不能准确识别。

② 引入 LPP 方法的局部保持能力，GLPLS 和 LPPLS 对非线性相关性的提取效果更好。

③ GLPLS 旨在保持输入空间和输出空间的局部特征，但是缺乏两者之间相关性的考虑。GLPLS 实际上是一个线性 PLS 加部分 LPP，其中 LPP 的作用没有

得到充分的体现，这可能导致在故障检测中出现误检或漏检。

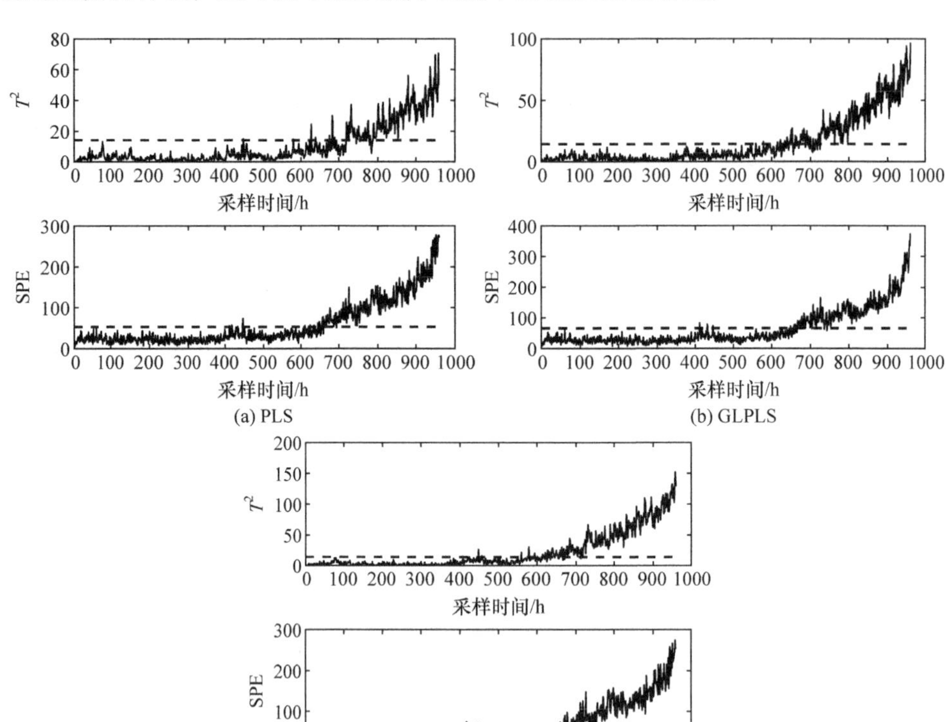

(a) PLS　(b) GLPLS　(c) LPPLS

图 10.7　PLS、GLPLS 和 LPPLS 对故障 IDV(21)的检测结果

④ LPPLS 充分利用 LPP 实现局部非线性结构的保持和嵌入，通过引入局部结构信息，将全局非线性问题分解为一个多重局部线性问题的组合。与 GLPLS 相比，LPPLS 为输入空间和输出空间之间的非线性相关性建立了一个更有效的模型。

10.4　结　论

本章提出 LPPLS 模型，并给出质量相关故障检测与数据预测。LPPLS 算法不但可以保持原始输入 X 、输出数据 Y 的局部信息，而且可以最大限度地保持二者之间的相关性，因此可以实现对质量变量的准确预测。由于局部特征提取能力受到两个参数 δ_x 、δ_y 的控制，LPPLS 对局部非线性系统具备良好的监控性能。三维数据集 Scurve 曲面和 Swiss 卷的实验结果表明，LPPLS 可以较好地保持局部结构特征。TE 过程仿真平台的实验结果表明，与 PLS 和 GLPLS 模型相比，LPPLS 模型能更有效地提取局部非线性特征，具有更好的故障检测能力。

参 考 文 献

[1] He X, Yan S, Hu Y, et al. Face recognition using Laplacianfaces. IEEE Transactions on Pattern Analysis and Machine Intelligence, 2005, 27(3): 328-340.

[2] Zhong B, Wang J, Zhou J L, et al. Quality-related statistical process monitoring method based on global and local partial least-squares projection. Industrial & Engineering Chemistry Research, 2016, 55: 1609-1622.

[3] Qin S, Zheng Y. Quality-relevant and process-relevant fault monitoring with concurrent projection to latent structures. AIChE Journal, 2012, 59: 496-504.

[4] Lee J M, Yoo C K, Lee I B. Enhanced process monitoring of fed-batch penicillin cultivation using time-varying and multivariate statistical analysis. Journal of Biotechnology, 2004, 110: 119-136.

[5] Lyman P R, Georgakis C. Plant-wide control of the Tennessee Eastman problem. Computers and Chemical Engineering, 1995, 19: 321-331.

[6] Chiang L H, Russell E L, Braatz R D. Fault Detection and Diagnosis in Industrial Systems. Berlin: Springer, 2001.

[7] Dunia R, Qin S J. Joint diagnosis of process and sensor faults using principal component analysis. Control Engineering Practice, 1998, 6(4): 457-469.

[8] Good R P, Kost D, Cherry G A. Introducing a unified PCA algorithm for model size reduction. IEEE Transactions on Semiconductor Manufacturing, 2010, 23(2): 201-209.

[9] Luo L. Process monitoring with global-local preserving projections. Industrial & Engineering Chemistry Research, 2014, 53(18): 7696-7705.

[10] Bao S, Luo L, Mao J, et al. Improved fault detection and diagnosis using sparse global-local preserving projections. Journal of Process Control, 2016, 47: 121-135.

[11] Luo L, Bao S, Mao J, et al. Nonlocal and local structure preserving projection and its application to fault detection. Chemometrics and Intelligent Laboratory Systems, 2016, 157: 177-188.

[12] Lee C, Sang W C, Lee I B. Variable reconstruction and sensor fault identification using canonical variate analysis. Journal of Process Control, 2006, 16(7): 747-761.

第 11 章　局部线性嵌入正交的潜结构投影

PLS 能提取质量变量和过程变量之间的最大相关性[1-5]，在一定程度上实现利用过程变量对质量变量的监控。为了处理工业数据间的非线性相关性，第 9 章和第 10 章引入流形学习的思想，分别从全局与局部融合的角度给出多种非线性 PLS 的处理方法。本章基于嵌入的思想，给出一种基于 LLE 的 LLEPLS。LLEPLS 是一种倾斜投影，通过对 LLEPLS 的正交分解就能得到潜结构在输入空间上的正交投影，即 LLE 正交的潜结构投影(local linear embedding orthogonal projection to latent structure，LLEOPLS)。LLEPLS 和 LLEOPLS 都能在保持它们局部几何结构的情况下提取输入空间和输出空间的最大相关信息。

从统计分析的角度看，LLEPLS 和 LLEOPLS 将输入和输出空间投影到 3 个子空间中，即输入输出联合子空间，该空间用来表征输入输出之间的非线性关系，实现质量预测；输出残差子空间，旨在检测无法从过程数据中预测的质量故障；正交输入残差子空间，旨在识别与质量无关的过程故障。本章利用 LLEPLS 和 LLEOPLS 模型，分别对这 3 个子空间建立相应的检测策略，实现故障的全面监控。

11.1　GPLPLS、LPPLS 和 LLEPLS 方法的比较

PLS 建立了输入和输出之间的内部联系，对于质量相关的故障，PLS 比 PCA 有更好的监控性能。如图 11.1 所示，PLS 通过将输入输出空间分解成 T 和 U 张成的主成分空间和残差空间的方式(外部关系)建立输入和输出空间的联系(内部关系)。这里的外部关系是“基础”，内部关系是“结果”。对于非线性 PLS，如果外部关系是线性的，那么仅通过内部结构的调整不一定能得到期望的结果[6]。因此，从外部关系分析入手有可能建立更符合实际情况的内部关系。例如，Wang 等[7]使用局部加权投影回归(local weighted projection regression，LWPR)或少量单变量回归来学习外部非线性关系。这种 PLS 回归方法在一定程度上可以看作具有高斯核的多核 PLS 回归[8,9]。

第 10 章给出的 LPPLS 模型是另一种外部非线性 PLS 模型，它与 KPLS 模型相比结构相对简单[10]，但存在两个局限性：一是局部几何结构(均匀权值)不能得到更好的保持，或者说 σ 参数(高斯权重)[11]难以正确选择；二是对测量过程变量

的倾斜投影分解，LPPLS 与 PLS 一样都是倾斜投影。LPPLS 模型通过 LPP 提取主成分并保持局部结构。LLE 是另一种非线性降维技术，通过引入局部几何信息将全局非线性问题转化为多个局部线性问题的组合。与 LLE 相比，LPP 的局部保持策略更复杂、参数(高斯权重)更多且不易调整。

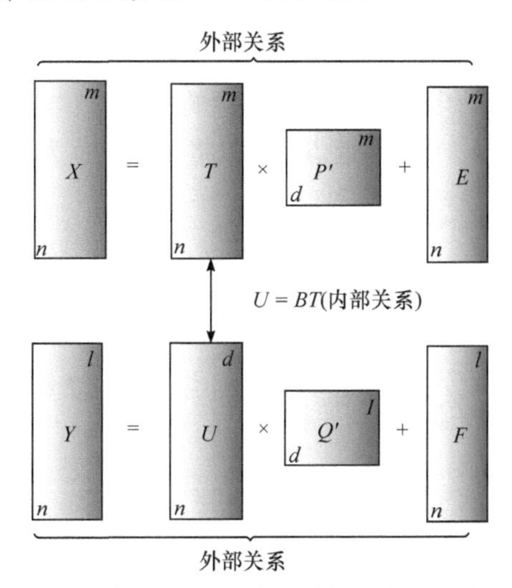

图 11.1　PLS 模型的输入空间和输出空间的分解示意图

GPLPLS 结合了 PLS 与 LLE 方法的优点。其显著特点是通过 LLE 增强 PLS 分解[12]中的局部非线性特征。GPLPLS 采用相加而不是嵌入的策略，将新特征空间划分为线性部分(全局投影)和非线性部分(局部保持)。LLE + PLS 能够在保持局部几何结构的同时实现对输入输出空间的分解。但是，还需要对这种组合方式开展进一步的研究，如更有效的组合方式、正交分解方式，以及定量评估检测效果等。

基于上述分析，本章提出 LLEPLS。它在提取输入和输出之间最大相关信息的同时，揭示并保持原始数据的内在非线性几何结构。由于 LLEPLS 在输入空间上的投影仍然是倾斜投影，因此 LLEPLS 提取的输入空间(或过程变量空间)的主成分仍然包含与 Y 正交的部分。这些正交部分与输出无关且对输出的预测没有影响。正交化是解决该问题的一种可行的方法。为了更好地解释 LLEPLS 预测模型并检测与质量相关的故障，本章进一步提出 LLEOPLS。LLEOPLS 可以消除包括与输出正交的变量在内的变化部分。LLEOPLS 与其他现有的非线性 PLS 在正交投影方面有很大的不同。该投影不但可以尽可能地保持局部几何结构，而且需要调整的参数也较少。

11.2　LLE 概述

给定数据集 $X=[x^{\mathrm{T}}(1),x^{\mathrm{T}}(2),\cdots,x^{\mathrm{T}}(n)]^{\mathrm{T}}\in\mathrm{R}^{n\times m}$，其中 $x=[x_1,x_2,\cdots,x_m]\in\mathrm{R}^{1\times m}$，$n$ 是采样样本个数，m 是输入变量的维数。LLE 通过引入局部几何结构的信息，将全局非线性问题转化为多个局部线性问题的组合。

找到样本点 $x(i)$ 的 k_x 个最邻近点，可以将 $x(i)$ 表示为 k_x 个邻近点 $x(j)$ 的线性组合，即

$$\begin{aligned}&J(A_x)=\min\sum_{i=1}^{n}\left\|x(i)-\sum_{j=1}^{k_x}a_{ij,x}x(j)\right\|^2\\&\text{s.t.}\quad\sum_{j=1}^{k_x}a_{ij,x}=1,\quad i=1,2,\cdots,n;\ j=1,2,\cdots,k_x\end{aligned}\tag{11.1}$$

其中，$[a_{ij,x}]:=A_x\in\mathrm{R}^{n\times k_x}$，表示权重系数。

LLE 投影将原始空间中的点 x 投影到新的低维空间 $\varPhi_x=[\phi_x^{\mathrm{T}}(1),\phi_x^{\mathrm{T}}(2),\cdots,\phi_x^{\mathrm{T}}(n)]^{\mathrm{T}}\in\mathrm{R}^{n\times d}$，其中 $d<m,\phi_x\in\mathrm{R}^{1\times d}$，投影优化目标为

$$\begin{aligned}&J_{\mathrm{LLE}}(W)=\min\sum_{i=1}^{n}\left\|\phi_x(i)-\sum_{j=1}^{k_x}a_{ij,x}\phi_x(j)\right\|^2\\&\text{s.t.}\quad\varPhi_x^{\mathrm{T}}\varPhi_x=I\end{aligned}\tag{11.2}$$

为简化分析，在保证 LLE 的条件下，引入线性映射矩阵 $W=[w_1,w_2,\cdots,w_d]\in\mathrm{R}^{m\times d}$，将投影变换记为

$$\phi_x(i)=x(i)W,\quad i=1,2,\cdots,n\tag{11.3}$$

值得注意的是，邻近点 k_x 的数量对于局部几何结构保持至关重要。一般根据欧氏距离等相关距离的度量确定最优的样本邻近点数[13]，即

$$k_{x,\mathrm{opt}}=\arg\min_{k_x}(1-\rho_{D_xD_{\phi_x}}^2)\tag{11.4}$$

其中，D_x 为空间中两点之间的距离矩阵；D_{ϕ_x} 为投影 $\varPhi_x$ 空间中对应的两点距离矩阵；$\rho_{D_xD_{\phi_x}}$ 为 D_x 和 D_{ϕ_x} 之间的线性相关系数。

重写 LLE 优化问题，可得

$$\begin{aligned}&J_{\mathrm{LLE}}(W)=\min\ \mathrm{tr}(W^{\mathrm{T}}X^{\mathrm{T}}M_x^{\mathrm{T}}M_xXW)\\&\text{s.t.}\quad W^{\mathrm{T}}X^{\mathrm{T}}XW=I\end{aligned}\tag{11.5}$$

其中，$M_x=(I-A_x)\in \mathbf{R}^{n\times n}$。

为简化降维问题，对 M_x 进行 SVD，即

$$M_x=[U_x \quad \bar{U}_x]^{\mathrm{T}}\begin{bmatrix} S_x & 0 \\ 0 & 0 \end{bmatrix}\begin{bmatrix} V_x \\ \bar{V}_x \end{bmatrix} \tag{11.6}$$

式(11.5)可改写为

$$\begin{gathered} J_{\mathrm{LLE}}(W)=\max \operatorname{tr}(W^{\mathrm{T}}X_M^{\mathrm{T}}X_M W) \\ \text{s.t.} \quad W^{\mathrm{T}}X^{\mathrm{T}}XW=I \end{gathered} \tag{11.7}$$

其中，$X_M=\begin{bmatrix} S_x^{-1} & 0 \\ 0 & 0 \end{bmatrix}\begin{bmatrix} V_x \\ \bar{V}_x \end{bmatrix}X=S_{V_x}X$。

一般情况下，LLE 应该提前选择式(11.2)中的降维维数 d。为采用更简便的方法确定维数 d，将优化问题式(11.7)进一步写为

$$\begin{gathered} J_{\mathrm{LLE}}(w)=\max w^{\mathrm{T}}X_M^{\mathrm{T}}X_M w \\ \text{s.t.} \quad w^{\mathrm{T}}X^{\mathrm{T}}Xw=1 \end{gathered} \tag{11.8}$$

其中，$w\in \mathbf{R}^{m\times 1}$。

式(11.8)的优化目标和 PCA 的优化目标几乎相同。一般地，PCA 根据累积贡献度等具体准则确定对应的主成分个数，因此将 PCA 的主成分提取准则直接应用于 LLE。将矩阵 $X_M^{\mathrm{T}}X_M$ 进行 SVD 分解，可得

$$X_M^{\mathrm{T}}X_M=[P_{d0} \quad P_{r0}]\begin{bmatrix} \Lambda_d & \\ & \Lambda_r \end{bmatrix}\begin{bmatrix} P_{d0} \\ P_{r0} \end{bmatrix}$$

定义 $P_d=\dfrac{P_{d0}}{\|XP_{d0}\|}$、$P_r=\dfrac{P_{r0}}{\|XP_{r0}\|}$，矩阵 X_M 分解为载荷矩阵 $P_d=[p_1,p_2,\cdots,p_d]$ 和得分矩阵 $T_d=[t_1,t_2,\cdots,t_d]$，即

$$\begin{aligned} X_M &= T_d P_d^{\mathrm{T}} + T_r P_r^{\mathrm{T}} \\ &= P_d P_d^{\mathrm{T}} X_M + (I-P_d P_d^{\mathrm{T}})X_M \end{aligned} \tag{11.9}$$

其中，$T_d=X_M P_d$；$T_r=X_M P_r$。

从式(11.8)和式(11.9)可以看出，最大化方差可以得到 LLE 的投影方向向量。因此，根据该主成分提取准则，利用 LLE 就能进一步构建一种具有局部几何结构保持能力的 PLS 回归模型。

PLS 旨在使用更少的维数保持原始数据的更多特征。它将原始数据 X 和 Y 转换为一组潜变量 T 和 U，通过最大化协方差矩阵来选择潜变量 T 和 U。PLS 是一种线性降维技术，但是它不探究原始数据的内部结构。从这一点来看，PLS 并不

利于数据的区分，反而可能使投影后的数据混杂在一起。图 11.2 显示了两类数据的 PCA 降维投影结果。图 11.2(a)显示了两类数据的输入空间 X 。图 11.2(b)使用 PCA 将上述数据投影到第一个主成分 t_1 。第一主成分的贡献度为 99%，第二个主成分虽然保持了局部几何结构，但是贡献较小而被舍弃。显然，第一个主成分 t_1 的一维坐标系中的两类数据(“o”和“*”点)混合在了一起。由于 PLS 采用 PCA 方式降维，因此它也具有类似的局限性。

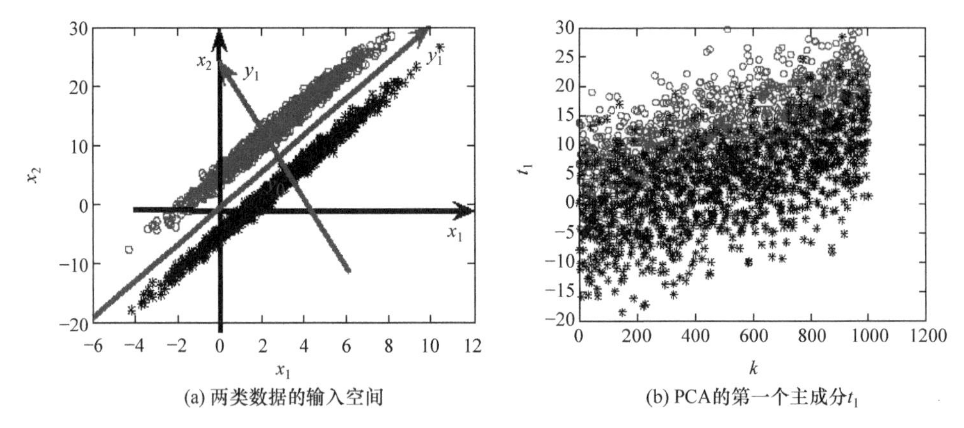

(a) 两类数据的输入空间　　(b) PCA的第一个主成分 t_1

图 11.2　两类数据的 PCA 降维投影结果

11.3　LLEPLS 和基于 LLEPLS 的故障检测

11.3.1　LLEPLS

为了提取第一个主成分对 t_1 和 u_1，传统的 PLS 优化目标为

$$\begin{aligned} J_{\text{PLS}}(w_1,c_1) &= \max\ w_1^{\text{T}} X^{\text{T}} Y c_1 \\ \text{s.t.}\quad & w_1^{\text{T}} w_1 = 1, c_1^{\text{T}} c_1 = 1 \end{aligned} \tag{11.10}$$

假定 X 和 Y 都服从标准正态分布，定义 $E_0 = X$ 和 $F_0 = Y$ ，PLS 潜变量 t_1 和 c_1 通过 $t_1 = E_0 w_1$ 和 $u_1 = F_0 c_1$ 得到， c_1 和 w_1 分别为矩阵 $E_0^{\text{T}} F_0 F_0^{\text{T}} E_0$ 和 $F_0^{\text{T}} E_0 E_0^{\text{T}} F_0$ 最大特征值对应的特征向量，即

$$E_0^{\text{T}} F_0 F_0^{\text{T}} E_0 w_1 = \theta_1^2 w_1 \tag{11.11}$$

$$F_0^{\text{T}} E_0 E_0^{\text{T}} F_0 c_1 = \theta_1^2 c_1 \tag{11.12}$$

类似于 PLS 和 PCA，以及 LPPLS 和 LPP 的关系，本章构造如下 LLEPLS 优化目标函数，即

$$
\begin{aligned}
&J_{\mathrm{LLEPLS}}(w_1,c_1)=\max w_1^{\mathrm{T}}X_M^{\mathrm{T}}Y_Mc_1\\
&\text{s.t.}\quad w_1^{\mathrm{T}}X^{\mathrm{T}}Xw_1=1,c_1^{\mathrm{T}}Y^{\mathrm{T}}Yc_1=1
\end{aligned}
\tag{11.13}
$$

其中

$$
Y_M=\begin{bmatrix}S_y^{-1} & 0\\ 0 & 0\end{bmatrix}\begin{bmatrix}V_y\\ \bar{V}_y\end{bmatrix}Y=S_{V_y}Y
$$

$$
V_y=I-A_y=[U_y\quad \bar{U}_y]^{\mathrm{T}}\begin{bmatrix}S_y & 0\\ 0 & 0\end{bmatrix}\begin{bmatrix}V_y\\ \bar{V}_y\end{bmatrix}
$$

A_y 与 A_x 的含义类似，均为 LLE 投影的邻近权重参数矩阵，但是输出、输入空间对应的邻近点数是不一样的，分别为 k_y 和 k_x。S_y、V_y 和 U_y 也与对应的 S_x、V_x 和 U_x 含义类似。LLEPLS 空间分解和潜变量提取的目标和 PLS 类似。

① 潜变量 u_i 和 t_i 尽可能保持原始数据空间的几何结构和变异信息。

② 潜变量 u_i 和 t_i 之间的相关性尽可能强。

基于以上目标，LLEPLS 的潜变量计算过程比较简单。类似于传统的线性 PLS 方法描述，记为 $E_{0L}=X_M$、$F_{0L}=Y_M$。引入拉格朗日乘子，将约束优化问题式(11.13)转换为无约束优化问题，即

$$
\begin{aligned}
\Psi(w_1,c_1)=&w_1^{\mathrm{T}}E_{0L}^{\mathrm{T}}F_{0L}c_1-\lambda_1(w_1^{\mathrm{T}}X^{\mathrm{T}}Xw_1-1)\\
&-\lambda_2(c_1^{\mathrm{T}}Y^{\mathrm{T}}Yc_1-1)
\end{aligned}
\tag{11.14}
$$

通过 $\dfrac{\partial\Psi}{\partial w_1}=0$ 和 $\dfrac{\partial\Psi}{\partial c_1}=0$ 求解式(11.14)的最优解 w_1 和 c_1，可通过矩阵 $(X^{\mathrm{T}}X)^{-1}E_{0L}^{\mathrm{T}}F_{0L}(Y^{\mathrm{T}}Y)^{-1}F_{0L}^{\mathrm{T}}E_{0L}$ 和 $(Y^{\mathrm{T}}Y)^{-1}F_{0L}^{\mathrm{T}}E_{0L}(X^{\mathrm{T}}X)^{-1}E_{0L}^{\mathrm{T}}F_{0L}$ 的最大特征值对应的特征向量计算得到，即

$$
(X^{\mathrm{T}}X)^{-1}E_{0L}^{\mathrm{T}}F_{0L}(Y^{\mathrm{T}}Y)^{-1}F_{0L}^{\mathrm{T}}E_{0L}w_1=\theta_1^2w_1 \tag{11.15}
$$

$$
(Y^{\mathrm{T}}Y)^{-1}F_{0L}^{\mathrm{T}}E_{0L}(X^{\mathrm{T}}X)^{-1}E_{0L}^{\mathrm{T}}F_{0L}c_1=\theta_1^2c_1 \tag{11.16}
$$

传统线性 PLS，即式(11.11)中的第一个最优权向量 w_1 对应的矩阵 $E_0^{\mathrm{T}}F_0F_0^{\mathrm{T}}E_0$。LLEPLS，即式(11.15)最优向量 w_1 对应的矩阵为 $(X^{\mathrm{T}}X)^{-1}E_{0L}^{\mathrm{T}}F_{0L}(Y^{\mathrm{T}}Y)^{-1}F_{0L}^{\mathrm{T}}E_{0L}$。这两个矩阵十分相似，LLEPLS 将 LLE 策略完美地嵌入输入输出相关的潜结构提取。相比核 PLS 这类无目标的非线性映射方法，LLEPLS 不但在结构上更为紧凑，而且非线性映射具有明确的目标。其他潜变量的提取方法，类似传统的 PLS 提取，本章不再赘述。

值得说明的是，输入空间 X 和输出空间 Y 可能是列不满秩的。$X^{\mathrm{T}}X$ 或 $Y^{\mathrm{T}}Y$ 的逆不一定存在。这种情形可采用与式(11.7)中 S_x 类似的策略得到对应的逆矩阵。

因此，本章的其余部分将不加区分地直接处理这两种情况。

采用交叉检验确定潜变量的维数 d ，建立这 d 个潜变量与输出之间的回归模型。与 PLS 分解的外部模型和内部模型类似，LLEPLS 分解的外部和内部模型如图 11.3 所示。可以看出，新的特征空间 X_F 和 Y_F 都是由非线性部分，即局部几何结构信息构成的。与图 9.2 所示的 GPLPLS 分解比较，LLEPLS 在新的特征空间中剔除了全局特征的线性部分。

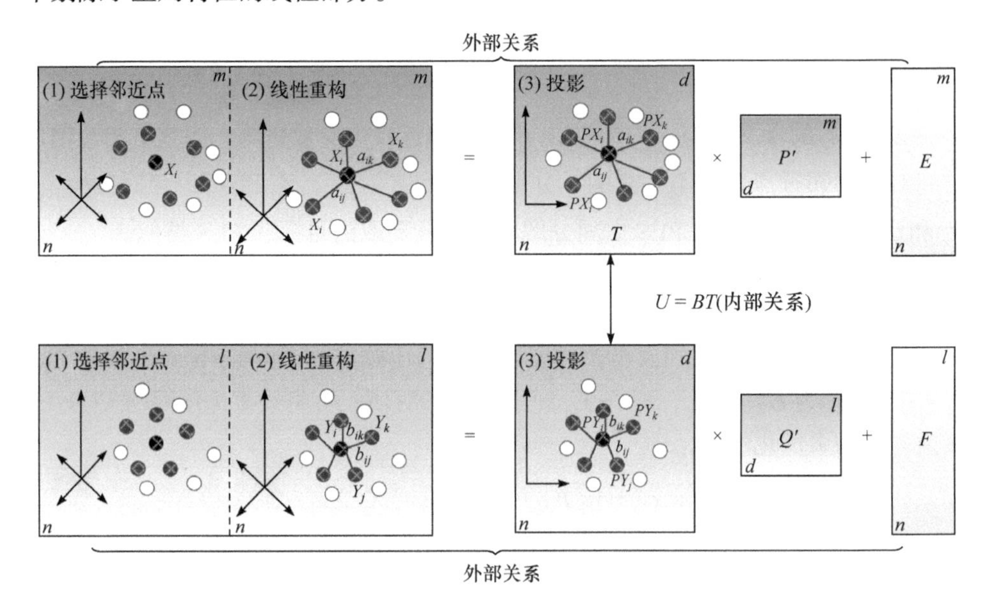

图 11.3　LLEPLS 分解的外部和内部模型

11.3.2　基于 LLEPLS 的过程监控

在 LLEPLS 模型中，X 和 Y 低维空间的线性局部嵌入由少数潜变量 $t_1,t_2,\cdots,t_d$ 组成。邻近映射矩阵 E_{0L} 和 F_{0L} 可以分解为

$$
\begin{aligned}
E_{0L} &= \sum_{i=1}^{d} t_i p_i^{\mathrm{T}} + \bar{E}_{0L} = TP^{\mathrm{T}} + \bar{E}_{0L} \\
F_{0L} &= \sum_{i=1}^{d} t_i q_i^{\mathrm{T}} + \bar{F}_{0L} = TQ^{\mathrm{T}} + \bar{F}_{0L}
\end{aligned}
\tag{11.17}
$$

其中， $P=[p_1,p_2,\cdots,p_d]$ 和 $Q=[q_1,q_2,\cdots,q_d]$ 为 E_{0L} 和 F_{0L} 的载荷矩阵； $T=[t_1,t_2,\cdots,t_d]$ 为得分矩阵，可用矩阵 E_{0L} 表示为

$$
T = E_{0L}R = S_{V_x}E_0R \tag{11.18}
$$

其中， $R=[r_1,r_2,\cdots,r_d]$ ， $r_i=\prod_{j=1}^{i-1}(I_n - w_j p_j^{\mathrm{T}})w_i$ ， $i=1,2,\cdots,d$ 。

由于需要计算 LLE 矩阵 S，式(11.17)和式(11.18)难以直接应用，因此进一步给出标准化原始数据的矩阵 E_0 和 F_0 的分解，即

$$E_0 = T_0 P^{\mathrm{T}} + \bar{E}_0 \tag{11.19}$$

$$\begin{aligned} F_0 &= T_0 \bar{Q}^{\mathrm{T}} + \bar{F}_0 \\ &= E_0 R \bar{Q}^{\mathrm{T}} + \bar{F}_0 \end{aligned} \tag{11.20}$$

其中，$T_0 = E_0 R$；$\bar{Q} = T_0^{+} F_0$。

考虑对单个新采集样本 x 和 y 的监控，首先对样本标准化，并对输入数据引入倾斜投影，即

$$\begin{aligned} x &= \hat{x} + x_e \\ \hat{x} &= P R^{\mathrm{T}} x \\ x_e &= (I - P R^{\mathrm{T}}) x \end{aligned} \tag{11.21}$$

采用统计量 T^2 和 Q 作为对应的监控指标，即

$$\begin{aligned} t &= R^{\mathrm{T}} x \\ T^2 &= t^{\mathrm{T}} \Lambda^{-1} t = t^{\mathrm{T}} \left(\frac{1}{n-1} T_0^{\mathrm{T}} T_0 \right)^{-1} t \\ Q &= {x_e}^2 = x^{\mathrm{T}} (I - P R^{\mathrm{T}}) x \end{aligned} \tag{11.22}$$

其中，Λ 为样本协方差矩阵。

式(11.19)将输入空间分为两个子空间，即主成分子空间和残差子空间。LLEPLS 通过主成分子空间中的 T^2 统计量检测与质量相关的故障，通过残差子空间中的 Q 统计量检测与质量无关的故障。与 PLS 类似，构成 T^2 统计量的 LLEPLS 得分向量仍然包括与 Y 正交的部分，因此它在与质量相关的故障检测方面仍然存在不足。

11.4　LLEOPLS 模型和基于 LLEOPLS 的故障检测

如文献[13]、[14]证明的那样，标准 PLS 对过程变量实施了倾斜投影分解。与标准 PLS 类似，式(11.17)也是对过程变量进行的倾斜分解。因此，过程变量的主成分可能包括与输出变量正交的变量。换句话说，主成分仍然可能包含与输出无关的变量。另外，主成分的个数往往取决于操作者的决策，容易导致主成分冗余。为了解决上述问题，需要对式(11.19)进一步分解，即对过程变量进行正交分解。在式(11.20)给出的模型中，回归系数 $R\bar{Q}^{\mathrm{T}}$ 描述了 E_0 和 F_0 之间的关系。对 $R\bar{Q}^{\mathrm{T}}$ 进行 SVD，可得

$$R\bar{Q}^{\mathrm{T}} = U_{pc}S_{pc}V_{pc}^{\mathrm{T}} \tag{11.23}$$

其中，S_{pc}包含所有非零奇异值并按降序排列；V_{pc}和U_{pc}为对应的左右奇异向量。

进一步有

$$\begin{aligned} F_0 &= E_0U_{pc}S_{pc}V_{pc}^{\mathrm{T}} + \bar{F}_0 \\ &= T_{pc}Q_{pc}^{\mathrm{T}} + \bar{F}_0 \end{aligned} \tag{11.24}$$

其中，$T_{pc} = E_0U_{pc}$；$Q_{pc} = V_{pc}S_{pc}$；输出残差子空间$\bar{F}_0$表示不可预测的输出。

此外，通过T_{pc}将E_0分解为两个正交子空间，即

$$\begin{aligned} E_0 &= \hat{E}_0 + X_e \\ &= T_{pc}U_{pc}^{\mathrm{T}} + E_0(I - U_{pc}U_{pc}^{\mathrm{T}}) \end{aligned} \tag{11.25}$$

其中，$\hat{E}_0 := T_{pc}U_{pc}^{\mathrm{T}}$；$X_e = E_0(I - U_{pc}U_{pc}^{\mathrm{T}})$，表示正交输入残差子空间。

将新数据样本x和y正交投影，用于过程和质量监控，即

$$\begin{gathered} x = \hat{x} + x_e \\ \hat{x} = U_{pc}U_{pc}^{\mathrm{T}}x \\ x_e = (I - U_{pc}U_{pc}^{\mathrm{T}})x \\ t_{pc} = U_{pc}x \\ y_e = y - Q_{pc}t_{pc} \end{gathered} \tag{11.26}$$

式(11.24)和式(11.25)需要事先确定输入空间和输出空间的最优邻近点数$[k_x,k_y]$。文献[13]给出一种LLE的最佳参数选择方法，如式(11.4)所示。LLEOPLS的最优参数$[k_x,k_y]$需要同时考虑LLE本身的特性，以及输入、输出空间的相关关系，用如下目标函数优化，即

$$\begin{aligned} [k_x,k_y]_{\mathrm{opt}} = \arg\min_{k_x,k_y}\Big(&1 - \rho_{D_xD_{\phi x}}^2 + 1 - \rho_{D_yD_{\phi y}}^2 \\ &+ 1 - \rho_{D_{\hat{y}}D_y}^2\Big|_{\mathrm{train}} + 1 - \rho_{D_{\hat{y}}D_y}^2\Big|_{\mathrm{pre}}\Big) \end{aligned} \tag{11.27}$$

其中，$\hat{y} = Q_{pc}t_{pc}$；$\cdot|_{\mathrm{train}}$和$\cdot|_{\mathrm{pre}}$为训练数据集和测试数据集；$1 - \rho_{D_xD_{\phi_x}}^2$和$1 - \rho_{D_yD_{\phi_y}}^2$用来评估输入和输出的嵌入空间与高维空间的几何相似度；$1 - \rho_{D_{\hat{y}}D_y}^2\Big|_{\mathrm{train}}$和$1 - \rho_{D_{\hat{y}}D_y}^2\Big|_{\mathrm{pre}}$表示预测模型的影响，可以间接反映出前两项的作用。

式(11.27)中$1 - \rho_{D_{\hat{y}}D_y}^2\Big|_{\mathrm{pre}}$是最重要的部分，通常也可以只采用这一项获取最优参数，即

$$[k_x, k_y]_{\text{opt}} = \arg\min_{k_x k_y}\left(1-\rho^2_{D_{\hat{y}}D_y}\Big|_{\text{pre}}\right) \tag{11.28}$$

采用具有最优参数 k_x 和 k_y 的 LLEOPLS 监控系统运行。由于 LLEPLS 并没有按照降序的方法提取输入空间的变化信息，残差子空间可能包含大量的数据变化信息，因此也可以采用 T^2 统计量对残差子空间进行监控。实际常采用如下统计量监控与输出相关的得分(T_{pc})、输出残差部分和输入残差部分，即

$$\begin{aligned}
T^2_{pc} &= t^{\mathrm{T}}_{pc}\Lambda^{-1}_{pc}t_{pc} = t^{\mathrm{T}}_{pc}\left(\frac{1}{n-1}T^{\mathrm{T}}_{pc}T_{pc}\right)^{-1}t_{pc} \\
T^2_{e} &= x^{\mathrm{T}}_{e}\Lambda^{-1}_{x,e}x_{e} = x^{\mathrm{T}}_{e}\left(\frac{1}{n-1}X^{\mathrm{T}}_{e}X_{e}\right)^{-1}x_{e} \\
T^2_{y,e} &= y^{\mathrm{T}}_{e}\Lambda^{-1}_{y,e}y_{e} = y^{\mathrm{T}}_{e}\left(\frac{1}{n-1}Y^{\mathrm{T}}_{e}Y_{e}\right)^{-1}y_{e}
\end{aligned} \tag{11.29}$$

其中，Λ_{pc}、$\Lambda_{x,e}$ 和 $\Lambda_{y,e}$ 为样本协方差矩阵；$Y_e = \bar{F}_0 = F_0 - T_{pc}\,Q^{\mathrm{T}}_{pc}$。

LLEOPLS 中的 T_{pc} 等统计量是从包含局部几何结构的矩阵 E_{0L} 中获得的，通常 E_{0L} 并不是标准化且均值居中的。经过这样的局部几何结构构成的非线性映射，数据将不再服从高斯分布，因此需要通过非参数 KDE 估计 T_{pc} 等统计量的概率密度函数。计算得到的对应控制限为

$$\begin{aligned}
&\int_{-\infty}^{\mathrm{Th}_{pc,\alpha}} g(T^2_{pc})\mathrm{d}T^2_{pc} = \alpha \\
&\int_{-\infty}^{\mathrm{Th}_{x_e,\alpha}} g(T^2_{e})\mathrm{d}T^2_{e} = \alpha \\
&\int_{-\infty}^{\mathrm{Th}_{y_e,\alpha}} g(T^2_{y,e})\mathrm{d}T^2_{y,e} = \alpha
\end{aligned} \tag{11.30}$$

其中

$$g(z) = \frac{1}{lh}\sum_{j=1}^{l}\mathcal{K}\left(\frac{z-z_j}{h}\right)$$

其中，$\mathcal{K}(\cdot)$ 和 h 为 KED 估计相关的核函数和带宽。

输出残差子空间包含一部分不可预测的输出信息，可以采用 $T^2_{y,e}$ 进行监控。输出残差子空间的故障检测逻辑为

$$\begin{aligned}
&T^2_{y,e} > \mathrm{Th}_{y_e,\alpha}，\quad \text{不可预测部分的输出发生故障} \\
&T^2_{y,e} \leqslant \mathrm{Th}_{y_e,\alpha}，\quad \text{不可预测部分的输出未发生故障}
\end{aligned} \tag{11.31}$$

事实上，这种后验的质量监控并不是监控的重点。基于过程变量的质量监控

实施性更强，理应受到更多关注[12]，即直接对输入空间进行监控。其故障检测逻辑为

$$
\begin{aligned}
&T_{pc}^2 > \mathrm{Th}_{pc,\alpha}, \quad \text{与质量相关的故障发生} \\
&T_{pc}^2 > \mathrm{Th}_{pc,\alpha} \text{或者} T_e^2 > \mathrm{Th}_{x_e,\alpha}, \quad \text{过程相关的故障发生} \\
&T_{pc}^2 \leqslant \mathrm{Th}_{pc,\alpha} \text{且} T_e^2 \leqslant \mathrm{Th}_{x_e,\alpha}, \quad \text{无故障}
\end{aligned}
\tag{11.32}
$$

综上所述，LLEOPLS 监控可归纳为如下步骤。

① 将原始数据 X 和 Y 标准化。

② 基于式(11.19)和式(11.20)对 X 和 Y 执行 LLEPLS 操作，产生 T_0、$\bar{Q}$、R 和输出残差子空间 Y_e。

③ 交叉检验确定 LLEPLS 的投影空间维数 d。

④ 对 $R\bar{Q}^{\mathrm{T}}$ 执行 SVD，进一步得到 U_{pc}、T_{pc} 和 Q_{pc}。

⑤ 构建输入残差子空间 X_e。

⑥ 式(11.29)，并根据式(11.32)完成监控。

11.5 案例研究

仿真实验将本章提出的 LLEPLS 和 LLEOPLS 故障监控策略与 PLS 和并行潜结构投影(parallel latent structure projection，CPLS)[15]在 TE 仿真平台[16]上进行对比。CPLS 算法将输入空间和输出空间投影到输入主成分子空间、输入残差子空间、输出主成分子空间、输出残差子空间和联合输入输出子空间。当只考虑对质量相关故障的监控能力时，可用输入残差子空间代替 CPLS 中的输入主成分子空间和输入残差子空间，并采用 T_e^2 代替相应的监控策略。为了强调基于过程变量的质量监控，我们不考虑 LLEOPLS 中的输出残差子空间。同样，也不考虑 CPLS 中的输出主成分子空间和输出残差子空间。

11.5.1 模型和讨论

选取所有过程测量变量(XMEAS(1 ∶ 22))和操纵变量(XMV(1 ∶ 11))组成输入变量矩阵 X。质量变量矩阵 Y 由 XMEAS(35)和(38)组成。训练数据集为正常数据 IDV(0)，测试数据由 21 个故障数据 IDV(1-21)组成。LLEPLS 和 LLEOPLS 的最优参数是 $k_x = 24$ 和 $k_y = 20$。PLS、CPLS、LLEPLS 和 LLEOPLS 模型对应的主成分数分别为 6、6、5 和 5。

故障 IDV(3,4)、IDV(9,11)、IDV(14,15)、IDV(19) 对输出产品的质量几乎没有影响，而其他故障对成分 G(XMEAS(35))和 E(XMEAS(38))会产生一定的影响，甚

至是显著影响。在置信水平为 99.75% 的控制限下，PLS、LLEPLS、CPLS 和 LLEOPLS 的 FDR 和 FAR 如表 11.1 和表 11.2 所示。表 11.1 中 LLEOPLS 的检测结果(T_{pc}^2)与其他方法的检测结果(T^2)略有不同，如 IDV(14)和 IDV(17)。在 PLS 中，它们被视为与质量相关的故障。LLEOPLS 表明，它们是与质量无关的故障。

表 11.1　PLS、LLEPLS、CPLS 和 LLEOPLS 的 FDR

故障序号 IDV	PLS		CPLS		LLEPLS		LLEOPLS		PQAR
	T^2	Q	T^2	T_e^2	T^2	Q	T_{pc}^2	T_e^2	
1	99.13	99.38	96.13	99.88	84.88	99.25	29.63	99.75	28.25
2	98	98.25	81.25	98.25	92.88	97	78.5	98.25	77
3	0.38	0.13	0.5	1.25	0.5	0.25	0.5	1.75	0.88
4	0.63	86	0.13	100	0.5	1.25	0.25	100	0.25
5	21.88	16	20.38	100	22.38	13.75	14.13	100	21.88
6	99.25	100	99.25	100	99.75	99.75	97	100	95.25
7	36.75	100	35.63	100	36.63	47.5	25.25	100	33.88
8	92.5	94	87.75	97.88	88	87.38	77.38	97.88	75.38
9	0.63	0.5	0.38	1.25	1	0.38	0.38	1.88	0.88
10	30	4.38	28	86.25	28.38	16.63	14.5	88.25	17.13
11	1.38	57.88	0.25	77.5	1.13	10.13	1.38	77.75	1.38
12	87.5	91	84.75	99.88	87.13	85.5	75.13	99.88	81
13	93.88	93	85	95.25	92.75	89.13	85	95.25	85.13
14	33.5	100	1.63	100	0.13	96.38	0.13	100	0
15	0.63	0.38	0.75	2.5	0.38	2.88	1.75	3.88	0.25
16	14.25	3.13	12.63	89.38	17.88	10.38	7.63	91.25	8.63
17	56	85.38	37.13	96.88	4.5	66.38	2	96.75	5.63
18	88	89.25	88	90.13	87.75	88.38	87.5	90.25	86.38
19	0	4.13	0	91.13	0.13	0.13	0.38	91.38	0.25
20	26.63	34	27.75	90.38	22.75	19.88	11.25	90.88	4.38
21	29.88	39.63	24.5	43.88	33.5	19.63	16.25	53.75	16.75

表 11.2　PLS、LLEPLS、CPLS 和 LLEOPLS 的 FAR

故障序号 IDV	PLS		CPLS		LLEPLS		LLEOPLS	
	T^2	Q	T^2	T_e^2	T^2	Q	T_{pc}^2	T_e^2
1	0	0	0	0	0	0	0	0.63
2	0	0	0	0	0.63	0.63	0.63	0
3	0	0.63	0	0	0.63	0	0.63	3.13

续表

故障序号 IDV	PLS		CPLS		LLEPLS		LLEOPLS	
	T^2	Q	T^2	T_e^2	T^2	Q	T_{pc}^2	T_e^2
4	0	0	0	0.63	0	0.63	0.63	0.63
5	0	0	0	0.63	0	0.63	0.63	0.63
6	0	0.63	0	0	0	0.63	0	0
7	0	0.63	0	0	0	0	0.63	0
8	0	0	0.63	0	0	0	0.63	0
9	1.25	0	0.63	0.63	0.63	0	0	0.63
10	0	0	0	0	0	0	0.63	0
11	0	0	0	0.63	0	0.63	0.63	0.63
12	0	0	0.63	0.63	0	0	1.25	0.63
13	0	0	0.63	0	0	0	0	0
14	0	0	0	0	0.63	0	0.63	0
15	0	0.63	0	0	0	0.63	0.63	0.63
16	1.25	0	2.5	2.5	3.13	0	1.25	1.25
17	0	0	0	0	0	0.63	0	0.63
18	0	0.63	0	0.63	0.63	0.63	0	1.25
19	0	0	0	0	0	0	0	0.63
20	0	0	0	0	0	0	0	0
21	1.25	0.63	0	2.5	0.63	0.63	0.63	1.88

为了更好地衡量质量相关的检测结果是否符合实际情况，本章提出后验质量报警率(posterior quality alarm rate，PQAR)来评估指标，即

$$\mathrm{PQAR}=\frac{\text{No.of samples}(\{|(Y_F)|\}>3\,|\,f\neq 0)}{\text{total samples}(\,f\neq 0)}\times 100\% \tag{11.33}$$

其中，Y_F 为标准化后的输出数据。

PQAR 评估指标非常直观，本质是一个正态分布的 3 倍标准差准则。该指标具有导向性作用，即 PQAR 很小时表明当前操作与正常情形无区别；PQAR 较大时表明输出的质量发生了显著变化。该作用表明，PQAR 可直接从质量监控方面评估质量相关的监控效果。

表 11.1 所示为 PQAR 指标。根据 PQAR 指标，将 21 个故障粗分为两类。第一类与质量无关($\mathrm{PQAR}_i<6, i=1,2,\cdots,21$)，包括 IDV(3,4,9,11,14,15,17,19,20)。第二类是质量相关故障，可以进一步分为对质量影响轻微的故障，如 IDV(16)；对质量有严重影响的故障，如 IDV(1，2，5，6，7，8，10，12，13，18)；输出变量缓

慢漂移的故障，如 IDV(21)。显然，LLEOPLS 可以获得一致的结论(T_{pc}^2)，即 LLEOPLS 可以更好地消除与质量无关的干扰警报。但是，PQAR 和T_{pc}^2的报警率仍然存在一些差异，如 IDV(5)、IDV(7)和 IDV(20)。造成这种差异的原因是什么？接下来，基于 PQAR 和T_{pc}^2的报警率进一步分析 LLEOPLS 与其他方法之间的差异。

11.5.2 故障检测分析

本节针对 PLS(CPLS)和 LLEPLS(LLEOPLS)故障检测结果进行讨论。对某些故障，如 IDV(3,9,15)，这两类方法都可以提供一致的结论，这里不再赘述。对于诊断结果存在一定差异的其他故障进行重点分析，包括质量可恢复故障和质量无关故障。如图 11.4～图 11.6 所示，实线表示统计量，虚线代表 99.75%的控制限。如图 11.4～图 11.6 所示，各图对应的子图(e)和(f)给出了输出预测，其中虚线是测量值，实线是预测值。

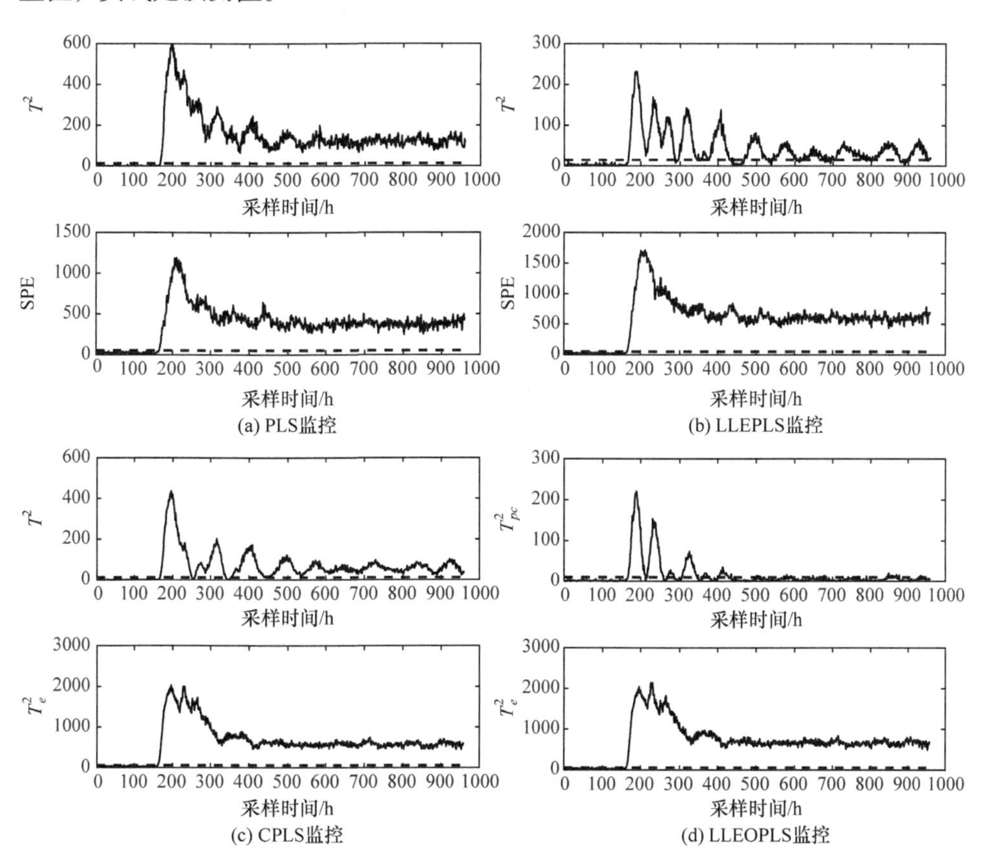

(a) PLS监控　(b) LLEPLS监控

(c) CPLS监控　(d) LLEOPLS监控

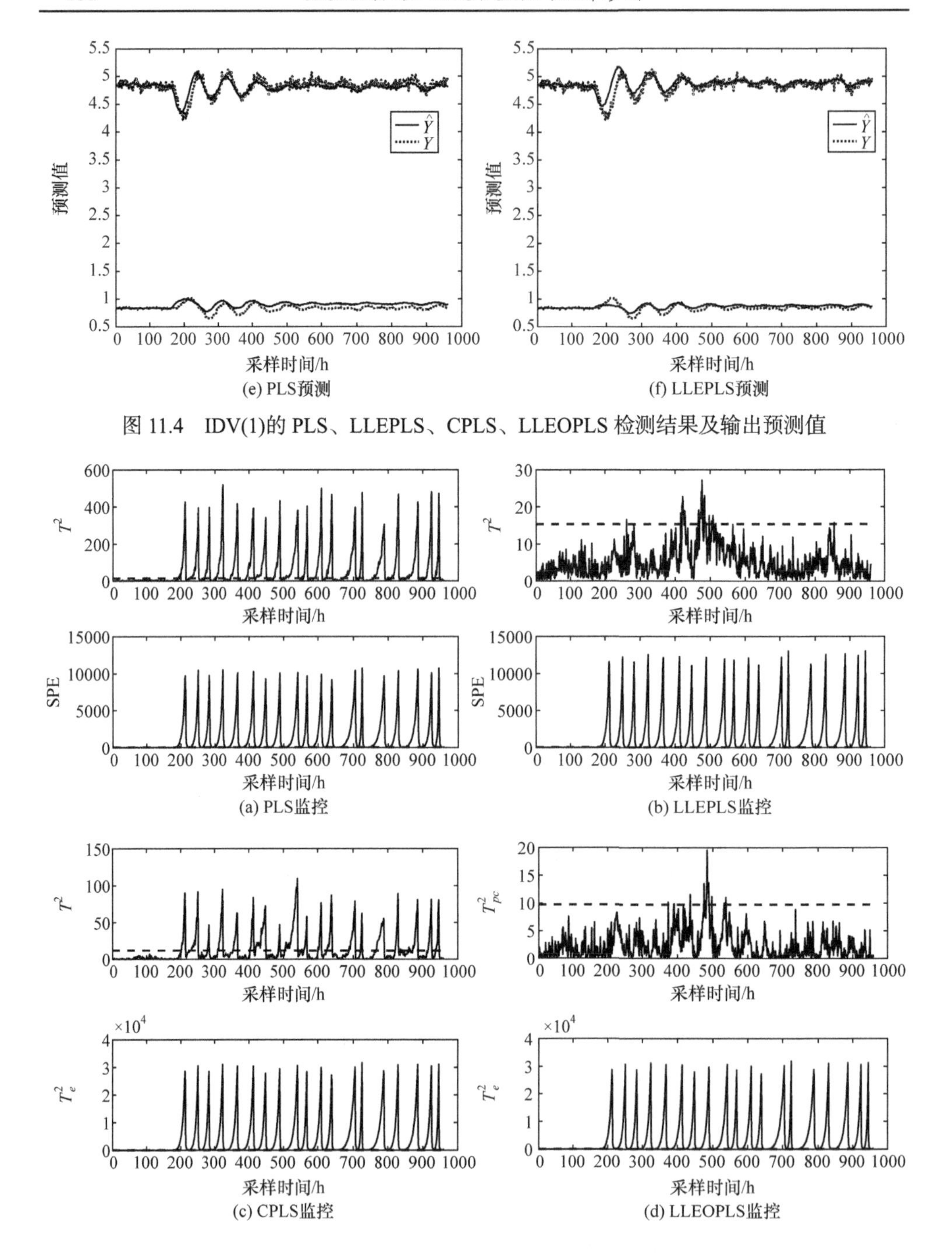

(e) PLS预测　　(f) LLEPLS预测

图 11.4　IDV(1)的 PLS、LLEPLS、CPLS、LLEOPLS 检测结果及输出预测值

(a) PLS监控　　(b) LLEPLS监控

(c) CPLS监控　　(d) LLEOPLS监控

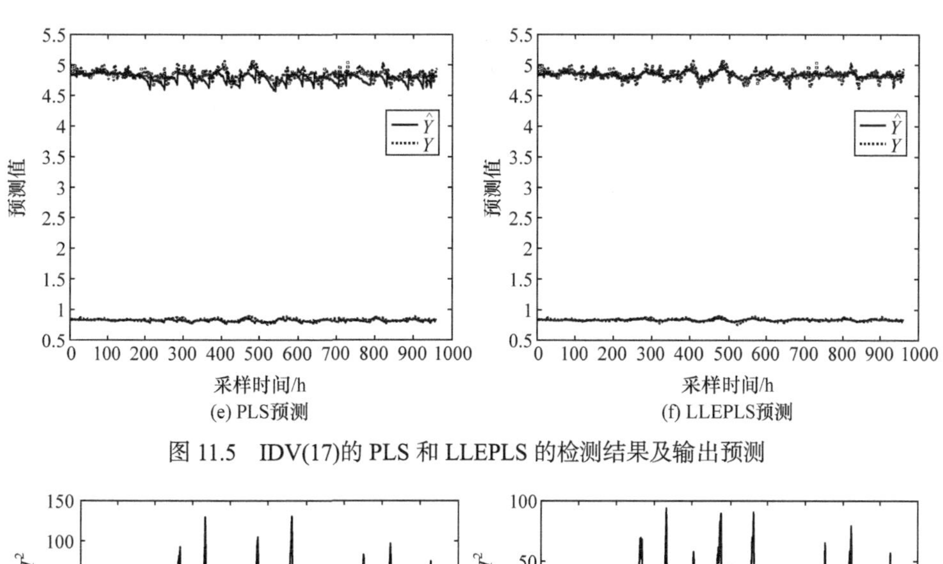

(e) PLS预测　(f) LLEPLS预测

图 11.5　IDV(17)的 PLS 和 LLEPLS 的检测结果及输出预测

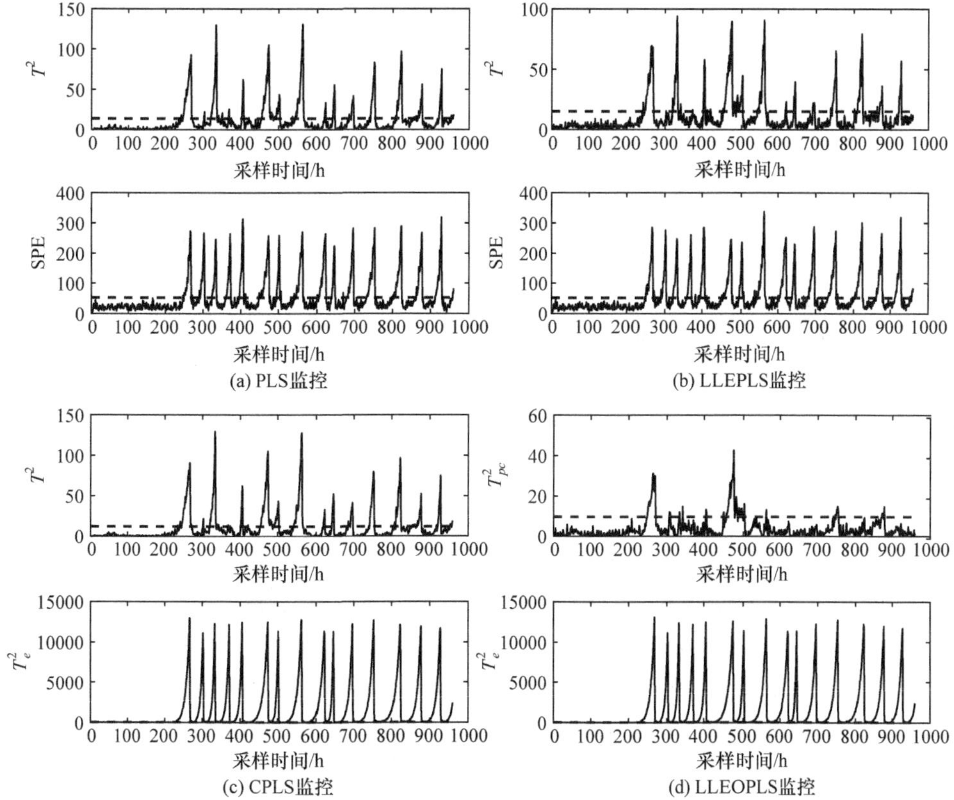

(a) PLS监控　(b) LLEPLS监控

(c) CPLS监控　(d) LLEOPLS监控

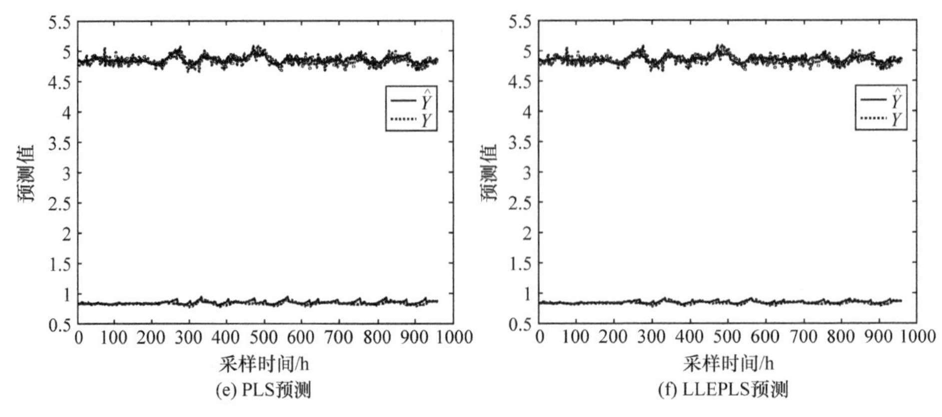

图 11.6　IDV(20)的 PLS 和 LLEPLS 的检测结果及输出预测

(1) 质量可恢复故障

故障 IDV(1)、IDV(5)、IDV(7)均属于阶跃故障，PLS、LLEPLS、CPLS、LLEOPLS 对 IDV(1)的检测结果和输出预测值如图 11.4 所示。不难发现，CPLS 和 LLEOPLS 中的 T_e^2 统计量均可成功检测到该阶跃故障。

LLEOPLS 的 T_{pc}^2 统计量在一定时间后能重新返回控制限之下。这个检测结果隐含系统的输出又恢复了正常。TE 过程中的反馈控制器和串级控制器可以有效地补偿 IDV(1)、IDV(5)、IDV(7)等阶跃故障引起的输出变化。在相关控制器的作用下，对应的产品质量变量均在一定时间后恢复正常，我们称这类故障是质量可恢复故障。LLEOPLS 的 T_{pc}^2 的监控曲线可以很好地体现这些控制器的作用。遗憾的是，现有许多工作给出了这类质量相关故障的高检出率。例如，PLS、CPLS 和 LLEPLS 的 T^2 统计量都出现错误的报警信息。在这种情况下，LLEOPLS 可以准确反映过程变量引起的质量变量变化。

进一步，考虑 IDV(1)的 FDR(T^2 或 PQAR)之间有一定差异。一方面，T^2 或 T_{pc}^2 指标基于过程变量的主成分(没有时间延迟)，PQAR 指标基于实际输出值得到的(有时间延迟)，它们并不等价。此外，建模采用的数据是正常运行情况下而不是故障模式下获得的，因此系统的非线性特征可能未被完全激发(即系统在正常操作中处于稳定的线性工作区，展现出来的输入、输出关系是线性的)。当故障发生时，非线性受到激发，基于正常数据构建的原始模型可能无法预测部分输出而导致误报和漏报。当这类质量可恢复故障发生时，系统的线性工作区间仍然与正常情形一致，这意味着原始模型仍然可以很好地预测系统的输出变化。虽然 PLS 模型(XMEAS(38))预测值的变化趋势与实际输出值相同，但是预测值幅值大于实际值，导致 PLS、CPLS 和 LLEPLS 的 FDR(T^2)比 FDR(PQAR)大得多。尽管如此，仍然可以通过使用正交化策略和 LLE 策略，使 CPLS 和 LLEPLS 的检测结果更接近实际情况。

(2) 质量无关故障

IDV(4)、IDV(11)、IDV(14)和 IDV(17)被认为与质量无关但与过程相关。对这几个故障，各类方法的检测结果给出了不同的答案。IDV(17)的检测结果和输出预测如图 11.5 所示。图 11.5(e)和图 11.5(f)所示的 PLS 不能很好地预测输出，而 LLEPLS 则可以非常准确地预测输出变化。PLS 等方法的 T^2 统计量误报较多的原因可能有两个，即 PLS 没有很好地映射非线性函数；其主成分包含与输出正交的部分。CPLS 虽然改进了 PLS 的正交部分，但是其非线性特征提取能力仍然较差。与之相比，LLEPLS 可以很好地捕捉非线性几何结构，因此通过 LLE 能够有效滤除这些质量相关的误报。

IDV(20)是一个典型的质量无关故障，IDV(20)的 PLS 和 LLEPLS 的检测结果及输出预测如图 11.6 所示。从 PQAR 来看，所有方法的检测结果都不是很好，但是 LLEOPLS 的检测结果相对更接近实际情况。从预测结果也可以看出，LLEPLS 可以很好地预测输出的变化。去除正交分量后仍然存在这样的问题，为什么 T_{pc}^2 仍然无法产生与 PQAR 一致的检测结果？一个可能的原因是参数 $[k_x, k_y] = [24, 20]$ 不能很好地描述 IDV(20)激发的非线性动态，进而导致错误的检测结果。另一个可能的原因是，PQAR 和 T_{pc}^2 之间控制限计算方法不同。PQAR 的结果是通过假设输出变量服从高斯分布获得的，其控制限由 3 倍标准偏差准则确定。这个隐含的假设不一定符合实际情况，也就是说，这个指标只具有指示性作用。事实上，LLEOPLS 的 T_{pc}^2 检测结果表明，大部分警报为瞬态警报，少数为连续警报，其中瞬态警报可能由噪声引起。

(3) 其他质量相关故障

对于其他质量相关的故障，表 11.1 中各种方法的 T^2 检测结果与 PQAR 基本相同。然而，在 IDV(2)、IDV(8)、IDV(21)等故障中，PQAR 与 T^2 有明显差异。图 11.7 给出了 IDV(2)、IDV(8)、IDV(21)的 PQAR 和 LLEOPLS 检测结果。这些结果进一步验证了提出方法的优越性，例如故障 IDV(2)和 IDV(8)虽然是质量相关的，但是在这些故障条件下仍有很多时间的产品质量满足要求，所以与质量相关的警报并不一定是要接近 100%。在这一点上，本章提出的 LLEOPLS 的检测结果与 PQAR 方法一致。

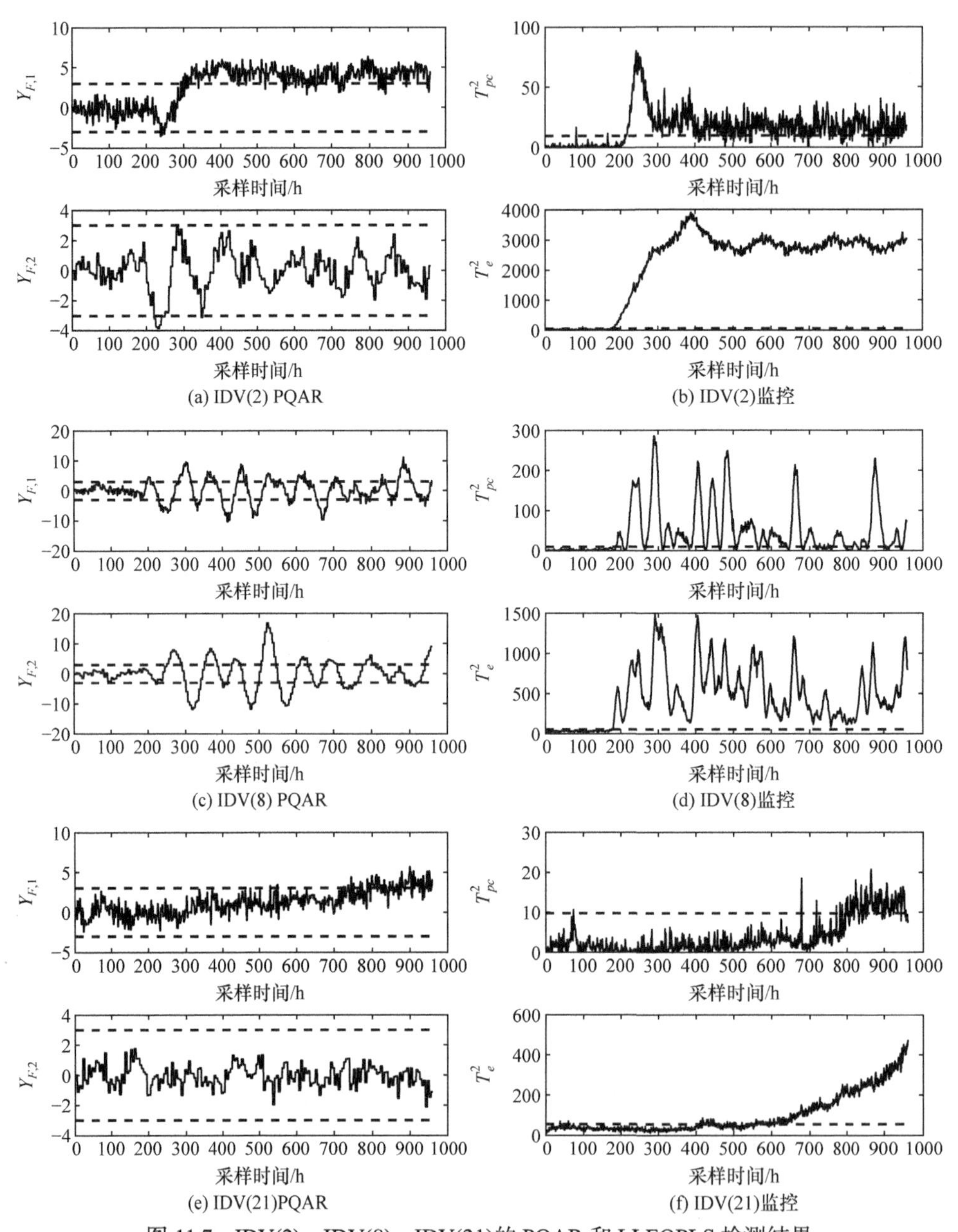

图 11.7　IDV(2)、IDV(8)、IDV(21)的 PQAR 和 LLEOPLS 检测结果

11.6　结　　论

非线性回归建模分析是一项特别棘手的任务。LLEPLS 利用 LLE 特征将非线

性回归问题转化为多个局部线性回归问题的组合。它不仅可以保持原始数据的局部属性，还可以最大化输入空间和输出空间之间的相关性，进一步提高预测性能。考虑 LLEPLS 的 T_{pc}^2 统计量包含与输出正交的变量，为了消除它们，进一步对 LLEPLS 的输入空间进行正交分解，可以建立 LLEOPLS 模型。基于 TE 过程仿真平台，对 PLS、CPLS、LLEPLS 和 LLEOPLS 进行比较，进一步阐明 LLEOPLS 具有非线性映射和正交分解的特点。仿真结果表明，与 PLS、CPLS 和 LLEPLS 相比，LLEOPLS 对非线性系统更有效，并且在质量相关故障的检测上具有更好的一致性能。虽然 LLEOPLS 对非线性过程具有良好的质量相关监控性能，但是也存在一些局限性，例如，采样数据所在的低维流是线性的、噪声服从高斯分布等。

参 考 文 献

[1] Kruger U, Chen Q, Sandoz D J, et al. Extended PLS approach for enhanced condition monitoring of industrial processes. AIChE Journal, 2001, 47(9): 2076-2091.

[2] Song K, Wang H, Li P. PLS-based optimal quality control model for TE process//2004 IEEE International Conference on Systems, Man and Cybernetics (IEEE Cat. No.04CH37583), NewYork: IEEE, 2018: 1354-1359.

[3] Li G, Qin S J, Zhou D. Geometric properties of partial least squares for process monitoring. Automatica, 2010. 46: 204-210.

[4] Hu Y, Ma H, Shi H. Enhanced batch process monitoring using just-in-time-learning based kernel partial least squares. Chemometrics and Intelligent Laboratory Systems, 2013, 123: 15-27.

[5] Zhang Y, Sun R, Fan Y. Fault diagnosis of nonlinear process based on KCPLS reconstruction. Chemometrics and Intelligent Laboratory Systems, 2015, 140: 49-60.

[6] Zhang Y, Qin S J. Improved nonlinear fault detection technique and statistical analysis. AIChE Journal, 2008, 54: 3207-3220.

[7] Wang G, Yin S, Kaynak O. An LWPR-based data-driven fault detection approach for nonlinear process monitoring. IEEE Transactions on Industrial Informatics, 2014, 10(4): 2016-2023.

[8] Yin S, Xie X C, Lam J, et al. An improved incremental learning approach for KPI prognosis of dynamic fuel cell system. IEEE Transactions on Cybernetics, 2016. 46(12): 3135-3144.

[9] Yin S, Xie X C, Sun W. A nonlinear process monitoring approach with locally weighted learning of available data. IEEE Transactions on Industrial Electronics, 2017, 64(2): 1507-1516.

[10] Wang, J, Zhong B, Zhou J L. Quality-relevant fault monitoring based on locality preserving partial least squares statistical models. Industrial & Engineering Chemistry Research, 2017, 56: 7009-7020.

[11] Kokiopoulou E, Saad Y. Orthogonal neighborhood preserving projections: a projection-based dimensionality reduction technique. IEEE Transactions on Pattern Analysis and Machine Intelligence, 2007, 29(12): 2143-2156.

[12] Zhou J L, Zhang S, Han Z, et al. A quality-related statistical process monitoring method based on global plus local projection to latent structures. Industrial & Engineering Chemistry Research,

2018, 57: 5323-5337.

[13] Kouropteva O, Okun O, Pietikäinen M. Selection of the optimal parameter value for the locally linear embedding algorithm. Fuzzy Systems and Knowledge Discovery, 2002, 2: 359-363.

[14] Ding S, Yin S, Peng K, et al. A novel scheme for key performance indicator prediction and diagnosis with application to an industrial hot strip mill. IEEE Transactions on Industrial Electronics, 2013, 9: 2239.

[15] Qin S, Zheng Y. Quality-relevant and process-relevant fault monitoring with concurrent projection to latent structures. AIChE Journal, 2012, 59: 496-504.

[16] Lyman P R, Georgakis C. Plant-wide control of the tennessee Eastman problem. Computers and Chemical Engineering, 1995, 19: 321-331.

第 12 章　新型鲁棒潜结构投影

许多非线性系统大多时候都是工作在平衡点附近，线性仍然是这类系统的主要特征，非线性是次要特征。对于偏离平衡点的部分，非线性或局部结构特征也可以看作不确定性部分，就像非线性特性可以用系统的不确定性表征一样[1]。为此，本章从另一个角度出发，重点讨论如何利用不确定性理论处理非线性，进而建立相应的潜结构 PLS 投影模型。换句话说，将系统的非线性当作不确定性处理，用鲁棒数据处理方法来构造一类新的鲁棒 PLS。本章提出的鲁棒 PLS 核心采用 L_1 范数，因此也被称为 L_1 PLS 。

传统的 PLS 及其非线性改进方法通常是最大化输入数据和输出数据之间的协方差，即 L_2 范数的平方。L_2 范数具有物理意义明确、计算方便等特点。其解具有唯一性、无偏性和稠密性。对于非线性或不确定等局部特征丰富的系统则无能为力。本章提出的鲁棒 L_1 PLS 旨在提高主成分和回归系数的鲁棒性。该方法在特征提取过程中可以保持信号的相对大小。此外，它的主成分提取对全局视角下的离群值不敏感，但是对局部结构信息较为敏感。

12.1　鲁棒 PLS 的发展

目前，已经有很多鲁棒 PLS 的研究，可以增强传统 PLS 方法的鲁棒性。Branden 等[2]和 Hubert 等[3]将 PLS 中的经验方差或协方差矩阵替换为鲁棒的协方差估计器，并使用最小协方差行列式(minimum covariance determinant，MCD)估计器和重新加权的 MCD(reweighted minimum covariance determinant，RMCD)估计器对低维数据集进行估计。Turkmen 给出了鲁棒 PLS 估计器的影响函数分析[4]。现有的鲁棒 PLS 方法均使用鲁棒协方差估计技术和多元离群点或异常值的识别技术来保证鲁棒性[5,6]。这些方法实际上均假设信号服从高斯分布。然而，许多工业过程的实际采集数据并不满足这一隐含假设。不少工业数据都遵循重尾分布[7]或多峰分布[8]，同时还可能包含少量的离群点或异常值。这类数据的统计特性不能完全用鲁棒的协方差来描述。此外，一些在正态分布下标定为离群点的数据可能是重尾分布中正常的数据，同时可能包含重要的过程信息。除了数值异常这个特性，离群数据还包含一些潜在的局部结构特征。因此，不能简单地将这些离群值删除或替换[9]，但是鲁棒协方差估计方法很难正确处理这些离群值。

近些年，一种鲁棒主成分分析(robust principal component analysis，RPCA)[10]和一种鲁棒稀疏主成分分析(robust sparse principal component analysis，RSPCA)[11]被先后提出。这两种方法最大化了输入数据的 L_1 范数而不是 L_2 范数的平方。仿真结果表明，它们对具有固有不确定性和异常值的数据有良好的鲁棒性。然而，这两种改进的鲁棒 PCA 并没有从输出的质量变量中获得任何有用的信息，因此很难将它们直接应用于与质量相关的过程监控和故障诊断[12]。采用 PCA 等检测到故障时，无论其是否影响产品质量都会自动报警，但是很多警报对最终生产质量的监控并没有意义。

众所周知，对于非高斯信号，尤其是具有重尾分布的信号，采用最小绝对偏差(least absolute deviation，LAD)的回归效果通常优于最小二乘回归效果，而且异常值对 LAD 回归系数的影响较小。LAD 通常也称最小一乘。但是，LAD 回归的解不唯一，需要引入优化技术才能得到最优解，所以高维系统的 LAD 回归是一项极为耗时的任务。为了提高 LAD 算法的效率，利用 PLS 回归的思想，将传统的 LAD 回归扩展为偏 LAD 回归。然后，像传统 PLS 的监控方法那样，考虑质量变量与过程变量之间的相关性分解过程空间，实现利用过程变量的变化来预测质量变量的变化[12, 13]。

与常规的鲁棒 PLS 方法不同，本章以一种新的方式增强 PLS 方法的鲁棒性，提出基于 L_1 范数的双鲁棒性潜结构投影方法(dual robust latent structure projection method based on L_1，L_1 PLS) 及其回归建模。PLS 提取主成分时的优化目标采用 L_2 范数平方的形式，在回归建模时采用最小二乘技术，即 PLS 回归问题。L_1 PLS 使用 L_1 范数的最大值代替传统 PLS 方法中 L_2 范数最大值的平方。此外，还可以利用 LAD 技术获取回归系数。因此，L_1 PLS 回归方法可以实现双重鲁棒性，包括主成分鲁棒性和回归系数鲁棒性。另外，与 L_2 范数优化目标相比，L_1 范数优化目标也具有一定的局部结构特征保持能力。

同现有的鲁棒 PLS 方法相比，L_1 PLS 方法具有以下特色。

① 噪声、离群点和局部结构特征一般通过方向向量进入系统。L_1 范数可以保持原始信号的相对大小，即使没有对离群值进行预处理。此外，基于 L_1 范数的方向向量对异常值也具有鲁棒性，并且包含更多的局部结构特征。L_1 范数有利于在不破坏样本完整性的情况下同时获取系统的全局与局部特征。

② L_1 PLS 方法在方向向量计算时引入 L_1 范数惩罚项约束，可以获得稀疏主成分，可以滤掉干扰变量，同时提取那些对干扰变量具有鲁棒性的稀疏主成分。

③ 回归系数可通过 LAD 回归获得，相应的回归模型对异常值或不确定性具有较强的鲁棒性，可以提供更好的预测性能。

12.2　RSPCA 介绍

给定输入数据 $X=[x_1,x_2,\cdots,x_n]\in \mathrm{R}^{m\times n}$，其中 $x=[x_i,\cdots,x_m]$，m 和 n 是输入变量的个数和采集的样本个数。传统的 PCA 旨在找到具有最大输入数据方差的 $d(d<m)$ 维线性子空间投影 W，即

$$\begin{aligned} & W^*=\operatorname{argmax}\|W^{\mathrm{T}}X\|_2^2 \\ & \text{s.t.}\quad W^{\mathrm{T}}W=I_d \end{aligned} \tag{12.1}$$

其中，$W=[w_1^{\mathrm{T}},w_2^{\mathrm{T}},\cdots,w_d^{\mathrm{T}}]\in \mathrm{R}^{m\times n}$ 为投影权重矩阵；$\|\cdot\|_2$ 代表矩阵或向量的 L_2 范数。

基于 PCA 方法提取的主成分通常是原始变量的线性组合，权重非零，可能导致模型包含很多无关变量或冗余，引起不必要的干扰。为了尽可能实现主成分的稀疏表达，出现稀疏 PCA(sparse principal component analysis，SPCA)[14]。其优化问题为

$$\begin{aligned} & W^*=\operatorname{argmax}\|W^{\mathrm{T}}X\|_2^2 \\ & \text{s.t.}\quad W^{\mathrm{T}}W=I_d,\quad \|W\|_1<s \end{aligned} \tag{12.2}$$

其中，$\|\cdot\|_1$ 为矩阵或向量的 L_1 范数，作为约束项或惩罚项增强主成分的稀疏性；s 为非零系数的数量；L_1 范数惩罚项 $(\|W\|_1<s)$ 可以实现方向向量的稀疏表达。

以一维信号为例，图 12.1 显示了 L_1 范数和 L_2 范数对信号的放大效应曲线。其中，虚线表示 L_2 范数的平方(数据为一维时它和平方等价)，实线表示 L_1 范数。显然，L_2 范数虽然对 $|x|\leqslant 1$ 中的数据具有抑制作用，但是对 $|x|>1$ 中的数据具有放大作用。L_1 范数可以保持原始数据的相对大小，并对所有的数据有相对较小的放大作用。为了进一步提高 SPCA 方法的鲁棒性，有学者提出降低主成分对异常值敏感性的 RSPCA。该方法用 L_1 范数替换目标函数中的 L_2 范数[15]，即

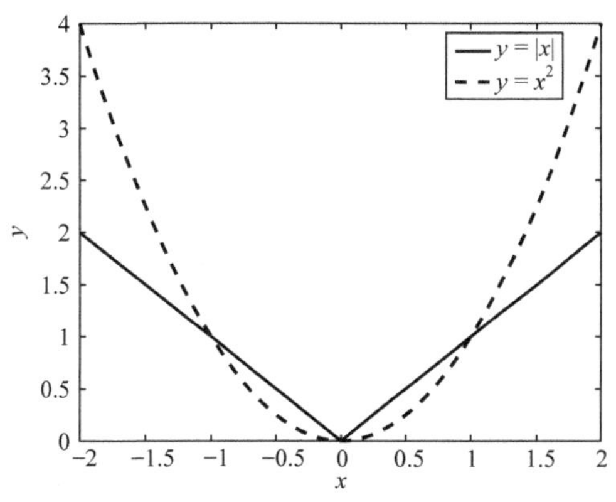

图 12.1　L_1 范数和 L_2 范数对信号的放大效应曲线

$$
\begin{aligned}
& w^* = \operatorname{argmax} \| X^{\mathrm{T}} w_1 \|_1 \\
& \text{s.t.} \quad w^{\mathrm{T}} w = 1, \quad \| w \|_1 < s
\end{aligned} \tag{12.3}
$$

RSPCA 优化要求在 L_1 范数惩罚项约束存在的条件下使投影变换的 L_1 范数最大。为了获取 RSPCA 的主成分，算法 1 给出了一个最优方向向量 w^* 的计算方法。该算法的收敛性和获得稀疏方向向量的合理性在理论上得到了验证[15]。

算法 1：RSPCA 算法获取一个稀疏方向向量。

输入：数据矩阵 X，稀疏度 s。

输出：稀疏度为 s 的主成分的方向向量 w^*。

① 初始化 $w(0) \in \mathrm{R}^{1\times m}$，设置 $w(0) = \dfrac{w(0)}{\| w(0) \|_2}$，并且 $k = 0$。

② 令 $v = (v_1, v_2, \cdots, v_b)^{\mathrm{T}} = \sum\limits_{i=1}^{n} p_i(t) X_i$，其中 $p_i(k) = \begin{cases} 1, & w^{\mathrm{T}}(k) X_i \geqslant 0 \\ -1, & w^{\mathrm{T}}(k) X_i < 0 \end{cases}$，$X_i$ 为矩阵 X 的第 i 列。令 γ 为 $|v|$ 中第 $s+1$ 大的元素。

③ 令 $\beta = (\beta_1, \beta_2, \cdots, \beta_b)^{\mathrm{T}}$，其中 $\beta_i = \operatorname{sgn}(v_i)(|v_i| - \gamma)_+, i = 1, 2, \cdots, b$。这里，$(z)_+ = \begin{cases} z, & x > 0 \\ 0, & x \leqslant 0 \end{cases}$ 和 $\operatorname{sgn}(z) = \begin{cases} 1, & z > 0 \\ 0, & z = 0 \\ -1, & z < 0 \end{cases}$ 代表阈值和符号函数。令 $w(k+1) = \dfrac{\beta}{\beta_2}$，且 $k = k + 1$。

④ 如果 $w(k) \neq w(k+1)$。返回步骤②。

⑤ 如果存在 i 使 $w^{\mathrm{T}}(k) X_i = 0$，并且 $\operatorname{sgn}\left(\sum\limits_{j=1}^{n} | w(k)_j X_{j,i} | \right) \neq 0$，然后令 $\dfrac{w^{\mathrm{T}}(k) + \Delta w}{\| w^{\mathrm{T}}(k) + \Delta w \|_2}$ 并返回步骤②；否则，继续。这里，Δw 是一个很小的非零随机向量。

⑥ 设置 $w^* = w(k)$，并停止迭代。

⑦ 输出 w^*。

算法 1 在计算最优稀疏方向向量的时候需要提前给出数据的稀疏度 s。一般来说，输入数据的稀疏性是未知且不确定的。更重要的是，RSPCA 方法不能直接应用于质量相关的过程监控，因此本章将 L_1 范数引入 PLS 方法中。

12.3　L_1 PLS 基本原理

本节提出一种 L_1 PLS 方法，以提高传统 PLS 的鲁棒性。PLS 从输入空间和输出空间提取满足以下条件的主成分，即尽可能地携带各自变量空间的最大变异信息(代表性)，并且使二者之间的相关程度尽可能大(相关性)。以提取第一个主成分为例，PLS 可转化为求解如下优化目标，即

$$\begin{aligned} E_0^{\mathrm{T}} F_0 F_0^{\mathrm{T}} E_0 w_1 = \theta^2 w_1 \quad \text{s.t.} \quad w_1^{\mathrm{T}} w_1 = 1 \\ F_0^{\mathrm{T}} E_0 E_0^{\mathrm{T}} F_0 c_1 = \theta^2 c_1 \quad \text{s.t.} \quad c_1^{\mathrm{T}} c_1 = 1 \end{aligned} \tag{12.4}$$

其中，w_1 和 c_1 为主成分 t_1 和 u_1 的方向向量。

优化问题式(12.4)转化为求特征向量 $E_0^{\mathrm{T}} F_0 F_0^{\mathrm{T}} E_0$ 和 $F_0^{\mathrm{T}} E_0 E_0^{\mathrm{T}} F_0$ 的最大特征值 θ^2 对应的单位向量 w_1 和 c_1。可以看出，式(12.4)满足 PLS 代表性和相关性的要求。将式(12.4)两边分别同时乘 w_1^{T} 和 c_1^{T}，可得

$$\begin{aligned} w_1^{\mathrm{T}} E_0^{\mathrm{T}} F_0 F_0^{\mathrm{T}} E_0 w_1 = \theta^2 \quad \text{s.t.} \quad w_1^{\mathrm{T}} w_1 = 1 \\ c_1^{\mathrm{T}} F_0^{\mathrm{T}} E_0 E_0^{\mathrm{T}} F_0 c_1 = \theta^2 \quad \text{s.t.} \quad c_1^{\mathrm{T}} c_1 = 1 \end{aligned} \tag{12.5}$$

进一步，简化可得

$$\begin{aligned} w_1^* = \operatorname{argmax} \| w_1^{\mathrm{T}} E_0^{\mathrm{T}} F_0 \|_2^2 \quad \text{s.t.} \quad w_1^{\mathrm{T}} w_1 = 1 \\ c_1^* = \operatorname{argmax} \| c_1^{\mathrm{T}} F_0^{\mathrm{T}} E_0 \|_2^2 \quad \text{s.t.} \quad c_1^{\mathrm{T}} c_1 = 1 \end{aligned} \tag{12.6}$$

其中，w_1^* 和 c_1^* 为最优方向向量。

显然，传统 PLS(式(12.4))的优化问题在式(12.6)中表现为 L_2 范数的优化问题。

众所周知，噪声在大多数情况下通过方向向量(w_1 和 c_1)进入回归模型，并影响 PLS 回归参数的估计。受式(12.3)的启发，我们用 L_1 范数替换目标函数式(12.6)中的 L_2 范数，并对方向向量施加 L_1 范数惩罚项约束。因此，基于 L_1 范数的 L_1 PLS 方法目标为

$$\begin{aligned} w_1^* = \operatorname{argmax} \| w_1^{\mathrm{T}} E_0^{\mathrm{T}} F_0 \|_1 \quad \text{s.t.} \quad w_1^{\mathrm{T}} w_1 = 1, \| w_1 \|_1 < s_1 \\ c_1^* = \operatorname{argmax} \| c_1^{\mathrm{T}} F_0^{\mathrm{T}} E_0 \|_1 \quad \text{s.t.} \quad c_1^{\mathrm{T}} c_1 = 1, \| c_1 \|_1 < s_2 \end{aligned} \tag{12.7}$$

其中，s_1 和 s_2 为输入空间数据和输出空间数据的稀疏度。

根据以上分析，尽管式(12.4)中方向向量(w_1 和 c_1)的解包含输入数据 E_0 和输出数据 F_0 之间的相关性，但它们可以在式(12.7)中单独求解。因此，可以根据算法 1 求解式(12.7)，将相应的输入数据矩阵 X 换成 $E_0^{\mathrm{T}} F_0$ 和 $F_0^{\mathrm{T}} E_0$，即可实现 w_1^* 和 c_1^* 的计算。

一旦得到最优的方向向量 w_1 和 c_1，就可以计算出潜空间的得分向量，进一步得到第一对主分量 t_1 和 u_1，即

$$t_1 = E_0 w_1, \quad u_1 = F_0 c_1 \tag{12.8}$$

接下来，建立 E_0 和 F_0 对 t_1 的回归系数，也就是载荷向量。在传统的 PLS 模

型中，回归系数 p_1 和 q_1 可通过最小二乘估计得到，即

$$p_1 = \frac{E_0^{\mathrm{T}} t_1}{t_1^{\ 2}}$$
$$q_1 = \frac{F_0^{\mathrm{T}} t_1}{t_1^{\ 2}} \tag{12.9}$$

同样，最小二乘估计也容易受到异常值的影响，而最小一乘 LAD 回归在一定程度上可以降低异常值对回归系数的影响。因此，为了进一步提高回归系数的鲁棒性，在 L_1 PLS 算法中可以使用 LAD 回归求解回归系数，即

$$p_1^* = \operatorname{argmin} \| E_0 - t_1 p_1^{\mathrm{T}} \|_1$$
$$q_1^* = \operatorname{argmin} \| F_0 - t_1 q_1^{\mathrm{T}} \|_1 \tag{12.10}$$

其中，p_1^* 和 q_1^* 为式(12.10)的最优解。

显然，式(12.10)的本质也是 L_1 范数的形式。当异常值数量较少时，可以不必使用式(12.4)的范数形式求解回归系数，因为方向向量是通过 L_1 范数最大化求解得到的，此时异常值的影响已经被减弱很多。此外，从图 12.1 可以看出，当异常值与正常值差异较小时，L_1 范数与 L_2 范数的影响几乎相同。

计算残差矩阵 E_1 和 F_1，即

$$E_1 = E_0 - t_1 p_1^{\mathrm{T}}, \quad F_1 = F_0 - u_1 q_1^{\mathrm{T}} \tag{12.11}$$

与提取第一对主成分类似，其他主成分通过迭代分解残差 E_i 和 $F_i, (i = 1, 2, \cdots, d-1)$ 计算得到，直到根据提取的主成分确定的模型满足交叉有效性检验要求。

综上所述，该算法的双重鲁棒性体现在以下两个方面。

① L_1 PLS 算法采用 L_1 范数为目标函数，增加 L_1 范数惩罚项约束，并使用算法 1 实时计算最优方向向量，多层面增强算法的鲁棒性。

② 在异常值较多的情况下，使用 LAD 估计计算回归系数可以在一定程度上降低异常值对回归系数的影响，进一步增强算法的鲁棒性。

12.4 基于 L_1 PLS 的监控模型

L_1 PLS 只改进了方向向量 w_1 和 c_1，以及回归系数 p_1 和 q_1 的计算，并不影响其他步骤，因此基于 L_1 PLS 的监控和 PLS 监控相同。在 L_1 PLS 监控中，仍然使用 T^2 和 T_e^2 统计量来监控主成分子空间和残差子空间。算法 2(离线建模)和算法 3(在线监控)详细说明了基于 L_1 PLS 模型的监控过程。L_1 PLS 监控流程如图 12.2 所示。

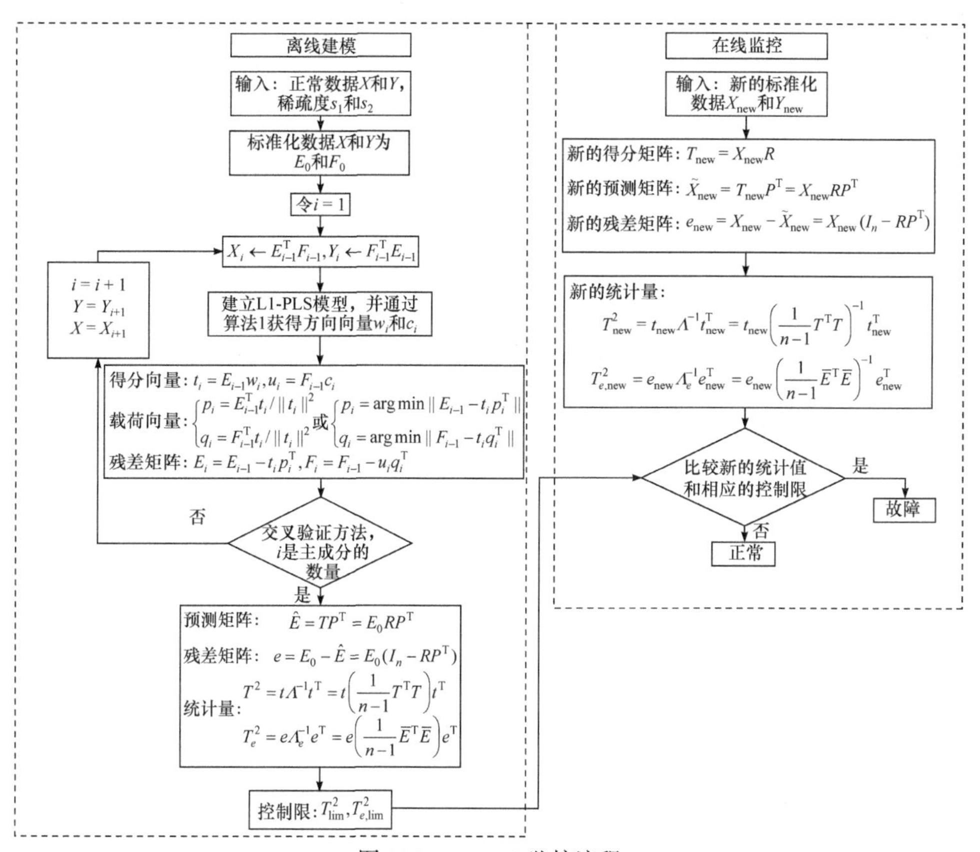

图 12.2　L_1 PLS 监控流程

在算法 2 和算法 3 中，Λ 和 Λ_e 代表样本协方差矩阵，采用式(1.33)估计 T^2 和 T_e^2 对应的控制限。算法 2 仍然存在一个关键问题，即需要事先给出输入和输出空间的稀疏度 s_1 和 s_2。目前，有两种常用的策略来确定 s_1 和 s_2。第一种是基于变量投影重要性(variable importance in projection，VIP)的方法[16]。该方法根据输出变量的第 j 个预测值的 VIP 得分判断该变量是否是无关变量。通常以大于阈值 ϵ 为判定标准，其中 ϵ 应根据不同情况下整体数据的分布来调整。第二种策略是基于选择比的方法[2]。该方法计算 X 变量对 y 目标投影分量的解释与残差的比率，记为变量选择比，采用 F 检验定义重要变量和无关变量之间的边界。因为 VIP 方法简单且容易执行，所以选择 VIP 方法确定稀疏度 s_1 和 s_2。

值得注意的是，稀疏的作用是实现变量选择。给出稀疏度有利于限制 PLS 方向向量中无关变量的数量，从而实现稀疏 L_1 PLS。如果数据的稀疏度不确定，则将稀疏度 s_1 和 s_2 分别设为输入和输出变量的个数，以消除由稀疏度引起的不确定性。因此，基于不同的稀疏度，L_1 PLS 亦可扩展为 L_1 SPLS。

算法 2：基于 L₁ PLS 算法的离线建模。

输入：正常数据集 $X=[x_1,x_2,\cdots,x_m]\in \mathrm{R}^{n\times m},Y=[y_1,y_2,\cdots,y_l]\in \mathrm{R}^{n\times l}$，稀疏度 s_1 和 s_2。

输出：R、P、T、$\bar{E}$ 和控制限 $T_{\lim}^2$、$T_{e,\lim}^2$。

① 将 X 和 Y 标准化为 E_0 和 F_0。

② 对于 $i=1,2,\cdots,d$，主成分个数 d 通过交叉验证获得。

对投影矩阵 $E_{i-1}^{\mathrm{T}}F_{i-1}$ 和 $F_{i-1}^{\mathrm{T}}E_{i-1}$ 分别应用算法 1 得到方向向量 w_i 和 c_i。

计算得分矩阵，即 $t_i=E_{i-1}w_i,u_i=F_{i-1}c_i$。

计算载荷矩阵，即 $\begin{cases}p_1=E_0^{\mathrm{T}}t_1/\|t_1\|^2\\ q_1=F_0^{\mathrm{T}}t_1/\|t_1\|^2\end{cases}$ 或者 $\begin{cases}p_1^*=\mathrm{argmin}\|E_0-t_1p_1^{\mathrm{T}}\|_1\\ q_1^*=\mathrm{argmin}\|F_0-t_1q_1^{\mathrm{T}}\|_1\end{cases}$。

计算残差矩阵，即 $E_i=E_i-t_ip_i^{\mathrm{T}}$ 和 $F_i=F_i-u_iq_i^{\mathrm{T}}$。

③ 用原始矩阵 E_0 描述，即 $T=E_0R$，其中 $R=[r_1,r_2,\cdots,r_d]$，$r_1=\prod_{j=1}^{i-1}(I_n-w_jp_j^{\mathrm{T}})w_i$。令

$$\hat{E}=TP^{\mathrm{T}}=E_0RP^{\mathrm{T}}$$
$$\bar{E}=E_0-\hat{E}=E_0(I_n-RP^{\mathrm{T}})$$

④ 对于归一化的数据样本 x，计算其估计值、残差和相应主成分的值，即

$$\hat{x}=RP^{\mathrm{T}}x$$
$$t=Rx$$
$$e=x-\hat{x}=(I-RP^{\mathrm{T}})x$$

⑤ 计算统计量 T^2 和 T_e^2，即

$$T^2:=t\Lambda^{-1}t^{\mathrm{T}}=t\left(\frac{1}{n-1}T^{\mathrm{T}}T\right)^{-1}t^{\mathrm{T}}$$
$$T_e^2:=e\Lambda_e^{-1}e^{\mathrm{T}}=e\left(\frac{1}{n-1}\bar{E}^{\mathrm{T}}\bar{E}\right)^{-1}e^{\mathrm{T}}$$

⑥ 基于 KDE 计算控制限 $T_{\lim}^2$、$T_{e,\lim}^2$。

算法 3：基于 L₁ PLS 算法的在线监控。

输入：R、P、T、$\bar{E}$、$T_{\lim}^2$、$T_{e,\lim}^2$，以及新采集的数据 x_{new} 和 y_{new}。

输出：故障报警结果。

① 计算新数据的得分矩阵为 $t_{\mathrm{new}}=x_{\mathrm{new}}R$。

② 计算新数据的预测和残差，即

$$\tilde{x}_{\text{new}} = t_{\text{new}} P^{\text{T}} = x_{\text{new}} R P^{\text{T}}$$

$$e_{\text{new}} = x_{\text{new}} - \tilde{x}_{\text{new}} = x_{\text{new}} (I_n - R P^{\text{T}})$$

③ 计算新数据的统计量 T_{new}^2 和 $T_{e,\text{new}}^2$ 为

$$T_{\text{new}}^2 = t_{\text{new}} \Lambda^{-1} t_{\text{new}}^{\text{T}} = t_{\text{new}} \left(\frac{1}{n-1} T^{\text{T}} T \right)^{-1} t_{\text{new}}^{\text{T}}$$

$$T_{e,\text{new}}^2 := e_{\text{new}} \Lambda_e^{-1} e_{\text{new}}^{\text{T}} = e_{\text{new}} \left(\frac{1}{n-1} \bar{E}^{\text{T}} \bar{E} \right)^{-1} e_{\text{new}}^{\text{T}}$$

④ 将 T_{new}^2 和 $T_{e,\text{new}}^2$ 与对应控制限 T_{lim}^2 和 $T_{e\ \text{lim}}^2$ 进行比较，判断是否发生故障。

12.5　TE 过程仿真分析

实验中的输入变量 X 由 22 个过程变量(XMEAS(1:22))和 9 个操作变量(XMV(1:11))组成，XMV(5)和 XMV(9)除外。输出变量 Y 由质量成分 G (XMEAS(35))和 H (XMEAS(36))组成。通过两个仿真例子验证 L_1 PLS 故障检测的有效性。

12.5.1　主成分的鲁棒性分析

L_1 PLS 方法的鲁棒性体现在方向向量的实现，可以直接反映主成分的鲁棒性，因此异常值引起的主成分结构变化是鲁棒性分析的重点。我们将证明过程数据存在异常值时，L_1 PLS 获得的主成分几乎不受异常值的影响。为更好地阐述 L_1 PLS 的特点，本节对 PLS 和 RPLS 的结果进行比较。输入数据 $X \in \text{R}^{960\times 31}$ 和输出数据 $Y \in \text{R}^{960\times 2}$ 是 TE 过程正常运行采样得到的，并在正常输入数据中添加异常值，即

$$X(k) = X^*(k) + \Xi_j(k) \tag{12.12}$$

其中，$X^*(k)$ 为 TE 过程的第 k 个正常数据样本($k = 1,2,\cdots,960$)；Ξ_j 为服从 $N(0, 2000)$的高斯分布，是随机产生的异常值。

为便于验证，将特定随机种子生成的三种可重复的异常值添加到训练集中：对 x_{12} 的[14:17]列添加 $\Xi_1(12) = [-71.2941, 4.9291, 35.1987, -0.0996]^{\text{T}}$；对 x_{140} 的[29:31]列添加 $\Xi_2(140) = [4.164, -16.9117, -66.3073]^{\text{T}}$；对 x_{200} 的[1:6]列添加 $\Xi_3(200) = [-1.9596, 42.9694, 77.7367, -19.2394, -72.7761, 7.439]^{\text{T}}$。

异常值 $\Xi_1(12)$ 表示只有 $k = 12$ 时，$X(12)$的第 14、15、16 和 17 这几个变量异常，其他采样时间和其他变量仍然正常。另外两个异常值具有相似的含义。

L_1 PLS 中的稀疏度分别设置为输入和输出空间的变量维数，即稀疏度 s_1 和 s_2

分别为 31 和 2。此时，L_1 PLS 的方向向量能反映所有变量的变化。通过交叉检验确定 PLS、RPLS 和 L_1 PLS 三种方法的主成分个数 d，分别为 6、6 和 2。记主成分 $t_i=\sum_{j=1}^{n}w_{ij}x_j, i=1,2,\cdots,d$，$w_{ij}$ 为 r_i 的第 j 个元素。不同数据建模得到的系数 w_{ij} 是不同的，因此通过有无添加异常值数据建模得到的系数 w_{ij} 对比，分析异常值对主成分的影响。定义如下相对变化率(relative rate of change，RRC)指标定量地说明权重系数的变化，即

$$\begin{aligned}\mathrm{RRC}_{1,i}&=\max\{|w_{ij,\mathrm{normal}}-w_{ij,\mathrm{outliers}}|\}\\\mathrm{RRC}_{2,i}&=\|w_{i,\mathrm{normal}}-w_{i,\mathrm{outliers}}\|_1\end{aligned}\tag{12.13}$$

其中，$w_{i,\mathrm{normal}}=[w_{ij}]_{\mathrm{normal}}$ 为正常样本的第 i 个主成分方法向量；$w_{i,\mathrm{outliers}}=[w_{ij}]_{\mathrm{outliers}}$ 为加入异常值样本的第 i 个主成分方向向量。

令 RRC_1 为两个系数集的最大绝对误差，代表 w_{ij} 变化的最坏值；RRC_2 为两个系数集的绝对误差之和，代表 w_{ij} 的总体变化。图 12.3 和图 12.4 所示为 PLS 和 L_1 PLS 方法第一主成分和第二主成分各个分量的权重变化。表 12.1 所示为 PLS、L_1 PLS、L_1 SPLS 方法主成分变化 RRC_i 指标对比，即 PLS、L_1 SPLS 和 L_1 PLS 三种方法的前两个主成分(t_1 和 t_2)对应 w_{ij} 的 RRC_i，$i=1,2$ (数值越小代表越好)。

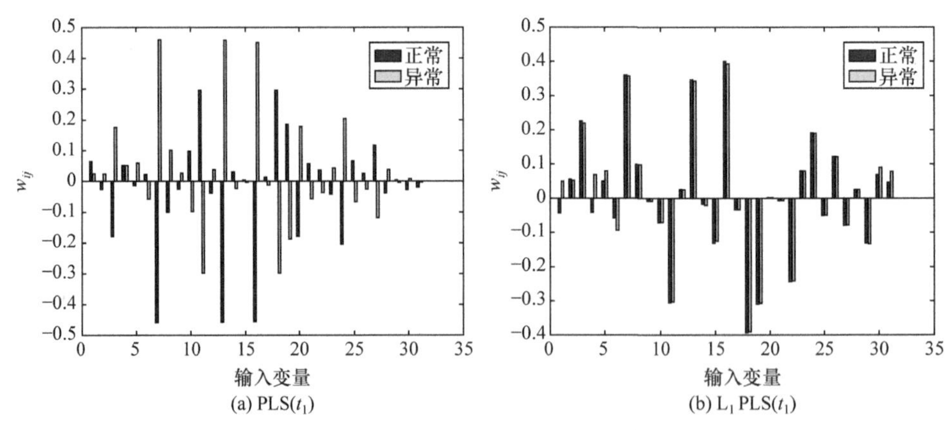

图 12.3 PLS 和 L_1 PLS 方法第一主成分各个分量的权重

表 12.1 PLS、L_1 PLS、L_1 SPLS 方法主成分变化 RRC_i 指标对比

指标	PLS		L_1 PLS		L_1 SPLS	
	t_1	t_2	t_1	t_2	t_1	t_2
RRC_1	0.919	0.349	0.005	0.040	0.110	0.121
RRC_2	7.093	1.247	0.016	0.130	0.368	0.329

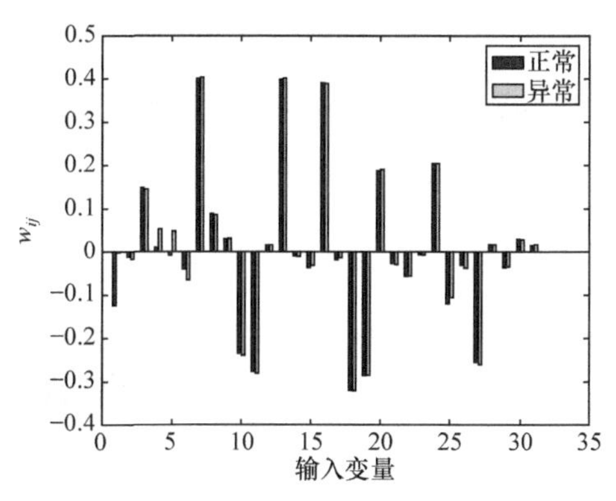

图 12.4　PLS 和 L_1 PLS 方法第二主成分各个分量的权重

从图 12.3 和图 12.4，以及表 12.1 可以看出，无论采用哪种方法，异常值都会在一定程度上影响主成分的结构。一般来说，异常值对 PLS 的主成分提取有较大的不利影响，导致其主成分结构发生变化；在鲁棒协方差估计的方法下，离群值被剔除或被替换，因此异常值对 RPLS 方法的主成分提取的影响不大；L_1 PLS 保留了所有样本，由于 L_1 范数对离群值不敏感，所以异常值对 L_1 PLS 方法的主成分提取的只有轻微的影响。不论 RRC_1 还是 RRC_2，异常值引起 L_1 PLS 的两个主成分结构变化几乎是相同的，都处于一个可以接受的范围。在实际中，特别是当数据遵循重尾分布时，具有离群值的样本可能是系统状态的真实反映[7]。尽管离群值对方向向量计算有一定的影响，但是保留离群值对主成分的提取在某些情形下更符合实际。

进一步分析 t_1 和 t_2 的结构可以发现，这两类方法提取的主成分有很大的不同。为了更好地解释不同方法中 t_1 和 t_2 的结构，以 IDV(14)为例进行深入分析，IDV(14)的典型过程变量检测结果如图 12.5 所示，其中 x_9、x_{21} 和 x_{30} 的检测结果类似。对于 t_1 和 t_2，PLS 方法中 x_9、x_{21} 和 x_{30} 的权重绝对值之和(0.062)超过 L_1 PLS (0.025)的两倍。这些权重的差异在系统正常运行时不会显著影响输出的预测值和性能监控。但在不同的故障模型下，这些差异会被放大。例如，在故障模型下，IDV(14)和 IDV(17)的监控中，PLS 中 x_{21} 和 x_{30} (特别是 x_{30})的作用被放大，导致不正确的质量预测和质量相关检测结果如 IDV(7)、IDV(14)、IDV(17)和 IDV(18)的 PLS (outliers)和 L_1 PLS (outliers)输出预测值。与之相反，L_1 范数可以更好地保持这些变量的相对大小，因此在提取的主成分中，x_{21} 和 x_{30} 的作用没有被放大。总之，通过 L_1 范数提取的主成分在一定程度上能够更好地反映输入空间和输出空间之间的关系。

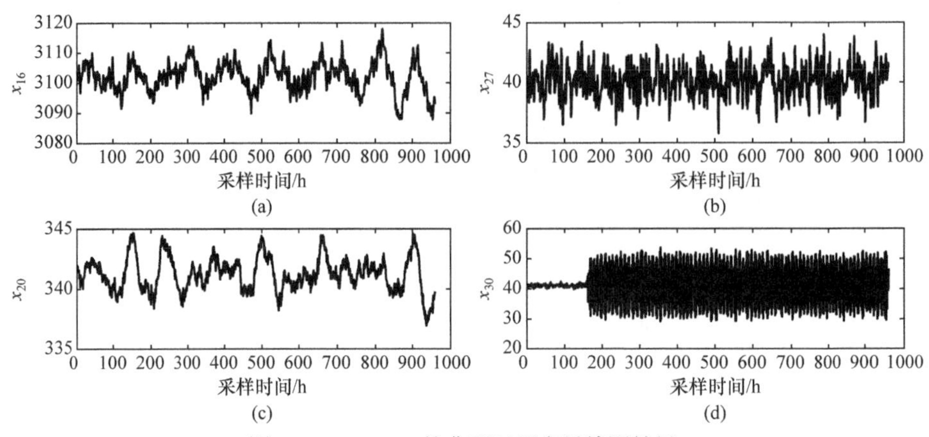

图 12.5　IDV(14)的典型过程变量检测结果

12.5.2　预测和监控性能的鲁棒性

上面分析了 L_1 PLS 方法的主成分鲁棒性，但是三种方法的主成分数量不同，因此这个鲁棒性检验只能反映 L_1 PLS 鲁棒性的一个方面。下面分析 L_1 PLS 方法在质量预测和质量监控两个性能上的鲁棒性。特别是，预测性能可以直接反映模型的准确性。故障 IDV(21)是蒸汽阀门位置不断变化导致的质量输出缓慢漂移的一类故障，对这类故障模型的鲁棒性难以用某个指标定量衡量，因此本节只分析前 20 个故障。在仿真实验中，L_1 SPLS 模型的稀疏度由 VIP 方法确定，输入空间 $s_1 = 14$，输出空间 $s_2 = 2$。

1. 预测性能分析

L_1 PLS 对前 20 个故障都具有良好的输出预测结果。PLS(outliers)和 L_1 PLS (outliers)表示该模型是由加入异常值后的数据训练得到的。为了更清楚地说明以上结果，选择 IDV(7)、IDV(14)、IDV(17)和 IDV(18)进行预测性能的比较。图 12.6 所示为 IDV(7)、IDV(14)、IDV(17)和 IDV(18)的 PLS(outliers)输出预测值。图 12.7

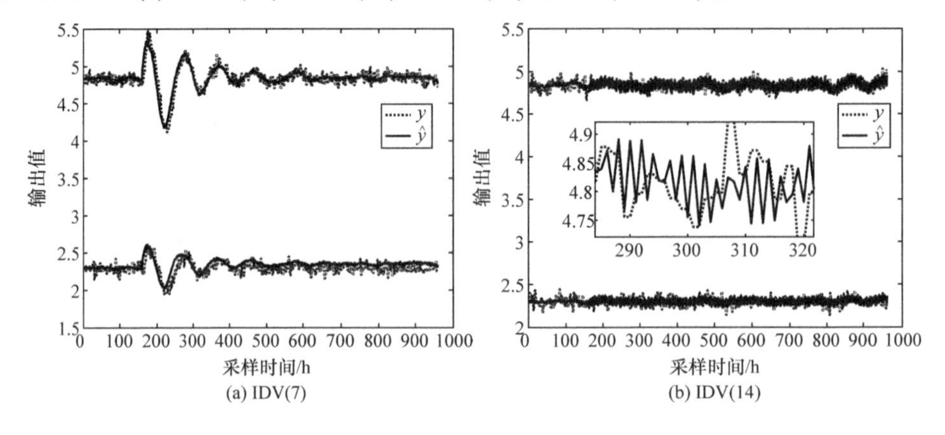

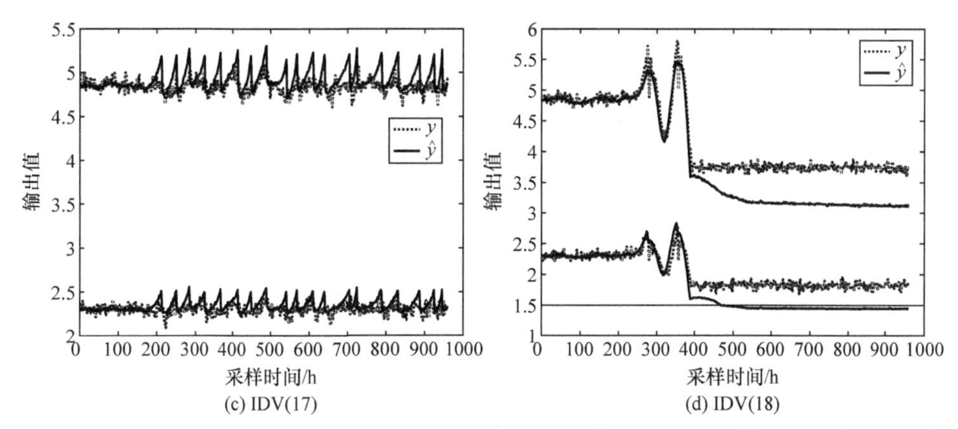

(c) IDV(17)　(d) IDV(18)

图 12.6　IDV(7)、IDV(14)、IDV(17)和 IDV(18)的 PLS(outliers)输出预测值

所示为 IDV(7)、IDV(14)、IDV(17)和 IDV(18)的 L_1 PLS (outliers)输出预测值。其中，虚线是实际输出值，实线是预测输出值。图中前 160 个样本是正常数据，后 800 个样本是添加了故障的数据。

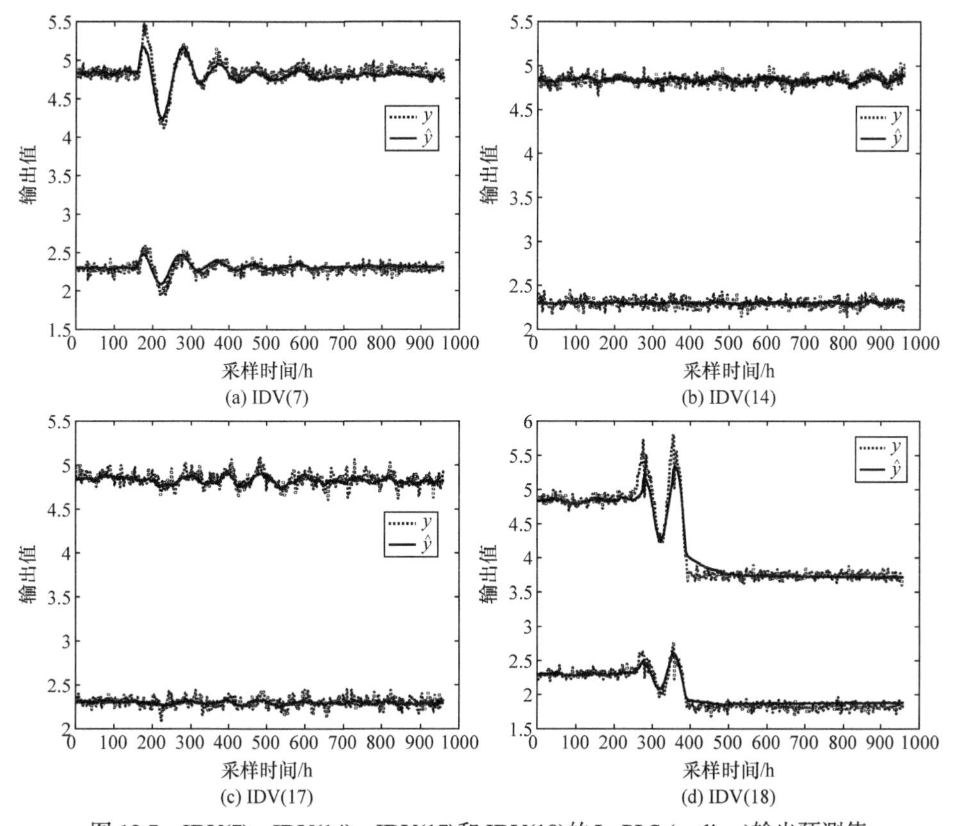

(a) IDV(7)　(b) IDV(14)　(c) IDV(17)　(d) IDV(18)

图 12.7　IDV(7)、IDV(14)、IDV(17)和 IDV(18)的 L_1 PLS (outliers)输出预测值

故障IDV(7)是阶跃变化，两种方法对它的输出预测都给出了一致的结论，这是由于过程中的反馈控制器或者串级控制器可以降低故障和异常值对产品质量的影响。对于其他三种故障，即IDV(14)、IDV(17)和IDV(18)，两种方法的输出预测结果有明显的差异。当系统在正常操作的情况下，PLS和L_1 PLS具有相同的良好预测性能。然而，在添加异常值后获得的模型中，PLS方法不能准确预测系统输出(图12.6)，而L_1 PLS仍然能快速跟踪输出变化，并做出正确的预测(图12.7)。特别是，对故障IDV(17)和IDV(18)，PLS给出了错误的预测结果。实验表明，L_1 PLS的预测性能更好，即使数据被异常值污染，仍然能准确预测输出。换句话说，L_1 PLS具有更强的鲁棒预测性能。

2. 监控性能分析

监控性能的鲁棒性主要通过故障诊断的准确性验证。诊断指标一般采用式(4.1)给出的FDR和FAR。PLS和L_1 PLS均使用99.75%置信限。两种模型的FAR结果基本相同，表明L_1 PLS不会增加误报的风险。表12.2所示为PLS、L_1 PLS和L_1 SPLS对前20种故障检测的FDR结果。表12.3是添加异常值后的FDR结果，分别对应为PLS(outliers)、L_1PLS (outliers)和L_1 SPLS(outliers) 方法。

表12.2　PLS、L_1 PLS和L_1 SPLS对前20种故障检测的FDR结果

故障序号IDV	PLS		L_1 PLS		L_1 SPLS	
	T^2	T_e^2	T^2	T_e^2	T^2	T_e^2
1	99.63	99.75	60.00	99.75	31.38	99.75
2	98.50	98.25	98.25	98.38	98.25	98.38
3	1.00	1.38	0.75	1.75	0.50	1.75
4	19.13	100.00	0.88	100.00	0.00	100.00
5	22.00	100.00	18.38	100.00	17.13	100.00
6	99.25	100.00	98.38	100.00	98.13	100.00
7	100.00	100.00	68.75	100.00	31.38	100.00
8	96.00	97.88	89.00	97.88	88.50	97.88
9	0.50	1.13	0.25	1.38	0.38	1.38
10	26.38	84.25	19.13	85.38	15.63	85.38
11	26.63	76.50	1.13	77.88	0.88	77.88
12	97.50	99.88	84.00	99.88	84.00	99.88
13	94.88	95.13	82.13	95.25	82.25	95.25
14	91.50	100.00	0.38	100.00	0.00	100.00
15	1.25	2.63	1.00	3.75	0.63	3.75
16	20.13	42.75	9.00	46.13	7.00	46.13

续表

故障序号 IDV	PLS		L_1 PLS		L_1 SPLS	
	T^2	T_e^2	T^2	T_e^2	T^2	T_e^2
17	77.38	96.75	10.00	97.00	1.63	97.00
18	89.38	90.13	88.75	90.13	88.75	90.13
19	0.50	34.50	0.13	37.88	0.00	37.88
20	30.50	90.50	20.75	90.38	19.00	90.38

表 12.3　PLS(outliers)、L_1 PLS(outliers)和 L_1 SPLS(outliers)对前 20 种故障检测的 FDR 结果

故障序号 IDV	PLS(outliers)		L_1 PLS(outliers)		L_1 SPLS(outliers)	
	T^2	T_e^2	T^2	T_e^2	T^2	T_e^2
1	99.88	99.75	28.38	99.75	36.63	99.75
2	98.63	98.25	98.00	98.25	98.25	98.25
3	3.25	0.88	0.13	1.13	0.63	1.13
4	7.63	100.00	0.25	100.00	0.00	100.00
5	24.88	27.88	14.75	28.38	16.88	28.38
6	99.75	100.00	98.38	100.00	98.25	100.00
7	100.00	100.00	59.88	100.00	29.50	100.00
8	96.50	97.75	84.50	97.88	88.00	97.88
9	0.88	0.88	0.00	1.00	0.38	1.00
10	37.50	77.63	11.00	80.50	15.25	80.50
11	16.00	73.75	0.50	74.75	0.88	74.75
12	95.88	99.25	78.50	99.25	83.63	99.25
13	95.50	95.00	80.25	95.25	82.00	95.25
14	89.75	100.00	0.00	100.00	0.00	100.00
15	4.38	0.50	0.13	0.88	0.75	0.88
16	33.88	28.38	4.50	35.13	6.25	35.13
17	76.88	96.63	6.13	96.63	1.50	96.63
18	90.00	89.88	88.00	89.88	88.63	89.88
19	1.13	28.38	0.00	30.00	0.00	30.00
20	36.50	77.13	15.63	77.75	19.75	77.75

对于严重的质量相关故障 IDV(2)、IDV(6)、IDV(8)、IDV(12)、IDV(13)和 IDV(18)，三种模型给出了一致的结果。对于其他类型的故障，检测结果差异很大，包括质量无关故障、质量可恢复故障和对质量有轻微影响的故障。在后续的监控

图中，实线表示统计量值。如果统计值超过控制限，表示对应的方法检测到故障发生。

(1) 情况 1：质量无关故障

对于故障 IDV(4)、IDV(11)和 IDV(14)，它们都与反应器冷却水有关，且几乎不影响输出产品质量。PLS、L_1 PLS 和 L_1 SPLS 对故障 IDV(4)、IDV(11)和 IDV(14)的检测结果如图 12.8～图 12.10 所示。从表 12.2 和这些图可以看出，PLS 模型给出了较高的报警率，并且报警点连续出现，导致严重的误报。与之对应的是 L_1 PLS 和 L_1 SPLS 的报警率很低，且报警点大多是随机出现的。L_1 PLS 可以有效滤除与质量无关的报警，减少与质量相关的误报。进一步，与 L_1 PLS 相比，L_1 SPLS 可以几乎完全消除这类与质量无关的误报。另外，从表 12.2 还可以发现，对于故障 IDV(3)、IDV(9)、IDV(15)和 IDV(19)，三种模型均给出了很低的报警率。但是，L_1 PLS 和 L_1 SPLS 的报警率更低，表明这两种方法几乎没有检测到与质量相关的故障。PLS、L_1 PLS 和 L_1 SPLS 对故障 IDV(15)和 IDV(19)的监控结果如图 12.11 和图 12.12 所示。

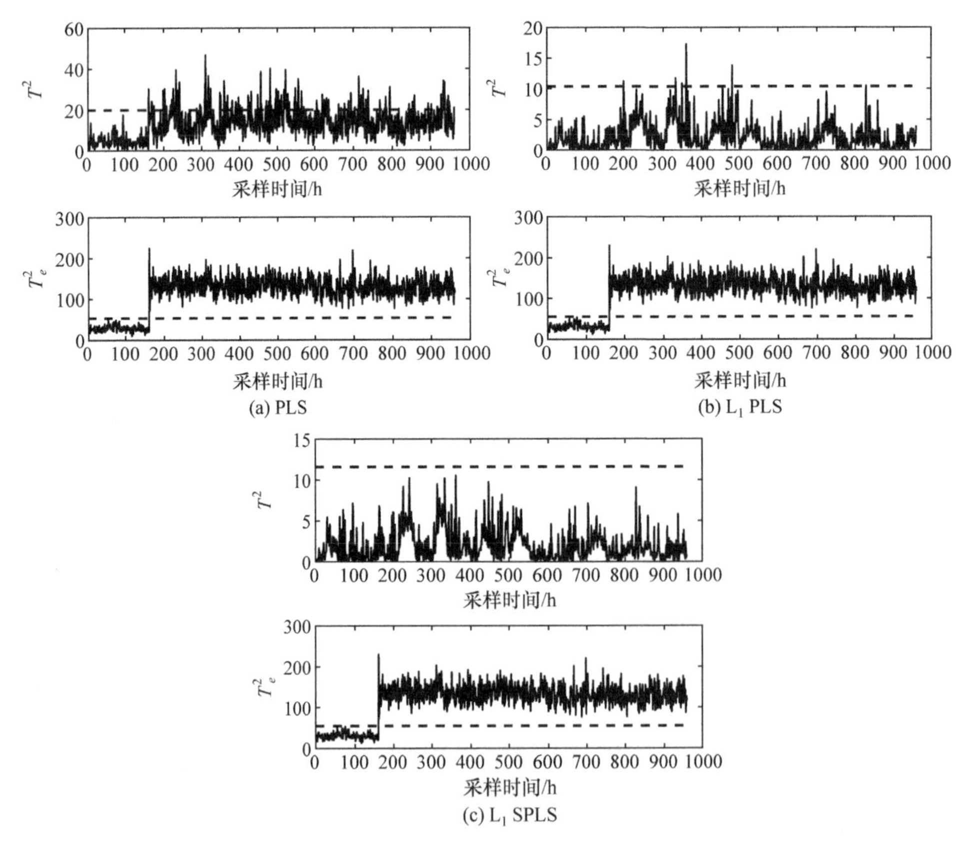

图 12.8　PLS、L_1 PLS 和 L_1 SPLS 对故障 IDV(4)的检测结果

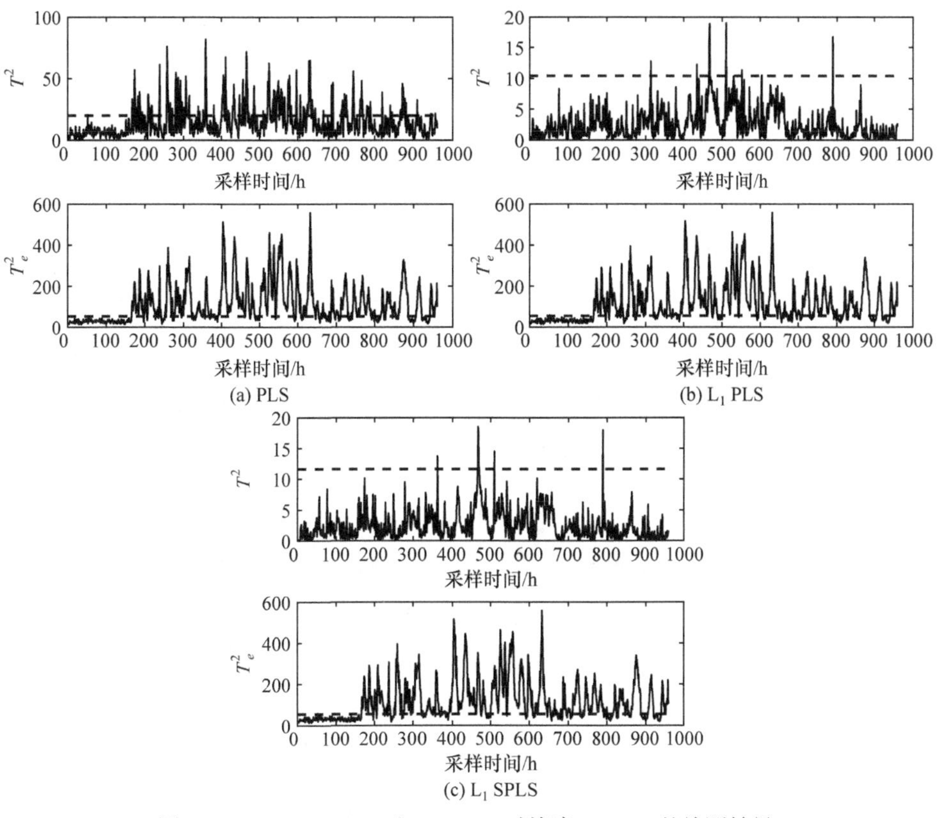

图 12.9　PLS、L_1 PLS 和 L_1 SPLS 对故障 IDV(11)的检测结果

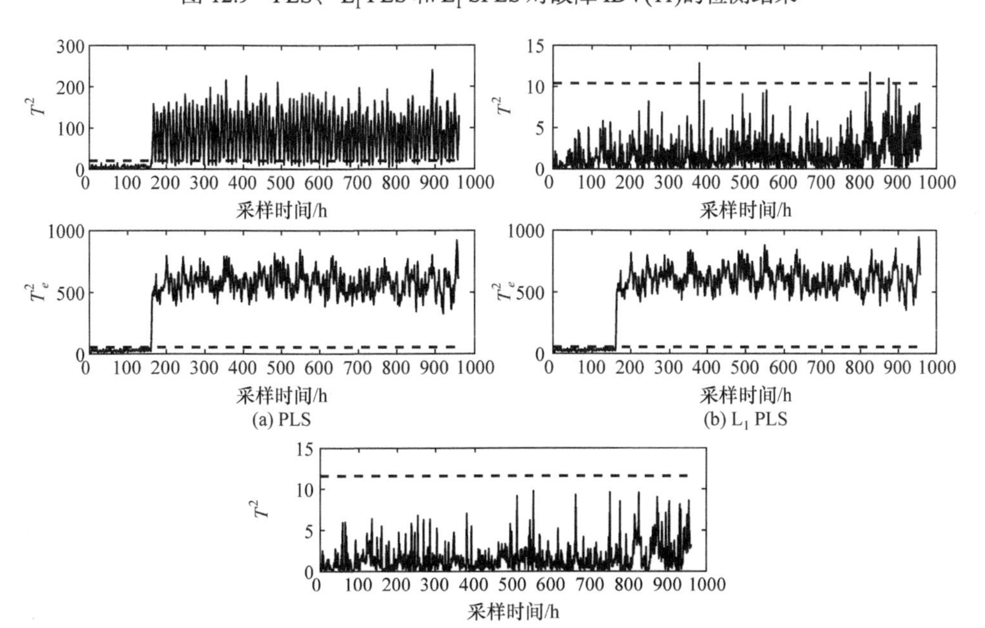

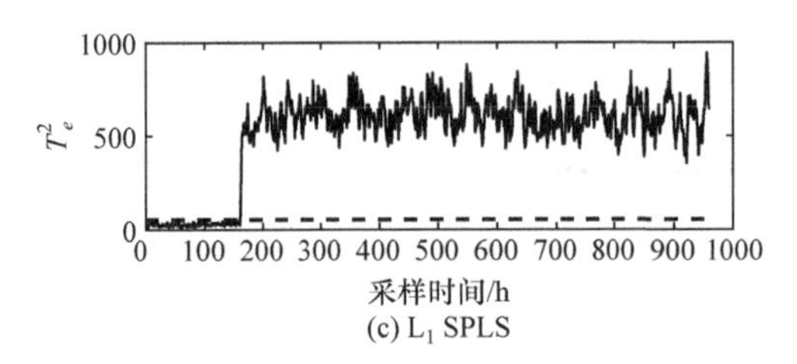

(c) L_1 SPLS

图 12.10　PLS、L_1 PLS 和 L_1 SPLS 对故障 IDV(14)的检测结果

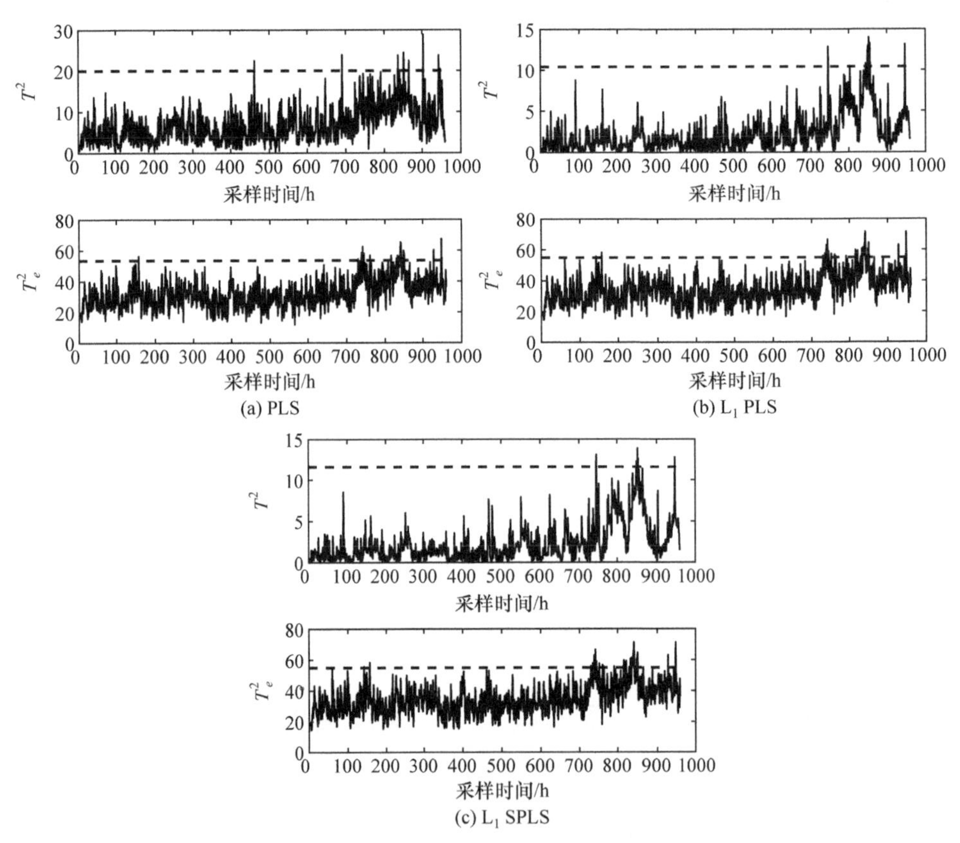

(a) PLS　(b) L_1 PLS　(c) L_1 SPLS

图 12.11　PLS、L_1 PLS 和 L_1 SPLS 对故障 IDV(15)的检测结果

当添加异常值时，PLS 模型对质量不相干故障提供了同样错误的结果，PLS(outliers)、L_1 PLS(outliers)和 L_1 SPLS(outliers)对前 20 种故障检测的 FDR 结果如表 12.3 所示。然而，L_1 PLS 对于故障 IDV(9)、IDV(14)和 IDV(19)的监控效果仍然很好，FDR 降低到 0 意味着完全消除了误报。因此，L_1 SPLS 在添加异常值后几乎不会对故障检测结果产生干扰。需要注意的是，L_1 PLS 在添加了异常值后的监控效果(表 12.3)反而比正常情况下的效果(表 12.2)好。可能的原因是，添加异常

值后导致输入数据中的信噪比在一定程度上变大，L_1 PLS 在建模时可以更有效地滤除噪声，因此建立的模型更加准确，监控效果也更好。

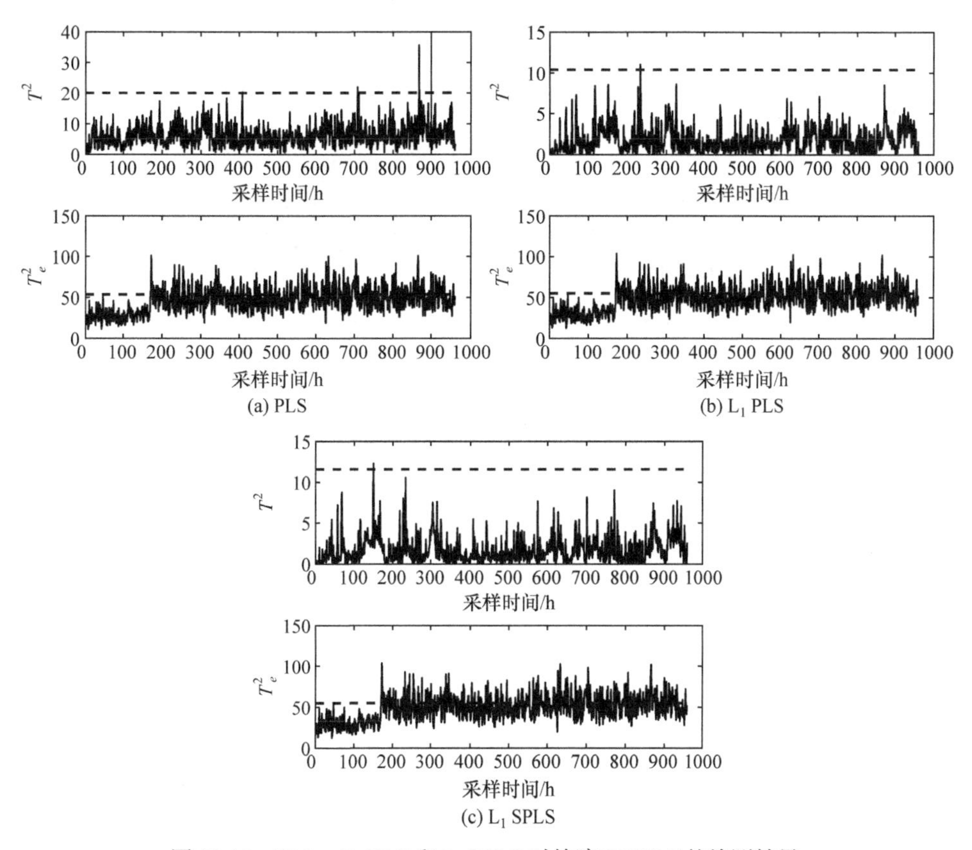

图 12.12 PLS、L_1 PLS 和 L_1 SPLS 对故障 IDV(19)的检测结果

(2) 情况 2：质量可恢复故障

由文献[12]可知，故障 IDV(1)、IDV(5)和 IDV(7)是质量可恢复故障。阶跃故障发生后，在反馈控制器或串级控制器的作用下，系统的输出趋正常，对应的与质量相关的统计值 T^2 应先超过控制限，然后逐渐恢复，回到控制限之下。如图 12.13 所示，L_1 PLS 和 L_1 SPLS 模型都给出了正确的报警结果。在 PLS 模型中，统计量 T^2 的值虽然也有收敛趋势，但均超过控制限值。这表明，该方法在过程监控中产生错误报警。故障 IDV(5)也是一个过程相关的故障。从表 12.2 和表 12.3 可以看出，L_1 PLS 和 L_1 SPLS 对该故障的 T^2 检测率均低于 PLS，这意味着检测结果更加准确。图 12.14 给出了 PLS、L_1 PLS 和 L_1 SPLS 对故障 IDV(5)的检测结果。PLS、L_1 PLS 和 L_1 SPLS 对故障 IDV(7)的检测结果如图 12.15 所示。PLS 给出了完全错误的结果，而其他两个模型的结果更准确。

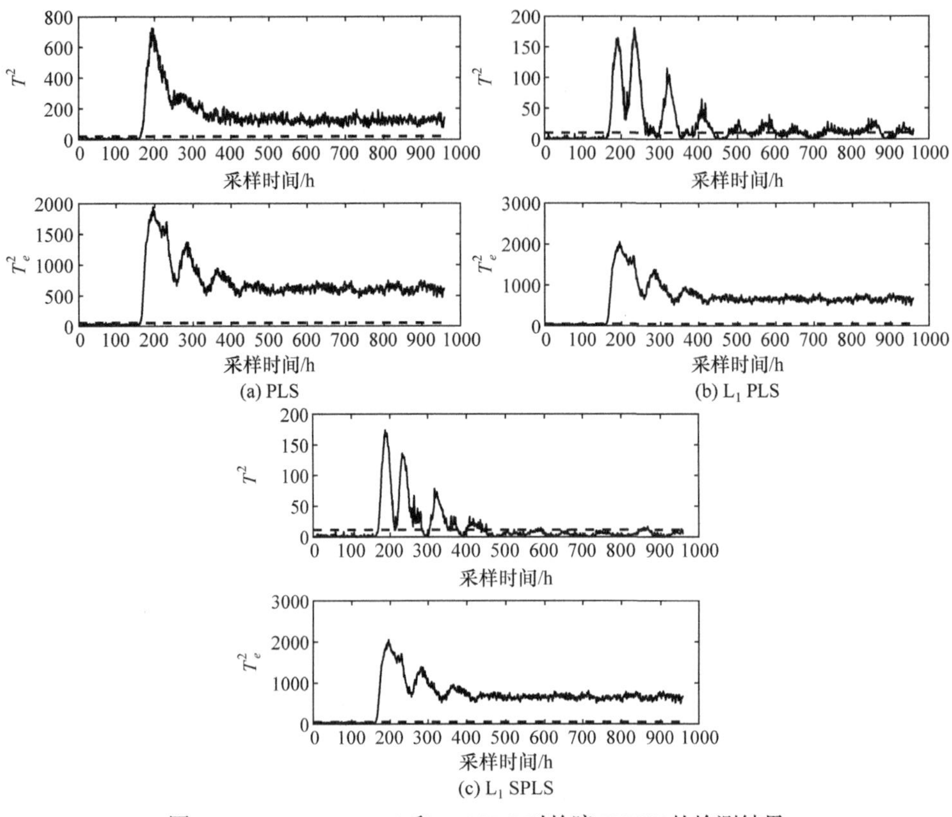

(a) PLS　　(b) L_1 PLS

(c) L_1 SPLS

图 12.13　PLS、L_1 PLS 和 L_1 SPLS 对故障 IDV(1)的检测结果

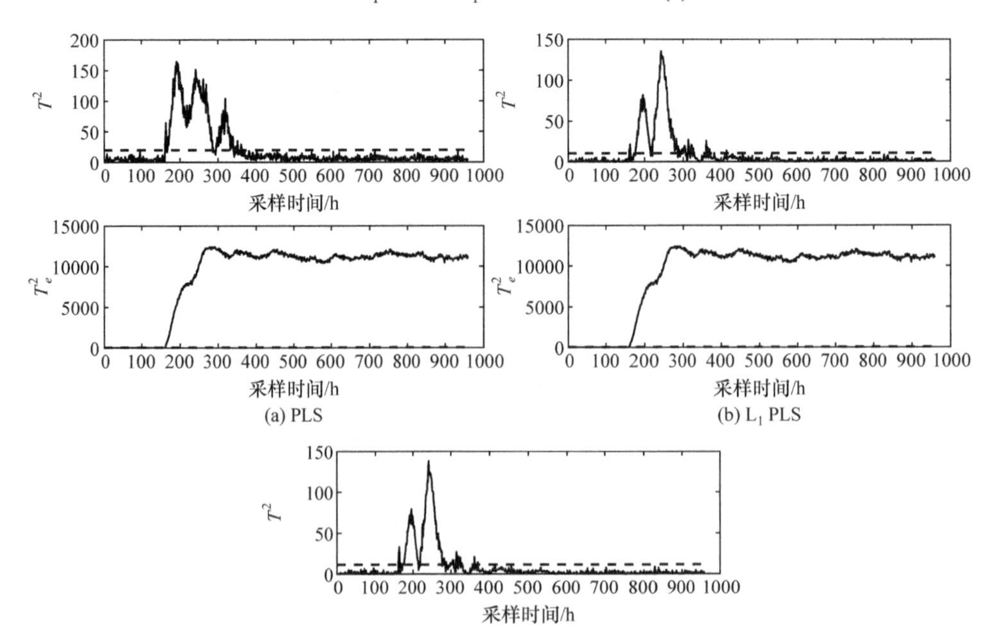

(a) PLS　　(b) L_1 PLS

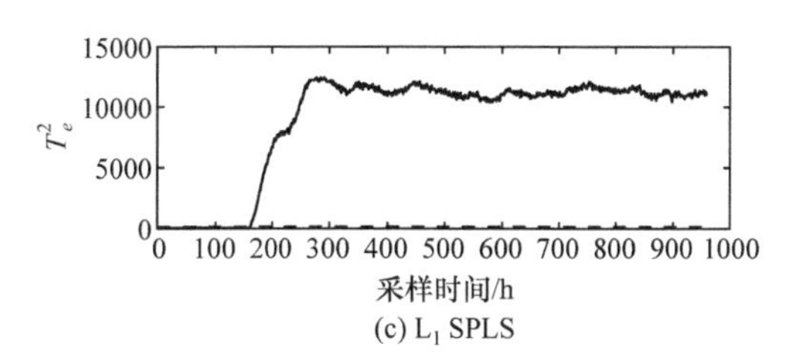

(c) L_1 SPLS

图 12.14　PLS、L_1 PLS 和 L_1 SPLS 对故障 IDV(5)的检测结果

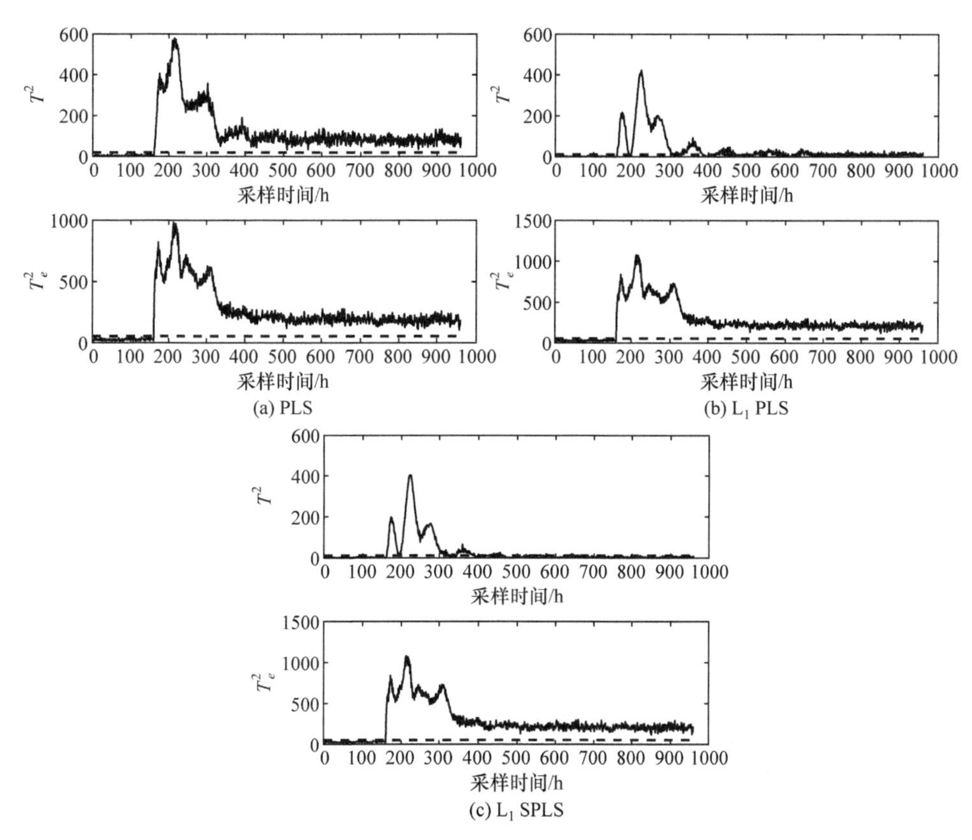

(a) PLS　(b) L_1 PLS　(c) L_1 SPLS

图 12.15　PLS、L_1 PLS 和 L_1 SPLS 对故障 IDV(7)的检测结果

L_1 PLS (outliers)模型对故障 IDV(1)的检测结果优于 L_1 PLS 模型，并且检测结果更符合后验质量评估[12]，对于故障 IDV(5)，L_1 PLS (outliers)和 L_1 SPLS(outliers)模型的检测结果并不理想。如图 12.14 所示，L_1 PLS 和 L_1 SPLS 的 T_e^2 统计量检测到输入空间过程相关的故障，但是 L_1 PLS (outliers)和 L_1 SPLS (outliers)却给出了错误的结果，如 PLS(outliers)、L_1 PLS(outliers)和 L_1 SPLS(outliers)对故障 IDV(5)的检测结果，如图 12.16 所示。出现该现象的原因可能有两个。首先，离群值是直接添加的，不受动态系统的调节，因此不能直接确定其对主成分提取的影响。其

次，故障 IDV(5)典型过程变量检测结果如图 12.17 所示。在所有被检测的变量中，只有变量 31 存在持续阶跃变化，其余的变量在控制器的作用下逐渐恢复正常。不添加离群值时，主成分中变量 31 的权重较小，其作用更多地体现在残差空间。加入离群值后，变量 31 对主成分的贡献有所增加，意味着其在残差空间中的作用减弱，使残差空间中的检测指标趋于正常。相较其他变量，变量 31 对主成分的贡献比例仍然较小，因此主成分空间上的检测指标也没有明显反映其特征。

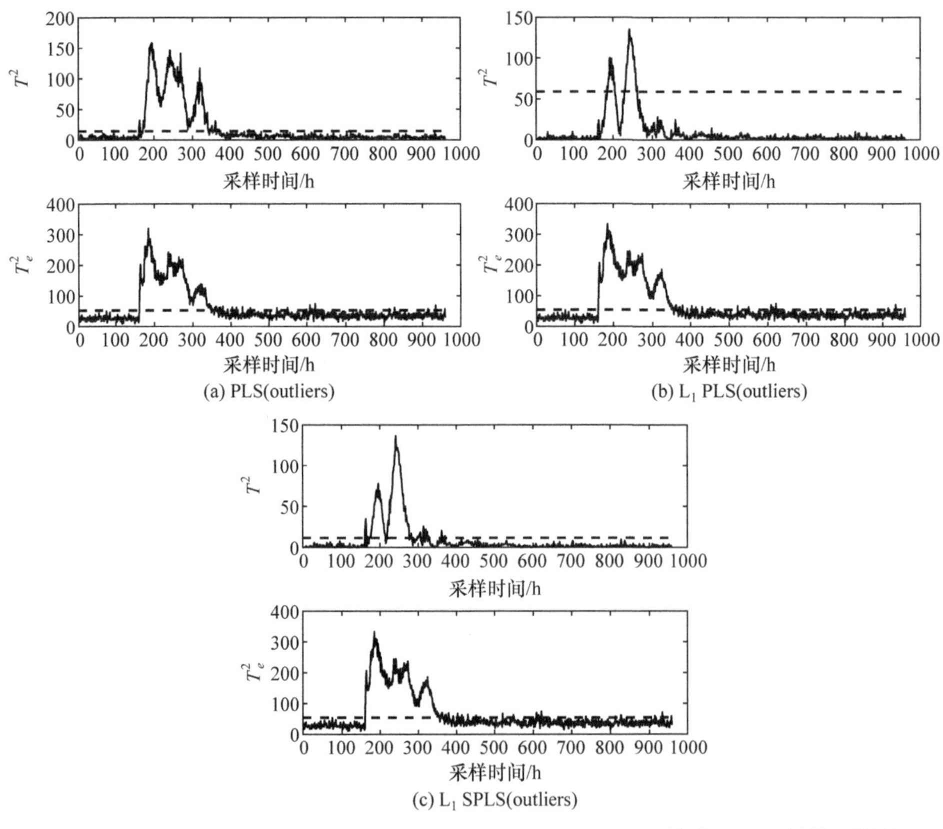

(a) PLS(outliers)　(b) L_1 PLS(outliers)　(c) L_1 SPLS(outliers)

图 12.16　PLS(outliers)、L_1 PLS(outliers)和 L_1 SPLS(outliers)对故障 IDV(5)的检测结果

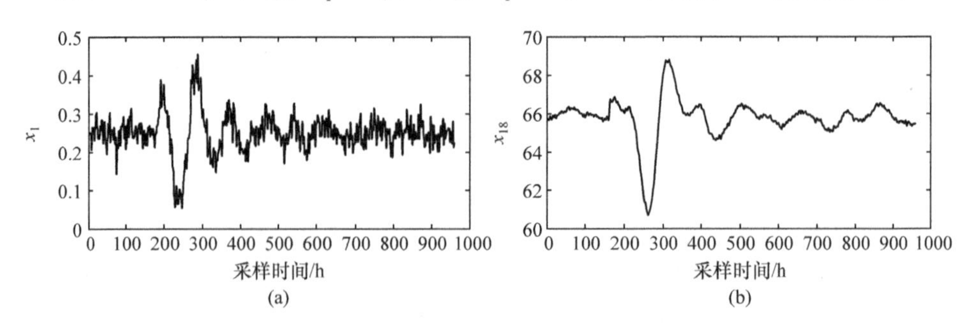

(a)　(b)

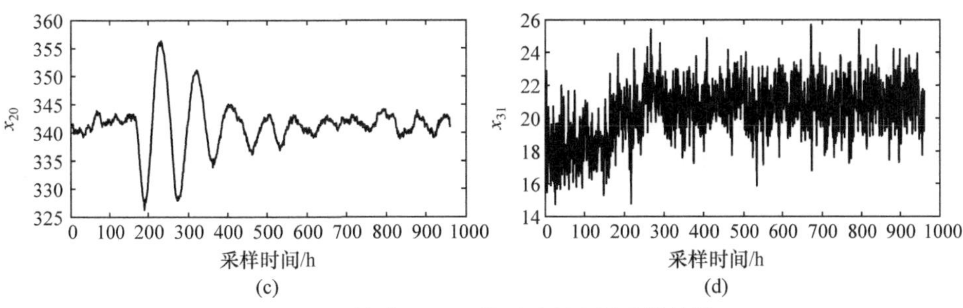

图 12.17　故障 IDV(5)典型过程变量监控结果

(3) 情况 3：对质量有轻微影响的故障

由文献[12]可知，故障 IDV(16)和 IDV(17)对质量有轻微影响。这意味着，它们对输出质量变化的影响较小。图 12.18 所示为 PLS(outliers)、L_1 PLS(outliers)和 L_1 SPLS(outliers)对故障 IDV(17)的检测结果。PLS(outliers)模型的 T^2 检测结果很糟糕，出现很多误报情况，L_1 PLS (outliers)和 L_1 SPLS(outliers)可以有效减少这些

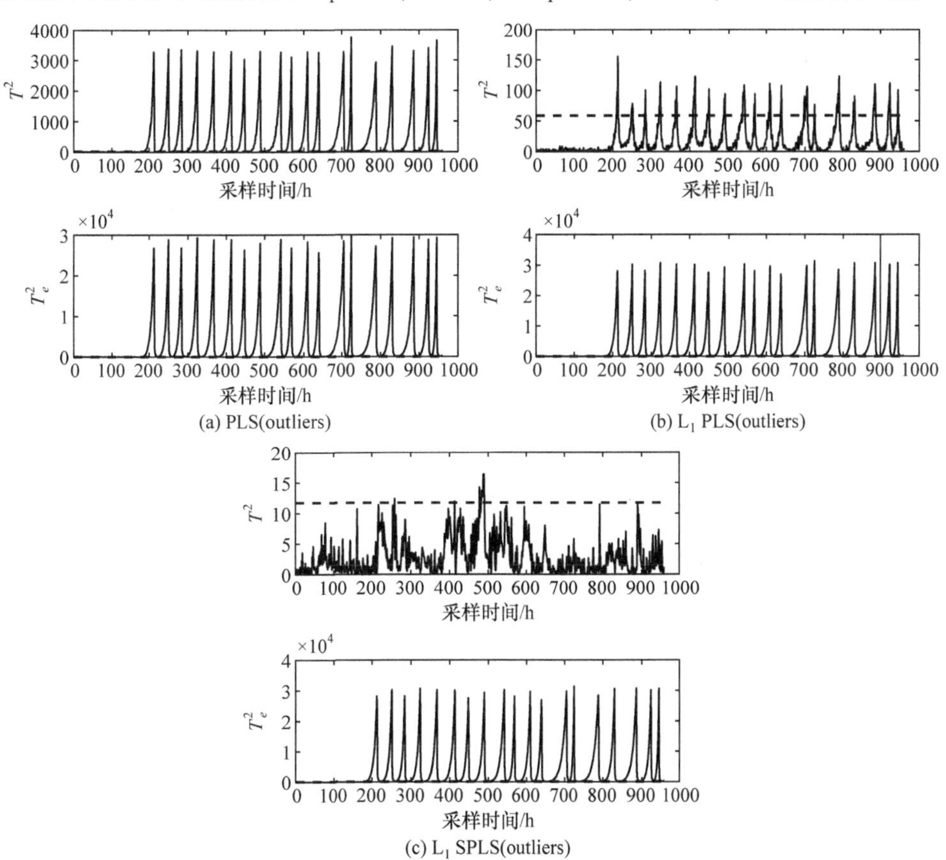

图 12.18　PLS(outliers)、L_1 PLS(outliers)和 L_1 SPLS(outliers)对故障 IDV(17)的检测结果

误报。从相应的 FDR(T^2)也可以看出，L_1 PLS (outliers)和 L_1 SPLS(outliers)的检测结果更加合理。

从上面的比较结果可以看出，即使对输入数据添加异常值，L_1 SPLS 的检测结果也可以得到很大的改善。换句话说，L_1 SPLS 具有很强的鲁棒故障监控性能。

12.6 结　论

本章提出一种双重鲁棒潜结构投影方法 L_1 SPLS，并将其应用于质量相关的 SPM。该方法可以从两方面增强 PLS 的鲁棒性。一方面，L_1 SPLS 将方向向量优化目标函数中的 L_2 范数替换为 L_1 范数，并添加 L_1 范数惩罚项约束；另一方面，L_1 SPLS 中回归方程的系数也可以通过 L_1 范数计算得到。因此，可以说，L_1 SPLS 的主成分和回归系数对异常值不敏感。最后，给出基于 L_1 SPLS 方法的监控流程，并在 TE 过程仿真平台上验证该方法在主成分提取、质量预测和过程监控方面的鲁棒性。

参考文献

[1] Wang Y Y, Karimi H R, Shen H, et al. Fuzzy-model-based sliding mode control of nonlinear descriptor systems. IEEE Transactions on Cybernetics, 2019, 49(9): 3409-3419.

[2] Branden K V, Hubert M. Robustness properties of a robust partial least squares regression method. Analytica Chimica Acta, 2004, 515: 229-241.

[3] Hubert M, Rousseeuw P J, Van A S. High-breakdown robust multivariate methods. Statistical Science, 2008, 23: 92-119.

[4] Turkmen A S, Billor N. Influence function analysis for the robust partial least squares (RoPLS) estimator. Communications in Statistics Theory and Methods, 2013, 42: 2818-2836.

[5] Fortuna L, Graziani S, Rizzo A, et al. Soft Sensors for Monitoring and Control of Industrial Processes. Berlin: Springer, 2007.

[6] Filzmoser P. Identification of multivariate outliers: a performance study. Austrian Journal of Statistics, 2016, 34: 127-138.

[7] Domański P D. Control quality assessment using fractal persistence measures. ISA Transactions, 2019, 90: 226-234.

[8] Wang H. Bounded Dynamic Stochastic Systems: Modeling and Control. London: Springer, 2000.

[9] Liu K, Chen Y Q, Domanski P D, et al. A novel method for control performance assessment with fractional order signal processing and its application to semiconductor manufacturing. Algorithms, 2018, 11(7): 90-104.

[10] Kwak N. Principal component analysis based on L1-norm maximization. IEEE Transactions on Pattern Analysis and Machine Intelligence, 2008, 30(9): 1672-1680.

[11] Meng D, Zhao Q, Xu Z. Improve robustness of sparse PCA by L1-norm maximization. Pattern

Recognition, 2012, 45: 487-497.

[12] Zhou J L, Zhang S, Han Z, et al. A quality-related statistical process monitoring method based on global plus local projection to latent structures. Industrial & Engineering Chemistry Research, 2018, 57: 5323-5337.

[13] Wang J, Zhong B, Zhou J L. Quality-relevant fault monitoring based on locality preserving partial least squares statistical models. Industrial & Engineering Chemistry Research, 2017, 56: 7009-7020.

[14] Liu J L. Developing a soft sensor based on sparse partial least squares withvariable selection. Journal of Process Control, 2014, 24: 1046-1056.

[15] Zou H, Hastie T, Tibshirani R. Sparse principal component analysis. Journal of Computational and Graphical Statistics, 2006, 15: 265-286.

[16] Farrés M, Platikanov S, Tsakovski S, et al. Comparison of the variable importance in projection (VIP) and of the selectivity ratio (SR) methods for variable selection and interpretation. Journal of Chemometrics, 2015, 29(10): 528-536.

第 13 章　基于离散变量的贝叶斯因果网络

确保工业系统的安全不仅需要检测故障，还需要定位故障的源头，以便消除故障。前面的章节已经讨论了故障检测和识别方法。考虑故障溯源也是工业系统中的一个重要问题，本章和第 14 章对基于因果图模型的故障推理和故障溯源问题开展研究。因果图模型从定量和定性两个角度探索系统过程变量之间的内在联系，避免多元统计模型黑箱特性的弊端。多元统计模型提取的特征或主成分是系统过程变量的线性或非线性组合，没有任何物理意义，因此多元统计模型只能在故障检测和识别方面取得成效，但是不能够直接用于故障根源的定位和推理。

BN 模型可以估计和预测一般系统的潜在有害因素，但是其结构学习在应用于复杂系统时存在一些不足，例如复杂的训练机制和可变的因果关系。为了简化网络结构，需要预先设定很多假设，这会不可避免地失去一般性。通常，我们会建立一个生成模型(线性或非线性)来解释数据生成过程，即因果关系。近些年，人们提出多种因果发现方法来寻找变量间的因果关系[1,2]。最经典的方法是 LiNGAM[3]，其中 BN 的完整结构是可辨识的，且无需预先指定变量的因果顺序。在此基础上，文献[4]提出改进的 LiNGAM 来估计变量的因果顺序，而无需任何先验结构知识，可以提供更好的统计性能。文献[5]发现一对变量的非线性因果关系，但是提出的方法在处理多变量时存在局限性。

上述方法都是利用边缘概率分布和条件概率分布的复杂性。尽管在过去几年提出多种双变量因果发现方法,但它们的实际性能还没有在工业系统中得到验证，因为工业系统通常不符合线性和双变量的假设。为了解决上述问题，本章提出一个更加通用的多变量后非线性无环因果模型(multivariate post-nonlinear acyclic causal model，MPNACM)，并应用于复杂工业过程。多变量后非线性无环因果模型称为贝叶斯因果网络(Bayesian causal network，BCN)，可以很容易地找到多变量间的因果关系。与传统的 BN 相比，它显示出更紧凑的结构和机理一致性。此外，它可以避免传统 BN 复杂的学习机制，在不影响精度的情况下更容易实现。

13.1　贝叶斯因果网络的构建

众所周知，根据观测数据和专家知识描述系统特征的方法有很多，如图模型(graph model)[6]、神经网络模型(neural network model)[7]、模糊模型(fuzzy model)[8]。

图模型是由点和边组成的，是描述系统结构和变量之间因果关系的一种模型。它为研究各种系统，特别是复杂系统提供了一种有效的方法。BN 是一种典型的图模型，是处理知识表示和基于概率理论不确定性的主要方法。它从先验知识和过程数据中建立系统过程变量的因果关系和概率连接。BN 由结构学习和参数学习组成，其中结构学习旨在确定系统变量间的因果关系，参数学习旨在揭示这些因果关系的连接强度。经过多年的发展，BN 已广泛应用于故障诊断、金融分析、自动目标识别、军事等领域[9]。

13.1.1　贝叶斯因果网络的描述

BN 也称信念网络或有向无环图(directed acyclic graph，DAG)模型，是一种因果图模型。它是一种模拟人类推理过程中因果关系的不确定性处理模型。其网络拓扑结构为 DAG[10]。DAG 中的节点代表随机变量，包括可观察变量、隐藏变量、未知参数等。具有因果关系(或非条件独立)的变量用箭头连接(换句话说，连接两个节点的箭头表示两个随机变量是否存在因果关系或非条件独立)。如果两个节点用单个箭头连接，则表示其中一个节点是原因，另一个节点是结果，因此可以用一个条件概率值定量描述因果关系的程度。

例如，假设节点 A 直接影响节点 B。从 A 到 B 的箭头 $A \to B$ 用于建立从节点 A 到节点 B 的有向弧(A,B)，权重(其连接强度)由条件概率决定 $P(B|A)$。简而言之，BN 是根据随机变量是否条件独立，在有向图中绘制而成的，通常用圆圈表示随机变量(节点)，用箭头表示条件依赖。图 13.1 所示为 BN 示意图[11]。

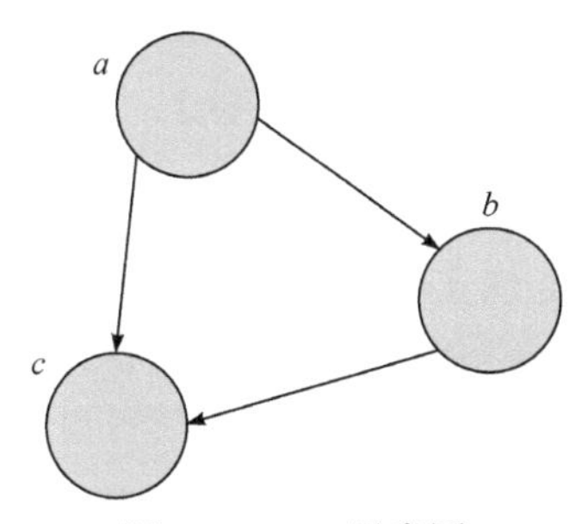

图 13.1　BN 示意图

13.1.2　因果结构的构建

通常采用一个数据模型表示变量间的因果关系，这里使用生成模型解释数据生成过程。当数据模型的现有机理无法确定时，假定的模型应该具有足够的通用性，以便使其适用于近似的实际数据生成过程。此外，该模型是可辨识的，以便区分原因和结果。非线性和多变量过程始终具有以下 3 个特征[12]。

① 多元因果关系通常是非线性的。

② 目标变量受其原因变量和一些与原因无关噪声的影响。

③ 传感器或测量值可能将非线性失真引入变量的观测值中。

为了发现复杂系统中多变量的因果关系，并考虑该模型的通用特征，本节提出一种具有内部加性噪声的更广义的多变量非线性无环因果模型。该模型采用图论和 BN 结构的形式。假设 DAG 代表多个观测变量之间的关系，可以用数学语言描述 X_i 的生成过程，即

$$X_i = f_{i,2}(f_{i,1}(\mathrm{PA}_i) + e_i), \quad i = 1,2,\cdots,n \tag{13.1}$$

其中，观测变量 X_i 按因果顺序排列，因此后置的变量都不会成为任何前置变量的因变量；PA_i 为 X_i 的直接原因；$f_{i,1}$ 表示该原因导致的非线性影响；$f_{i,2}$ 表示变量 X_i 中的可逆后非线性失真；e_i 为独立扰动，是具有非零方差的非高斯分布连续随机变量。

式(13.1)满足上述 3 个条件，即 $f_{i,1}$ 解释 PA_i 的非线性影响；e_i 是从 PA_i 到 X_i 传输期间的噪声效应；$f_{i,2}$ 补偿由传感器或测量引起的非线性失真。

在多变量系统中，随机选择一对变量 X_i 和 X_j，$i,j=\{1,2,\cdots,n\}$。假设 (X_i,X_j) 具有因果关系 $X_i \to X_j$，用如下模型描述它的数据生成过程，即

$$X_j = f_{j,2}(f_{j,1}(X_i) + e_j) \tag{13.2}$$

其中，e_j 独立于 X_i。

定义 $s_i = f_{i,2}(f_{i,1}(X_i)+e_j)$，$s_j = e_j$ 且 s_i 独立于 s_j。将 $X_i \to X_j$ 重写，其数据生成过程为

$$\begin{aligned} X_i &= f_{j,1}^{-1}(s_i) \\ X_j &= f_{j,2}(s_i + s_j) \end{aligned} \tag{13.3}$$

式(13.1)中的 X_i 和 X_j 是独立来源 s_i 和 s_j 的后非线性无环因果(post-nonlinear acyclic causality，PNL)混合物。因此，PNL 混合模型可以看作一般非线性 ICA 的特例。这里用非线性 ICA 解决这个问题。

通常有两种可能性来描述任意两个随机变量 X_i 和 X_j 之间的因果关系，即 $X_i \to X_j$ 和 $X_j \to X_i$。判定哪种关系成立的基本思想是，通过判断是否满足式(13.2)来确定正确的关系。如果因果关系是 $X_i \to X_j$ (即 X_i 和 X_j 满足式(13.2))，我们可以反转数据生成过程(式(13.2))来恢复干扰 e_j，并通过计算使获得的干扰 e_j 独立于 X_i。接下来，使用下面两个步骤检查变量之间可能的因果关系。

① 恢复与假定因果关系 $X_i \to X_j$ 对应的干扰 e_j。基于受约束的非线性 ICA 完成计算，如果因果关系成立，则存在非线性函数 $f_{j,1}$ 和 $f_{j,2}^{-1}$，使

$$e_j = f_{j,2}^{-1}(X_j) - f_{j,1}(X_i) \tag{13.4}$$

其中，e_j 独立于 X_i。

因此，使用图 13.2 中的结构进行非线性 ICA 操作，系统的输出为

$$\begin{aligned} Y_i &= X_i \\ Y_j &= e_j = g_j(X_j) - g_i(X_i) \end{aligned} \tag{13.5}$$

非线性函数 g_i 和 g_j 由多层感知器建模获得，并通过使 Y_i 和 Y_j 尽可能独立，即最小化 Y_i 和 Y_j 之间的互信息来学习 g_i 和 g_j 中的参数，即

$$I(Y_i, Y_j) = H(Y_i) + H(Y_j) - H(Y) \tag{13.6}$$

其中，$H(Y)$ 为 $Y = (Y_i, Y_j)^{\mathrm{T}}$ 的联合熵，记为

$$\begin{aligned} H(Y) &= -E\log p_Y(Y) \\ &= -E\log p_Y(X) - \log|J| \\ &= H(X) + E\log|J| \end{aligned} \tag{13.7}$$

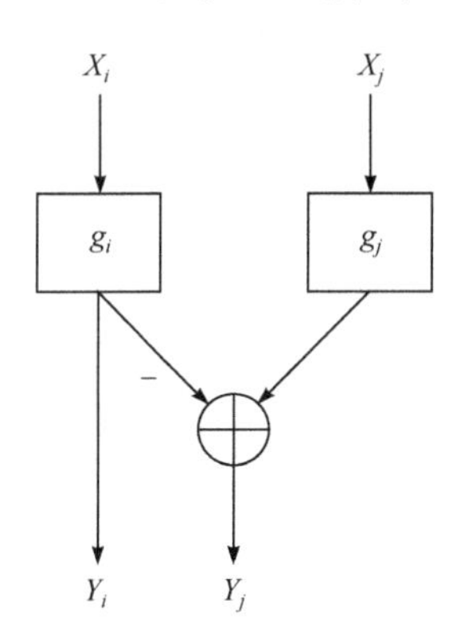

图 13.2　用于验证因果关系的受约束的非线性 ICA 系统

$Y = (Y_i, Y_j)^{\mathrm{T}}$ 的联合密度为 $P_Y(Y) = P_X(X)/|J$，从 (X_i, X_j) 到 (Y_i, Y_j) 的雅克比变换矩阵 J 为

$$J = \frac{\partial(Y_i, Y_j)}{\partial(X_i, X_j)}$$

$$|J| = \begin{vmatrix} 1 & 0 \\ g_i' & g_j' \end{vmatrix} = |g_j'| \tag{13.8}$$

将式(13.7)和式(13.8)代入式(13.6)，可得

$$I(Y_i,Y_j)=H(Y_i)+H(Y_j)-E\log|J|-H(X)$$
$$=-E\log p_{Y_i}(Y_i)-E\log p_{Y_j}(Y_j)-E\log|g_j'|-H(X) \tag{13.9}$$

其中，$H(X)$不依赖g_i和g_j中的参数，可以视为常量。

通过梯度下降方法求解最小化问题式(13.8)，这里省略优化求解的详细过程。

② 根据统计独立性检验，验证估计的干扰$Y_j(e_j)$是否与假定原因$Y_i(X_i)$不相关。采用基于内核的统计检验，显著性水平参数设为0.01[13]，将测试的统计量表示为$\text{test}_{i\to j}$。如果$\text{test}_{i\to j}>\text{test}_{j\to i}$，表示$Y_i$和$Y_j$不是独立的，也就是说$X_i\to X_j$不成立。重复上述过程(交换$X_i$和$X_j$)验证$X_j\to X_i$成立。如果$\text{test}_{i\to j}<\text{test}_{j\to i}$，通常可以得出$X_i\to X_j$的结论。$g_i$和$g_j$分别提供$f_{j,1}$和$f_{j,2}^{-1}$的估计。

对于复杂的工程系统，若过程中含有n个过程变量，按照测试顺序$X_1\to X_2$，$X_1\to X_3$，$X_1\to X_4$，$\cdots,X_1\to X_n$，相应地，需要测试N组统计信息，即

$$N=n+(n-1)+(n-2)+\cdots+1=\frac{n(n-1)}{2} \tag{13.10}$$

总计算量与$2\times N$成正比，随着变量个数的增加，计算量也增加。按正序(或反序)计算得到测量统计量，并存储在以下两个向量中，即

$$\begin{aligned}A&=[\text{test}_{X_1\to X_2},\text{test}_{X_1\to X_3},\cdots,\text{test}_{X_1\to X_n}]\\B&=[\text{test}_{X_2\to X_1},\text{test}_{X_3\to X_1},\cdots,\text{test}_{X_n\to X_{n-1}}]\end{aligned} \tag{13.11}$$

比较向量A和向量B的相应元素，查找较小的统计量，从而确定这对变量的因果关系。最后，使用循环搜索找到所有变量的因果关系，并将其集成到DAG中。

13.1.3　因果网络参数学习

多元因果关系模型提供类似于BN的框架，以描述复杂系统的内部拓扑结构。这种图形结构将因果关系和直接/间接关系表示为概率网络。其参数表示因果变量之间复杂的相互关联强度。

考虑一个包含离散随机变量的有限集$U=\{X_1,X_2,\cdots,X_n\}$，其中每个变量X_i可能具有一个有限集合中的几个离散状态。BN实际上是带有连接注释的DAG，它对一组随机变量U上的联合概率分布进行编码。从形式上看，针对有限集U的BN可以写成$B=\langle G,\Theta\rangle$。$G$为DAG，其节点分别对应随机变量$X_1,X_2,\cdots,X_n$。$\Theta$是用$\theta_{ijk}=p(x_i^k\,|\,\text{pa}_i^j)$量化的网络参数集，其中$x_i^k$为$X_i$的离散状态，$\text{pa}_i^j$为$X_i$完整父集$\text{PA}_i$的成分之一，给定其父节点，每个变量$X_i$条件独立于其后代节点(马尔可夫条件)。集合$U$上的联合概率分布为

$$P_B(X_1,X_2,\cdots,X_n)=\prod_{i=1}^{n}P_B(X_i|\ \mathrm{PA}_i)=\prod_{i=1}^{n}\theta_{X_i|\prod \mathrm{pa}_i} \tag{13.12}$$

BN 的参数主要从样本数据统计分析中学习。最大似然估计方法(maximum likelihood estimation method，MLE)是参数学习中最经典且最有效的算法之一，因此使用 MLE 进行因果图模型参数的求解。下面给出求解的关键过程。

给定数据集 $D=\{D_1,D_2,\cdots,D_N\}$，参数学习的目标是找到能够最好解释数据集 D 的可能参数值 Θ。我们可以通过量化对数似然函数 $\log p(D|\theta)$(记为 $L_D(\theta)$)得到这些参数。假定所有样本均独立于基础分布，根据贝叶斯网络的条件独立性假设，有

$$L_D(\theta)=\log\prod_{i=1}^{n}\prod_{j=1}^{q_i}\prod_{k=1}^{r_i}\theta_{ijk}^{n_{ijk}} \tag{13.13}$$

其中，q_i 为父节点 pa_i^j 的组合数；r_i 为 X_i 状态的个数；n_{ijk} 为 D 中同时包含 x_i^k 和 pa_i^j 的元素数量。

如果数据集 D 完整，则极大似然估计可描述为一个约束优化问题，即

$$\begin{aligned}&\max\ L_D\theta\\ &\text{s.t.}\quad g_{ij}(\theta)=\sum_{k=1}^{r_i}\theta_{ijk}-1=0,\quad i=1,2,\cdots,n;j=1,2,\cdots,q_i\end{aligned} \tag{13.14}$$

其全局最优解为

$$\theta_{ijk}=\frac{n_{ijk}}{n_{ij}} \tag{13.15}$$

其中，$n_{ij}=\sum_{k=1,2,\cdots,r_i}n_{ijk}$。

至此，因果图模型中的参数就可以被确定，就意味着因果连接的概率关系被确定。

13.2　基于因果图模型的推理预测

将多变量因果结构构建和贝叶斯参数学习结合起来建立完整的过程监控模型，可以最大限度地揭示过程变量之间的定性和定量关系。该模型可准确预测运行状态和监控关键过程变量是否发生故障(即正向推理)。同样，它也可以反过来寻找故障的来源(即反向推理)。图 13.3 所示为基于因果图模型故障检测方法的整体框图。

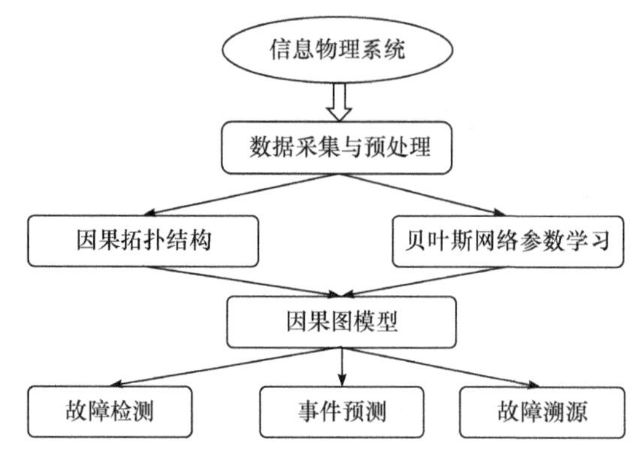

图 13.3　基于贝叶斯因果图模型故障检测方法的整体框图

根据网络拓扑和证据变量的条件概率分布计算特定状态下假设变量的概率，进行因果关系预测或推理。所谓的推理或查询是指计算 $P(Q=q\,|\,E=e_0)$，也就是计算在节点 E 给定证据为 e_0 的情况下查询变量 Q 处于其特定值 q 的后验概率。

现有文献中已经有许多网络推理算法，如变量消除算法和联结树算法(join tree algorithm，记为 JT)。这些算法利用 BN 中证据引起的假设变量和特定的独立关系来简化更新任务。本章使用 JT 的基本思想来实现证据推理。JT 分 4 个步骤实施推理过程[14]。

① 将节点分为几个簇。

② 连接簇形成联结树。

③ 在网络中传播信息。

④ 回答查询。

因果推理始于根源簇，消息传播的核心步骤包括消息收集阶段和分发阶段。联结树的簇通过分隔符相连，以保持所谓的联结树属性。当消息从一个簇 X 传递到另一簇 Y 时，消息是由两个簇之间的间隔 S 介导的。原始 BN 的每个条件概率分布都与簇相关联，使分布的域是簇域的子集(我们使用 $\mathrm{dom}(\phi)$ 表示域)。与簇 X 关联的分布 ϕ_X 集合在标准联结树体系结构中组合在一起以形成初始簇 X，即

$$\phi_X = \prod_{\phi \in \phi_X} \phi \tag{13.16}$$

对一个节点而言，传递的消息是从节点的值分配到集合[0,1]的映射。从 X 到 Y 的消息传递发生两个过程，即基于 hugin 架构[15]的投影和吸收。投影过程将保存当前消息，并为 S 分配一个新消息，即

$$\phi_S^{\mathrm{old}} \leftarrow \phi_S, \phi_S \leftarrow \sum_{X \setminus S} \phi_X \tag{13.17}$$

吸收消息的过程使用 S 的旧表和新表为 Y 分配新的消息，即

$$\phi_Y \leftarrow \phi_Y \frac{\phi_S}{\phi_S^{\text{old}}} \tag{13.18}$$

其中，ϕ_S 为当前的介质势能；ϕ_S^{old} 为之前的介质势能；ϕ_Y 为 Y 的簇势能。

查询回答步骤有两个过程。首先，边缘化程序计算 Q 和 $E = e_0$ 的联合概率，即 $P(Q, E = e_0) = \sum\limits_{X\{Q\}} \phi_X$。然后，使用归一化程序计算推断结果，即

$$P(Q = q \mid E = e_0) = \frac{P(Q = q, E = e_0)}{\sum\limits_{Q} P(Q, E = e_0)} \tag{13.19}$$

操作变量的故障可以看作一种干预措施，会对生产过程产生各种影响。因果推理的主要任务是在错误干预下预测系统输出。不难理解，根据因果图模型执行证据的推理便可实现当前系统状态的预测。

13.3　实验验证

为了评价多元因果网络和故障演化推理方法的性能，依据上述理论从 3 个方面进行实验并展示结果，即多变量的因果方向识别、网络参数学习和概率推理。

13.3.1　公开数据集案例

Leoand 等[16]给出了 4 个公开数据集来检验非线性多元因果模型的有效性。这些数据集可以从加州大学欧文分校机器学习知识库下载。该数据库包含不同类型的数据，被视为测试因果检测算法的基准。数据集 1 包含在美国 349 个站点采样的地面高度和温度。数据集 2 是人口普查收入数据集，包括年龄和每小时工资。该数据来源于美国人口普查局进行的 1994 年和 1995 年的当前人口调查中提取的加权普查数据。数据集 3 是心律失常数据库的属性信息(年龄和心率)。数据集 4 包括 2006 年可持续获得改善饮用水的人数比例，以及婴儿死亡率(每千名活产婴儿)。每个数据集由两个随机变量组成，其因果关系是已知的。这 4 组数据集具有不同的属性，足以显示数据的一般性和综合性。

图 13.4 所示为数据集 1～4 的散点图。表 13.1 所示为公开数据集的测试结果，即所提多元因果关系模型在上述 4 个数据集中验证得到的因果关系。结果清晰地展示了每组数据集都可以准确获得正确的因果关系。

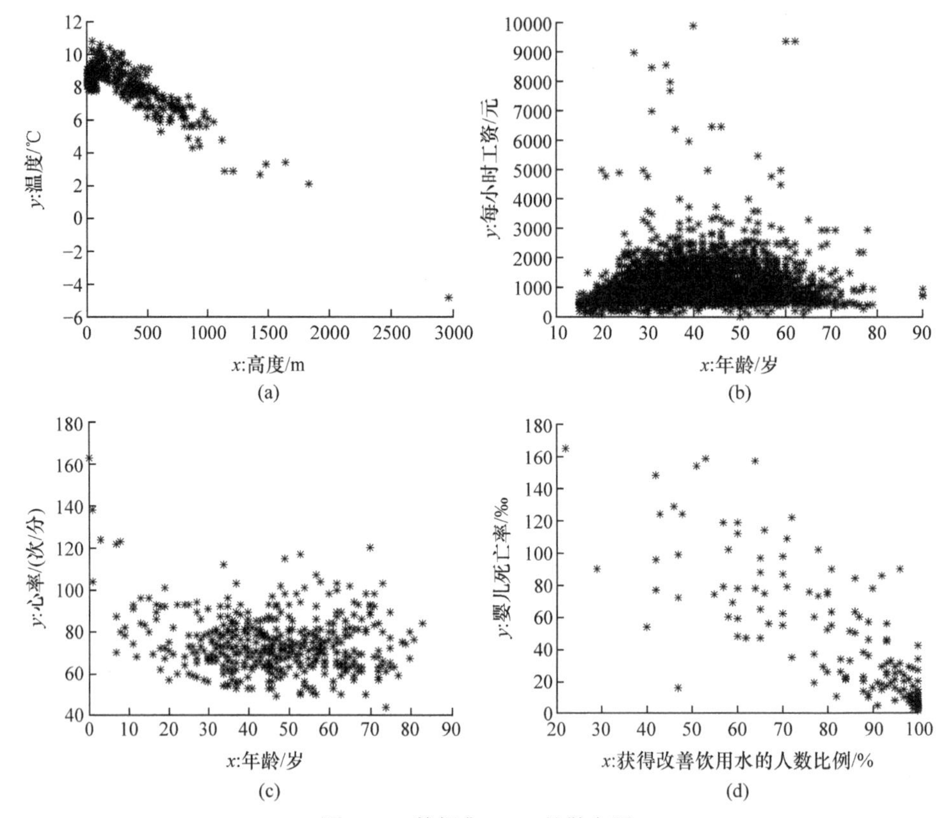

图 13.4　数据集 1～4 的散点图

表 13.1　公开数据集的测试结果

数据集	1	2	3	4
数据信息	x：高度 y：温度	x：年龄 y：每小时工资	x：年龄 y：心率	x：人数比例 y：婴儿死亡率
真实方向	$x \to y$	$x \to y$	$x \to y$	$x \to y$
测试结果	$x \to y$	$x \to y$	$x \to y$	$x \to y$
真或假	真	真	真	真

表 13.2 所示为 4 组数据集在不同因果假设下的统计测试结果。在此实验中，不同因果方向假设下的统计数据是分别计算的。

表 13.2　4 组数据集在不同因果假设下的统计测试结果

因果方向	$x \to y$	$y \to x$
1	1.7×10^{-3}	6.5×10^{-3}
2	1.2×10^{-4}	6.7×10^{-4}

续表

因果方向	$x \to y$	$y \to x$
3	3.5×10^{-3}	8.1×10^{-3}
4	2.2×10^{-3}	5.1×10^{-3}

比较表 13.2 中两个假定因果关系方向下的检验统计量，每组因果关系方向均确定为 $x \to y$，与实际因果关系一致。因此，我们可以得出结论，无论数据的多样性如何，本章提出的多元因果关系模型方法都可以正确地识别因果关系的方向。

13.3.2　TE 过程的报警预测

为了验证提出的方法在实际复杂工业过程中的适用性，本节建立了 TE 过程的网络拓扑结构，并预测变量的报警状态。

(1) 实验一：构建因果结构

TE 过程有 12 个操纵变量，22 个连续测量值和 19 个成分测量值。在几种预定义的特定故障下，TE 过程仿真平台会生成各种警报信息。实验选择 8 个重要的过程变量计算它们的因果关系，以方便结果的可视化。TE 过程的部分变量如表 13.3 所示。

表 13.3　TE 过程的部分变量

变量	物理意义	单位
x_1	循环流量	km^3/h
x_2	反应器进料速度	km^3/h
x_3	反应器压力	kPa
x_4	反应器液位	%
x_5	反应器温度	℃
x_6	产品分离器液位	%
x_7	压缩机功率	kW
x_8	反应器冷却水出口温度	℃

由 TE 过程的机理分析可知，当 x_2 增加时，物料首先进入反应器，x_4 随之增加。因此，x_2 直接影响 x_4，x_8 和 x_2 的进料是 x_5 的主要影响原因。根据一般物理原理，x_3 与 x_5 的变化同步。另外，一旦反应器中的反应更强烈时，由于反应的循环顺序，x_7 将同步增强。同时，x_3 将作用于分离器中回收的流量 x_1 和物料液位 x_6。

通过专家的先验知识和样本数据相关性分析，可以确定机理分析下的网络结构 Bnet0，如图 13.5 所示。

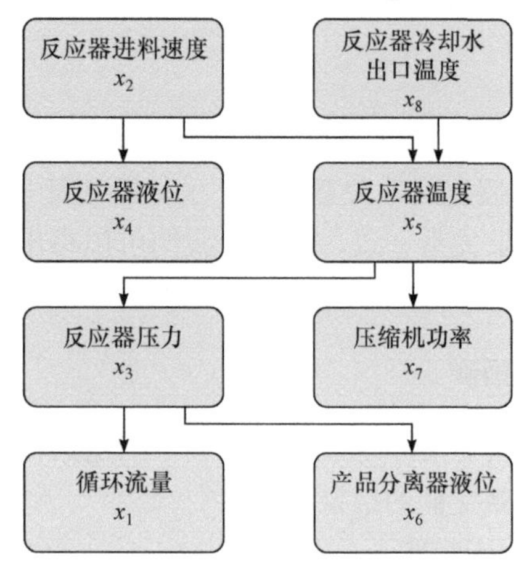

图 13.5 机理分析下的网络结构 Bnet0

预设的故障是流量 4 中 A、B、C 成分的随机变化。从 TE 过程仿真平台采集 8 个变量的相应数据，反应时间为 700h，以确保数据足以反映系统过程。经过等时抽取后，我们保留 500 个采样数据，使用本章所提的理论进行实验验证。TE 过程因果方向统计结果如表 13.4 所示。图 13.6 所示为构建的 BN 拓扑结构。使用本章提出的多元因果关系分析方法建立的 DAGBnet 如图 13.6(a)所示。为了与传统 BN 结构学习对比，我们使用两种传统的 BN 结构学习算法构造因果结构。图 13.6(b)为 BNBnet2 从传统的 BN 结构学习方法(K2 算法)获得的。该算法需要设置节点顺序。图 13.6(c)为通过期望最大化(expectation maximum，EM)算法学习到的网络结构 Bnet3。

表 13.4 TE 过程因果方向统计结果

变量信息	统计量(正向/逆向)	因果方向
x_2：反应器速率 x_5：反应器温度	$5.7\times10^{-6}/8.2\times10^{-6}$	$x_2 \to x_5$
x_5：反应器温度 x_8：反应器冷却水出口温度	$7.1\times10^{-6}/2.9\times10^{-6}$	$x_8 \to x_5$
x_2：反应器速率 x_4：反应器液位	$3.4\times10^{-4}/8.5\times10^{-4}$	$x_2 \to x_4$
x_5：反应器温度 x_7：反应器功率	$7.3\times10^{-4}/9.2\times10^{-4}$	$x_5 \to x_7$

续表

变量信息	统计量(正向/逆向)	因果方向
x_3：反应器压力 x_5：反应器温度	$7.6\times10^{-5}/4.5\times10^{-5}$	$x_5 \rightarrow x_3$
x_3：反应器压力 x_6：反应器液位	$2.9\times10^{-6}/3.9\times10^{-6}$	$x_3 \rightarrow x_6$
x_1：循环流量 x_3：反应器压力	$6.6\times10^{-6}/2.7\times10^{-6}$	$x_3 \rightarrow x_1$

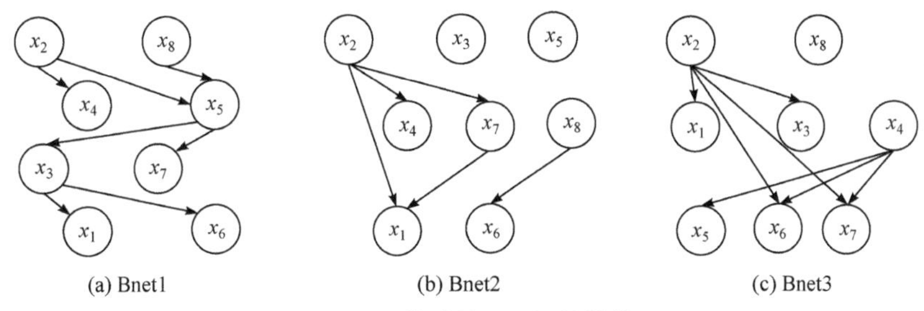

图 13.6　构建的 BN 拓扑结构

比较由过程机理及结构分析获得的 Bnet0 和本章所提因果方法确定的 Bnet1，可以看出 Bnet1 与 Bnet0 完全一致。由此可见，因果方法确定的结构与机理专家知识完全匹配，这表明获得的因果结构是可靠且准确的。但是，从传统的 BN 中学到的 Bnet2 和 Bnet3 与机理分析不一致，并且与实际情况存在较大差距。这表明，将普通的 BN 学习方法应用于复杂的非线性系统可能会得到不准确的结果，这也证明多元因果图模型的优越性。

(2) 实验二：概率参数学习

一旦确定 TE 过程的因果网络结构，就可以通过学习因果网络参数获得警报预测模型。通常过程警报事件可以分为 5 个级别，即低低警报(LL)、低警报(L)、正常(N)、高警报(H)、高高警报(HH)，分别与 1～5 编号对应。首先，对数据进行前期处理，通过设置不同的阈值将连续变量离散为 5 个警报级别。不同状态下警报变量的阈值范围如表 13.5 所示。

表 13.5　不同状态下警报变量的阈值范围

报警状态变量	1	2	3	4	5
$x_1/(\mathrm{km}^3/\mathrm{h})$	<31	31～32	32～33	33～34	>34
$x_2/(\mathrm{km}^3/\mathrm{h})$	<46	46～47	47～48.3	48.3～49.5	>49.5

续表

报警状态变量	1	2	3	4	5
x_3/kPa	<2789	2789～2796	2796～2802	2802～2809	>2809
x_4/%	<62.5	62.5～63.8	63.8～66	66～66.8	>66.8
x_5/℃	<122.7	122.7～122.87	122.87～122.93	122.93～123.2	>123.2
x_6/%	<45	45～47.2	47.2～52.2	272.3～274	>53
x_7/kW	<268	268～272.3	272.3～274	274～280	>280
x_8/%	<102.25	102.25～102.41	102.41～102.55	102.55～102.7	>102.7

假设正常情况下警报级别的初始概率在理论上被均分，基于 MLE 进行 BN 参数学习，可以获得所有变量的条件概率表。考虑两个根节点 x_2 和 x_8，它们在 5 个报警状态下的对应概率分别为 0.0843、0.2211、0.4704、0.2026 和 0.0217。其他子节点变量的条件概率如图 13.7 所示。由于精确值对警报的预测和推断没有任何意义，因此使用热图来显示 0～1 之间的故障发生概率。

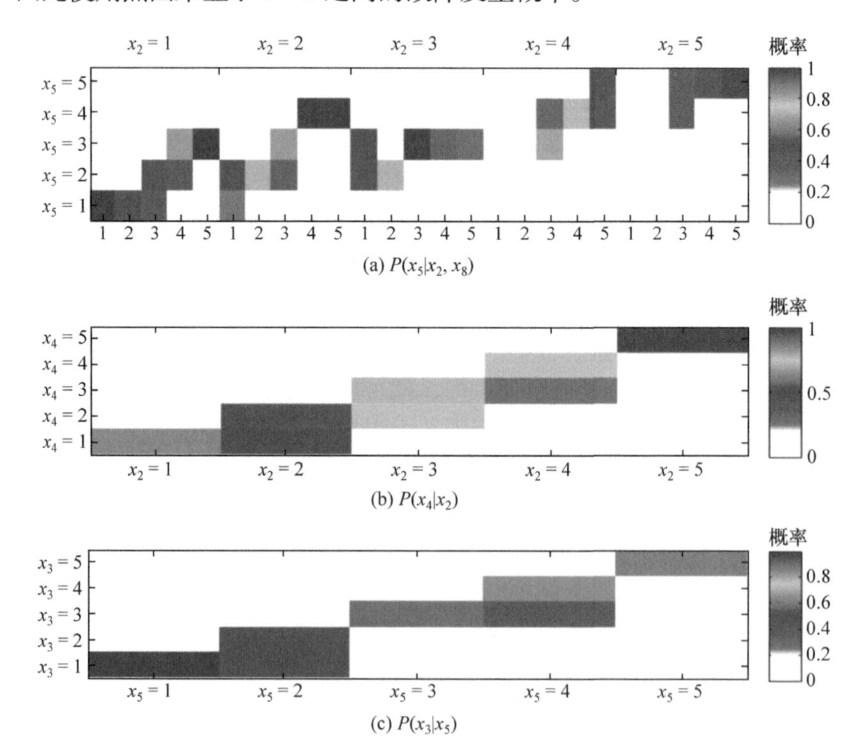

(a) $P(x_5|x_2, x_8)$

(b) $P(x_4|x_2)$

(c) $P(x_3|x_5)$

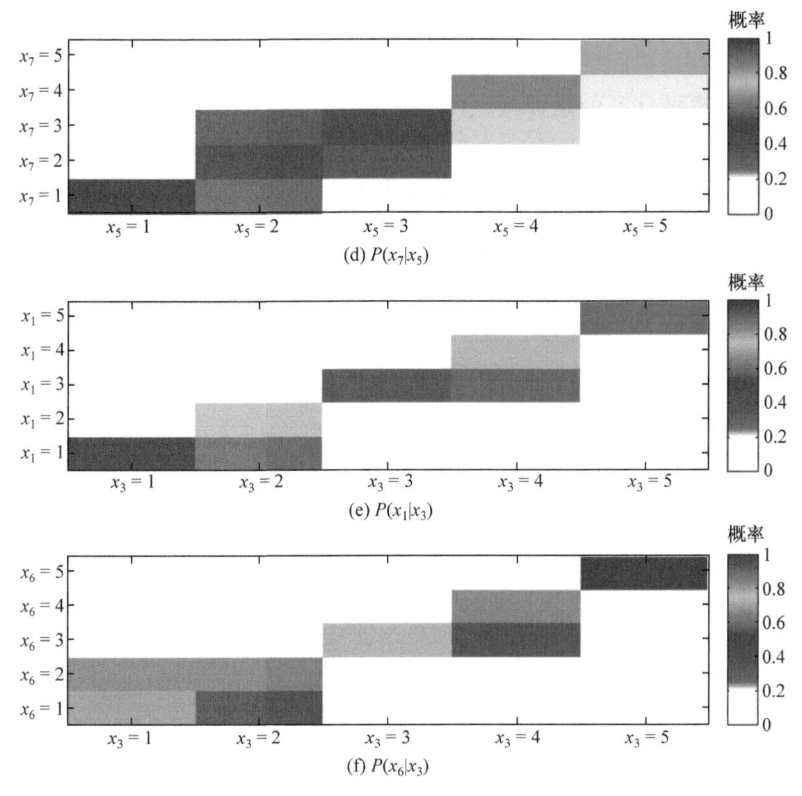

图 13.7　子节点变量的条件概率

概率值越接近 1 表示此事件越可能发生，当概率小于 0.5 时，对应的事件不太可能出现在实际推断中。为此，重点关注接近 1 的概率，这是确定推理结果的关键。图 13.7(a)显示了 x_2 和 x_8 共同作用下 x_5 的发生概率，横坐标代表 x_8 和 x_2 的状态条件，纵坐标表示 x_5 发生各级报警的概率。$P(x_5=1|x_8=1,2,x_2=1)\approx 1$ 显示在图 13.7(a)的左下角，这意味着，当 x_2 和 x_8 处于低低警报状态时，x_5 发生低低警报的概率接近 1。图 13.7(a)右上角的 $P(x_5=5|x_8=4,5,x_2=5)$ 表示当 x_2 和 x_8 处于高警报状态时，x_5 发生高警报的概率接近 1。这些推论结果与实际机理是完全一致的。

图 13.7(b)～(e)反映其他双变量之间的概率关系。图 13.7(b)显示在 x_2 作用下 x_4 的概率，右上角的 $P(x_4=5|x_2=5)\approx 1$ 表示当 x_2 处于高警报状态时，x_4 发生高警报的概率接近于 1。图 13.7(b)右下角 $P(x_4=1|x_2=5)=0$ 表示 x_2 在低警报状态时，x_4 发生高警报的概率接近 0。图 13.7(b)中 $P(x_4=1,x_4=2|x_2=2)\approx 0$ 表示 x_2 处于低警报状态时，x_4 发生低警报的可能性几乎相同。同理，分析图 13.7(c)～图 13.7(e)，可以得到与机理分析一致的结果。

(3) 实验三：报警预测

报警预测是自上而下的推断，计算结果变量每种状态可能出现的概率，对应于最大概率的离散状态就是警报预测的结果。使用本章建立的多元因果关系网络模型 Bnet1，当已知其父变量 x_2、x_8 和 x_5 时，可预测压缩功率 x_7 的状态。表 13.6 所示为压缩机功率 x_7 的报警状态预测结果。

表 13.6　压缩机功率 x_7 的报警状态预测结果

序号	x_2	x_8	x_5	x_7 真实状态	x_7 预测状态	最大概率
1	1	2	1	2	1	0.4571
2	2	1	2	1	1	0.6501
3	1	2	2	2	2	0.7627
4	2	1	2	2	2	0.6729
5	1	2	2	1	1	0.6896
6	3	3	2	3	3	0.8760
7	3	3	2	3	3	0.6344
8	3	3	3	2	2	0.8563
9	3	3	2	3	2	0.3454
10	2	3	3	3	3	0.5073
11	3	3	3	2	3	0.4432
12	3	2	3	3	3	0.5696
13	4	3	4	4	3	0.3128
14	3	4	4	4	4	0.6284
15	4	5	5	5	5	0.7557
16	4	3	4	4	5	0.3784
17	5	5	4	4	4	0.7947
18	4	5	4	4	4	0.8325
19	5	4	5	4	5	0.6454
20	5	4	4	5	5	0.8113

通过 20 次模拟实验，最终的预测准确性为 75%。当预测值的最大概率大于 0.5 时，预测结果是可信的，具有高概率的预测结果与真实状态一致。当预测值的最大概率小于 0.5 时，预测结果是不可信的，而且错误的预测会混淆相邻状态，如混淆正常状态和低警报状态(或混淆正常状态和高警报状态)。以上仿真结果表明，多元因果网络可以发现各个过程变量之间的内在联系，并给出相对精确的故障或报警预测。

13.4 结　论

本章提出一种贝叶斯因果网络模型，给出的多元因果关系建模方法可以分析多变量的因果方向，进而确定网络拓扑结构。当工业过程比较复杂时，提出的方法能够比传统的 BN 结构学习方法更准确地描述系统结构。结合网络参数学习和证据推理技术，可以准确地监控工业过程的运行。通过公开数据和 TE 过程实验验证该方法的有效性。特别是，在 TE 过程分析中，基于所提方法的因果分析和概率推断，可以获得紧凑的变量因果网络和对 TE 过程的置信警报预测，与实际机理分析完全一致。仿真结果表明，因果图模型对过程工业建模和监控具有重要的价值。这也为后续的故障诊断和故障溯源问题奠定了基础。当然，目前仍存在一些问题值得进一步讨论。例如，在解决大规模实际因果分析问题时，应考虑多元非线性无环因果建模方法的计算效率；基于通用功能因果图模型开发有效的多变量因果发现算法仍然是一个重要课题。

参 考 文 献

[1] Hyvärinen A, Zhang K, Shimizu S, et al. Estimation of a structural vector autoregression model using non-Gaussianity. Journal of Machine Learning Research, 2010, 11(2010): 1709-1731.

[2] Hong Y, Hao Z, Mai G, et al. Inferring causal direction from multi-dimensional causal networks for assessing harmful factors in security analysis. IEEE Access, 2017, 5: 20009-20019.

[3] Shimizu S, Hoyer P O, Kerminen A. A linear non-Gaussian acyclic model for causal discovery. Journal of Machine Learing Rresearch, 2006, 7(4): 2003-2030.

[4] Shimizu S, Inazumi T, Sogawa Y, et al. DirectLiNGAM: a direct method for learning a linear non-Gaussian structural equation model. Journal of Machine Learning Research, 2011, 12(2): 1225-1248.

[5] Wiedermann W, Eye A V. Statistics and Causality: Methods for Applied eMpirical Research. New Jersey: Wiley, 2016.

[6] Hipel K W, Kilgour D M, Fang L. The Graph Model for Conflict Resolution. New Jersey: Wiley, 2011.

[7] Li X, Zhao L M, Wei L N, et al. DeepSaliency: multi-task deep neural network model for salient object detection. IEEE Transactions on Image Processing, 2016, 25(8): 3919.

[8] Jiang Y, Deng Z, Chung F L, et al. Multi-task TSK fuzzy system modeling using inter-task correlation information. Information Sciences, 2015, 298: 512-533.

[9] Zhu J, Ge Z, Song Z, et al. Large-scale plant-wide process modeling and hierarchical monitoring: a distributed bayesian network approach. Journal of Process Control, 2018, 65: 91-106.

[10] Pearl J. Fusion, propagation, and structuring in belief networks. Artificial Intelligence, 1986, 29(3): 241-288.

[11] Ishak M B, Leray P, Amor N B. A two-way approach for probabilistic graphical models structure learning and ontology enrichment//International Conference on Knowledge Engineering and Ontology Development, Paris, 2011: 189-194.

[12] Chen X L, Wang J, Zhou J L. Fault detection and backtrace based on graphical probability model// 2018 Prognostics and System Health Management Conference, Chongqing, 2018: 584-590.

[13] Giga M. Statistical tests, test of independence. Nihon Ika Daigaku Igakkai Zasshi, 2014, 10(2): 115-119.

[14] Borsotto M, Zhang, Kapanci E, et al. A junction tree propagation algorithm for bayesian networks with second-order uncertainties in tools with artificial intelligence//2006 18th IEEE International Conference on Tools with Artificial Intelligence, New York, 2006: 455-464.

[15] Jensen F V, Lauritzen S L, Olesen K G. Bayesian updating in causal probabilistic networks by local computations. Computational Statistics Quaterly, 1990, 5(4): 269-282.

[16] Leoand M, Russell E, Braatz R. Tennessee Eastman Process. London: Springer, 2001.

第 14 章　基于连续变量的因果图模型

复杂工业过程中的大部分采样数据是时序数据。传统的 BN 学习机制对概率值有限制，不能应用于时间序列。第 13 章中建立的模型是一个类似于 BN 的图模型，但是其参数学习方法只能处理离散变量。

本章延续并拓展上一章的工作，将过程变量从离散随机变量扩展为连续随机变量，提出基于 KDE 估计过程变量之间的模型概率依赖性，从而代替传统的 BN 参数学习。这种非参数估计方法可以直接估计连续变量的概率密度，避免传统高斯假设的局限性。另外，为了保证模型的准确性，本节严格推导作为质量测试标准的评价指标，以保证模型的准确性。在工业过程中，可以通过检查概率密度的变化来监控和诊断连续变量的异常行为。本章所提方法在处理过程数据时比传统的 BN 更方便实用，无需进行离散化或高斯假设，可以准确地检测出系统故障，并追溯故障源头。

14.1　因果图模型的构建

14.1.1　因果网络拓扑构建

建立图模型的关键任务之一是确定系统因果结构。首先简要介绍多元后非线性因果图模型，以确定多个变量之间的因果关系[1]。

考虑一个表示变量之间因果关系的模型，这里使用生成模型解释数据生成过程。当无法确定数据模型的现有机理时，假设的模型应该具有足够的通用性，以便适应实际的数据生成。此外，模型应该是可辨识的，以便区分因果关系。

假设采用 DAG 表示多个观测变量之间的关系。从多变量系统中随机选择一组变量 X_i 和 X_j，$i,j=\{1,2,\cdots,n\}$。如果 X_i 是 X_j 的父节点，其数据生成过程可以用 PNL 混合模型描述，即 $X_j=f_{j,2}(f_{j,1}(X_i)+e_j)$，$f_{i,1}$ 表示原因的非线性影响，$f_{i,2}$ 表示变量 X_i 中的可逆非线性失真，e_j 是独立的干扰。利用假设检验，使用非线性 ICA 解决此问题。采用如下两个步骤检查变量之间可能的因果关系。

① 基于受约束的非线性 ICA，恢复与假定的因果关系 $X_i \to X_j$ 相对应的扰动 e_j。

② 根据统计独立性检验，验证估计的干扰 e_j 是否独立于假定原因 X_i。

对于任何两组变量同时进行正向和反向的因果假设，比较两个方向下获得的统计信息确定变量间的因果方向。经过 $n(n-1)$ 次假设和检验，系统包含的所有变量之间的因果关系可被最终确定。

此种有向无环因果建模方法可以有效地代替传统 BN 结构学习来建立系统的因果拓扑结构，是建立完整因果图模型的第一步。

14.1.2　概率密度估计

14.1.1 节完成了模型的因果结构的构建。完整的图模型还应该包括节点之间的数学关系，这里描述为节点的概率连接。节点变量的概率密度是由非参数概率密度估计方法确定的。因为子节点受其父节点的影响，概率连接关系表现为条件概率密度。KDE 是一种传统的非参数概率密度估计方法。其主要优点在于给出了概率密度函数的显式表达，因此本书选择 KDE 作为概率密度估计的方法[2-5]。

令 $X_1,X_2,\cdots,X_n$ 为随机变量 X 的样本集，X 具有未知的概率密度函数 $f(x),x\in\mathrm{R}$ 。$f(x)$ 可以从其对应的累积分布函数 $F(x)$ 得到，即

$$f(x)=\frac{\mathrm{d}F(x)}{\mathrm{d}x}\approx\frac{F(x+h)-F(x-h)}{2h} \tag{14.1}$$

使用经验分布函数 $F_n(x)=\frac{1}{n}\sum_i I(X_i\leqslant x)$，并将其代入式(14.1)中，即

$$\begin{aligned}\hat{f}(x)&=\frac{\mathrm{d}F(x)}{\mathrm{d}x}\\&\approx\frac{F(x+h)-F(x-h)}{2h}\\&=\frac{1}{2nh}\sum_i I(x-h<X_i\leqslant x+h)\\&=\frac{1}{nh}\sum_i K_0\left(\frac{X_i-x}{h}\right)\end{aligned} \tag{14.2}$$

其中，窗口宽度 $h>0$；内核函数为 $K_0=\frac{1}{2}I(|u|\leqslant 1)$ 。

更具一般性的 KDE 定义为

$$\hat{f}(x)=\frac{1}{nh}\sum_i^n K\left(\frac{X_i-x}{h}\right) \tag{14.3}$$

其中，$\hat{f}(x)$ 为概率密度函数的估计；n 为样本数；h 为窗口宽度；K 为核函数。

此外，在因果图模型中，由于变量之间存在关联，有必要估计随机多元因果变量的条件概率密度。类似地，令 $X_1,X_2,\cdots,X_n$ 和 $Y_1,Y_2,\cdots,Y_n$ 是随机原因向量 X 和被影响向量 Y 的一组样本。x 和 y 的联合概率密度定义为

$$\hat{f}(x,y)=\frac{1}{n}\sum_{i=1}^{n}\frac{1}{h_1h_2}K\left(\frac{x-X_i}{h_1},\frac{y-Y_i}{h_2}\right) \tag{14.4}$$

其中，h_1 和 h_2 为原因变量 x 和影响变量 y 对应的窗口宽度。

根据条件概率计算公式，条件密度 $f(y|x)$ 计算为

$$f(y|x)=\frac{f(x,y)}{f(x)} \tag{14.5}$$

核函数会影响 KDE 的精度，如何选择一个合适的核函数是一个重要问题。通常应考虑以下属性，即对称性、非负性和正态性[6]。表 14.1 所示为常见核函数的数学描述[7]。

表 14.1　常见核函数的数学描述

编号	核函数	表达式
1	均匀核函数	$\frac{1}{2}I(\|u\|\leqslant 1)$
2	三角核函数	$(1-\|u\|)I(\|u\|\leqslant 1)$
3	高斯核函数	$\frac{1}{\sqrt{2\pi}}\exp\left(-\frac{1}{2}\mu^2\right)$
4	Epanechnikov 核函数	$\frac{3}{4}(1-\mu^2)I(\|u\|\leqslant 1)$

根据 KDE 的定义，$f(x)$ 不但与样本 n 的大小有关，而且与核函数 K 和窗口宽度 h 的选择有关。因此，在固定数量的样本下，n、K 和 h 对于因果图模型参数学习的准确性至关重要。它直接关系到故障检测和根本原因诊断的有效性。为了直观地展示概率密度函数的估计质量，下面给出概率密度估计质量的评价指标。已经有研究表明，核函数的选择对 KDE 结果的影响可以忽略不计，因此这里不考虑 K 的优化问题[8]。

14.1.3　核密度估计质量的评价指标

根据核密度的定义，考虑以下两种情况。

① 假设窗口宽度 h 的值很大。由于经过平均压缩变换 $(x-X_i)/h$，概率密度函数的细节会被淹没。这会使概率密度估计曲线过于平滑，从而导致分辨率相对较低，也就是估计偏差太大。

② 假设窗口宽度 h 的值很小。概率密度随机性的影响将会增加，并且密度的重要特征会被掩盖。这会导致密度估计的波动变大且稳定性变差，也就是估计方差太大[9]。

准确的估计不但应接近真实值，而且在不同的观测结果中应保持稳定。这两个属性可以通过估计的偏差和方差来描述。因果图模型中根节点变量的概率密度函数是一维的，其 KDE 值 $f(x)$ 的偏差和方差定义为

$$\begin{aligned}\text{bias}\{\hat{f}(x)\} &= E[\hat{f}(x)] - f(x) \\ \text{var}\{\hat{f}(x)\} &= E[\hat{f}(x)]^2 - [E\hat{f}(x)]^2\end{aligned} \tag{14.6}$$

因果图模型中子节点受到其父节点的影响，其概率密度函数应是多维的。这里以二维函数为例，KDE 值 $f(x,y)$ 的偏差和方差定义为

$$\begin{aligned}\text{bias}\{\hat{f}(x,y)\} &= E[\hat{f}(x,y)] - f(x,y) \\ \text{var}\{\hat{f}(x,y)\} &= E[\hat{f}(x,y)]^2 - [E\hat{f}(x,y)]^2\end{aligned} \tag{14.7}$$

引入均方积分误差(mean square integral error，MISE)评估概率密度估计的质量[10,11]。MISE 可以检验估计的概率密度函数与真实函数之间的差异，并确保 KDE 具有更好的拟合度和平滑度。一维概率密度函数估计的 MISE 指标定义为

$$\text{MISE}[\hat{f}(x)] = E\left[\int (\hat{f}(x) - f(x))^2 \mathrm{d}x\right] \tag{14.8}$$

二维概率密度函数估计的 MISE 指标定义为

$$\text{MISE}[\hat{f}(x,y)] = E\int\int (\hat{f}(x,y) - f(x,y))^2 \mathrm{d}x\mathrm{d}y \tag{14.9}$$

文献[2]将 MISE 指数简化为

$$\begin{aligned}\text{MISE}[\hat{f}(x)] &= \int \text{var}(\hat{f}(x)) + \int \text{bias}^2(\hat{f}(x))\mathrm{d}x \\ &= \frac{1}{nh}\left(\int K^2(t)\mathrm{d}t\right) + \frac{1}{4}h^4\left(\int t^2 K(t)\mathrm{d}t\right)^{2\int (f''(x))^2 \mathrm{d}x}\end{aligned} \tag{14.10}$$

$$\begin{aligned}\text{MISE}[\hat{f}(x,y)] = &\frac{1}{nh_1h_2}\int K^2(t)\mathrm{d}t \\ &+ \frac{1}{4}h_1^4 h_2^4\left(\int t^2 K^2(t)\mathrm{d}t\right)^{2\int\int (\nabla f(x,y))^2 \mathrm{d}x\mathrm{d}y}\end{aligned} \tag{14.11}$$

通过观察发现，函数 $\int K^2(t)\mathrm{d}t$ 和 $\int t^2 K(t)\mathrm{d}t$ 的值与核函数直接相关。当给定核函数时，可以计算 $\int K^2(t)\mathrm{d}t$ 和 $\int t^2 K(t)\mathrm{d}t$ 的值。不同的核函数对 KDE 结果的影响远小于窗口宽度 h 。在有限样本的约束下，KDE 的精度很大程度上取决于最佳窗口的宽度。为此，式(14.2)和式(14.11)可以用作最小化优化指标，寻找合适的窗口宽度。

对于一维概率密度函数，令 $\mathrm{d}(\text{MISE}[\hat{f}(x)])/\mathrm{d}h = 0$

$$h_{\text{opt}}=\left[\frac{\int K^2(t)\mathrm{d}t}{n\left(\int t^2K(t)\mathrm{d}t\right)^{2\int f''(x)^2\mathrm{d}x}}\right]^{\frac{1}{5}} \tag{14.12}$$

对于二维概率密度函数，令

$$\begin{aligned}
&\frac{\partial \mathrm{MISE}[\hat{f}(x,y)]}{\partial h_1}=h_1^3h_2^4\left(\int t^2K(t)\mathrm{d}t\right)^{2\iint(\nabla f(x,y))^2\mathrm{d}x\mathrm{d}y}-\frac{1}{nh_1^2h_2\int K^2(t)\mathrm{d}t}=0\\
&\frac{\partial \mathrm{MISE}[\hat{f}(x,y)]}{\partial h_2}=h_2^3h_1^4\left(\int t^2K(t)\mathrm{d}t\right)^{2\iint(\nabla f(x,y))^2\mathrm{d}x\mathrm{d}y}-\frac{1}{nh_2^2h_1\int K^2(t)\mathrm{d}t}=0
\end{aligned} \tag{14.13}$$

由此得到

$$\begin{aligned}
h_1^{\text{opt}}&=\left[\frac{\int K^2(t)\mathrm{d}t}{nh_2^5\left(\int t^2K(t)\mathrm{d}t\right)^{2\iint(\nabla f(x,y))^2\mathrm{d}x\mathrm{d}y}}\right]^{\frac{1}{5}}\\
h_2^{\text{opt}}&=\left[\frac{\int K^2(t)\mathrm{d}t}{nh_1^5\left(\int t^2K(t)\mathrm{d}t\right)^{2\iint(\nabla f(x,y))^2\mathrm{d}x\mathrm{d}y}}\right]^{\frac{1}{5}}
\end{aligned} \tag{14.14}$$

在估计概率密度函数时，一旦确定核函数，$\dfrac{\int K^2(t)\mathrm{d}t}{\left(\int t^2K(t)\mathrm{d}t\right)^2}=C(k)$ 是一个常数，就可以使用优化算法获得最佳窗口宽度。在计算过程中，$f(x)$ 和 $f(x,y)$ 是要估计的真实概率密度函数，其具体形式未知。因此，我们将式(14.3)和式(14.4)分别代入式(14.12)和式(14.14)中，采用估计的概率密度函数代替真实的概率密度函数，得到满足估计质量要求的最佳窗口宽度。

14.2　基于 FLSA 的动态阈值设定

一般来说，在正常和故障运行时，过程变量的测量结果会有明显的差异，测量差异会反映在概率密度分布中。系统故障检测可以根据适当的阈值来区分它们的差异。这里，用正常状态的置信区间来直接区分故障是不可行的。因为实际过程数据通常伴随大量的噪声，即使在正常运行时，其分布也不理想。置信度不能完全用一条恒定的水平线来描述，因此引入动态阈值的概念。FL(fused lasso)方法在信号处理领域常用于去噪，这里用来设计动态置信度，可以在正常数据的基础上为每个节点提供所需的合理范围。

FL 信号逼近器(fused lasso signal approximator，FLSA)旨在消除噪声并平滑数据[12]。通过搜索最小的标准序列 $\beta_1,\beta_2,\cdots,\beta_n$ 获得实际观测值 $y=\beta x$ 。FLSA 最小化目标函数为

$$J_{\mathrm{FL}}=\frac{1}{2}\sum_{k=1}^{N}(y_k-\beta_k x_k)^2+\lambda_1\sum_{k=1}^{N}|\beta_k|+\lambda_2\sum_{k=2}^{N}|\beta_k-\beta_{k-1}| \tag{14.15}$$

其中，λ_1 和 λ_2 为调整参数；$x_1,x_2,\cdots,x_n$ 为特征变量；$\frac{1}{2}\sum_{k=1}^{N}(y_k-\beta_k x_k)^2$ 为最小二乘算法的基础项，致力于该模型对所有现有测量数据 $[x_k,y_k]$ 的回归准确性；$\lambda_1\sum_{k=1}^{N}|\beta_k|+\lambda_2\sum_{k=2}^{N}|\beta_k-\beta_{k-1}|$ 致力于保证估计偏差最小化条件下回归系数的稀疏性，λ_1 用于调整回归系数的稀疏性，λ_2 用于调整相邻系数差值的稀疏性。这两项加和的目的是保持建模精度和降噪性能之间的平衡，当 $\lambda_1=0$ 时，FLSA 表现出单纯的信号去噪功能。

这里使用隐马尔可夫模型(hidden Markov model，HMM)和 MLE 进行优化计算。HMM 假定 $\Pr(y_k\,|\,\beta_k)$ 是标准正态分布，$\Pr(\beta_{k+1}\,|\,\beta_k)$ 是含有参数 λ_2 的双指数分布。维特比(Viterbi)算法是解决这类 HMM 问题的典型动态编程算法，在文献[12]中可以找到关于 Viterbi 算法的详细描述。

下面将目标函数式(14.15)重写为更通用的最大化形式，即

$$J_{\mathrm{FL}}=\sum_{k=1}^{N}e_k(\beta_k)-\lambda_2\sum_{k=2}^{N}d(\beta_k,\beta_{k-1}) \tag{14.16}$$

其中，$e_k(b)=\sum_{i=1}^{R}y_{ik}v_i(b)$ 。

将变量序列 $(x_1,x_2,\cdots,x_k)$ 简写为 $x_{1:k}$ ，则式(14.16)可以改写为

$$\begin{aligned}J_{\mathrm{FL}}&=\max_{\beta_{1:N}}\left(\sum_{k=1}^{N}e_k(\beta_k)-\lambda_2\sum_{k=2}^{N}d(\beta_k,\beta_{k-1})\right)\\&=\max_{\beta_{1:(N-1)}}\left(\sum_{k=1}^{N-1}e_k(\beta_k)-\lambda_2\sum_{k=2}^{N}d(\beta_k,\beta_{k-1})\right)+\max_{\beta_N}(e_N(\beta_N))\end{aligned} \tag{14.17}$$

$$\begin{aligned} f_N(\beta_N) &:= \max_{\beta_{1:(N-1)}}\left(\sum_{k=1}^{N-1} e_k(\beta_k) - \lambda_2 \sum_{k=2}^{N} d(\beta_k, \beta_{k-1})\right) \\ &= \max_{\beta_{N-1}}(e_{N-1}(\beta_{N-1}) + \lambda_2 d(\beta_N, \beta_{N-1})) \\ &\quad + \max_{\beta_{1:(N-2)}}\left(\sum_{k=1}^{N-2} e_k(\beta_k) - \lambda_2 \sum_{k=2}^{N-1} d(\beta_k, \beta_{k-1})\right) \end{aligned} \tag{14.18}$$

函数 $f_{N-1}(\beta_{N-1}), f_{N-2}(\beta_{N-2}), \cdots, f_2(\beta_2)$ 的定义类似于 $f_N(\beta_N)$，通过迭代的方式求解上述最大化问题。为了更规范简洁地表达，引入中间函数来总结上述优化算法(k 的范围从 2 到 N)为

$$\begin{aligned} \delta_1(b) &:= e_1(b) \\ \psi_k(b) &:= \operatorname{argmax}_{\tilde{b}}(\delta_{k-1}(\tilde{b}) - \lambda_2 \,|\, b - \tilde{b} \,|) \\ f_k(b) &:= \delta_{k-1}(\psi_k(b)) - \lambda_2 \left| b - \psi_k(b) \right| \\ \delta_k &:= e_k(b) + f_k(b) \end{aligned} \tag{14.19}$$

用函数 ψ_k 表示引入的中间函数，用上述递归方式来反向计算 $\hat{\beta}_1, \hat{\beta}_2, \cdots, \hat{\beta}_N$，可得

$$\hat{\beta}_N = \arg\max_b \{\delta_N(b)\}, \quad \hat{\beta}_k = \psi_{k+1}(\hat{\beta}_{k+1}), \quad k = N-1, N-2, \cdots, 1 \tag{14.20}$$

将 FL 理论应用于实际系统数据的建模，可以获得数据模型的动态阈值。在故障检测过程中，将基于过程数据的 KDE 概率估计值作为输入，送入 FLSA 中进行平滑处理，可以消除数据噪声并找到区分正常状态和故障状态的动态阈值。

14.3　正向故障诊断和反向推理

前面介绍了因果图模型的结构构建、参数学习(概率密度估计及评价)、故障检测动态阈值设计。其中，模型结构是由操作变量之间的因果方向决定的，代表各变量之间的定性关系。非参数 KED 估计方法用来获得图模型的参数，即采用条件概率定量地描述因果变量之间的依赖关系。为了保证准确性，还推导了评价概率密度估计的评价指标。

本节基于上述方法，提出实际工业过程的故障检测和诊断框架，可用于过程异常事件的诊断，并定位故障发生的根源。图 14.1 和图 14.2 所示为故障诊断和溯源的流程图和实施方案图。相关步骤如下。

① 根据工业机理知识和历史数据构建过程变量的多元因果结构。

② 根据已建立的因果结构，列出需要估计的概率密度(根节点)和条件概率密度(子节点)。

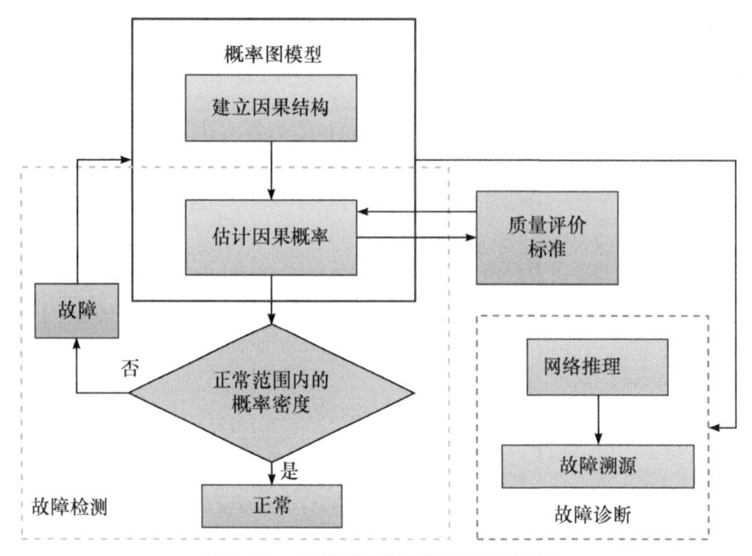

图 14.1　故障诊断和溯源的流程图

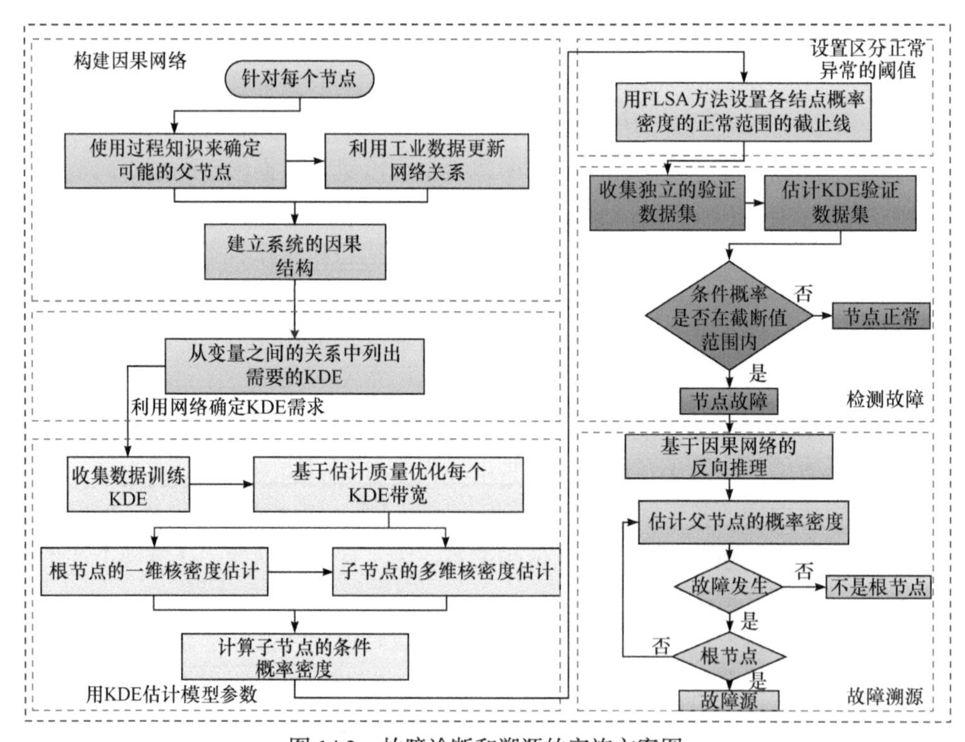

图 14.2　故障诊断和溯源的实施方案图

③ 根据 KDE 估计每个节点对应的概率密度，其中多维联合概率密度(子节点)和一维概率密度(根节点)用于计算子节点的条件概率密度。此处的概率密度统

称为图模型中的参数。

④ 根据 FLSA 方法为每个节点的健康状态设置动态的阈值。

⑤ 收集测试数据并根据阈值检测是否发生故障。

⑥ 如果发生故障，根据图模型进行逆向推理。从故障节点开始，依次检测故障节点的父节点是否有故障，逆着故障传播路径推理，直到找到故障根源。

14.4　实验验证：TE 过程

为了说明本章提出的方法在实际工业过程中的适用性，从故障检测和故障溯源两个角度进行实验并展示结果。仿真实验对象选用 TE 过程和数据集[13,14]。

完整的 TE 流程共包含 52 个变量。为了简化系统复杂性，在反应器模块中选择 8 个变量来建立其因果结构。表 14.2 所示为 TE 过程的部分变量。根据多元因果建模方法，确定 8 个变量之间的因果方向，构建的部分 TE 过程的因果网络结构如图 14.3 所示。

表 14.2　TE 过程的部分变量

变量	物理意义	单位
x_1	循环流量	km^3/h
x_2	反应器进料速度	km^3/h
x_3	反应器压力	kPa
x_4	反应器液位	%
x_5	反应器温度	℃
x_6	产品分离器液位	%
x_7	压缩机功率	kW
x_8	反应器冷却水出口温度	℃

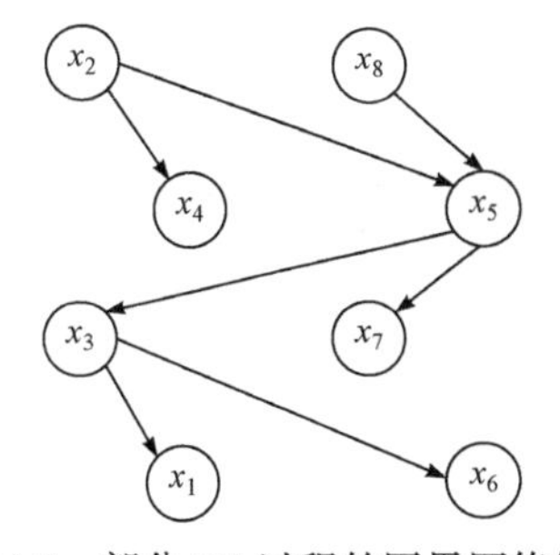

图 14.3　部分 TE 过程的因果网络结构

列出需要估计概率密度和条件概率密度的所有节点，依据因果结构自下而上需要估计以下概率密度，即 $f(x_2)$、$f(x_8)$、$f(x_4 \mid x_2)$、$f(x_5 \mid x_8)$、$f(x_7 \mid x_5)$、$f(x_3 \mid x_5)$、$f(x_1 \mid x_3)$、$f(x_6 \mid x_3)$。两个根节点为 x_2 和 x_8，它们的 KDE 是一维的表现形式，利用 MISE 优化其窗口宽度，可以获得最佳的概率密度估计。

下面利用 TE 的历史数据集(960 个样本的正常数据)训练上述概率密度函数的 KDE 参数。然后，基于获取的完整因果图模型，将故障数据用于测试所提出方法的故障检测能力。为了检验所提方法对微小故障的敏感性，选择故障 IDV(4)的数据用作测试样本，故障 IDV(4)代表反应器冷却水的阶跃变化，在第 480 个样本引入。

为了能够追踪故障的根本原因，必须选择子节点来测试故障。随机选择变量 x_7 作为测试节点，根据因果结构，容易看出 x_5 是 x_7 的父节点，因此需要计算条件概率密度 $f(x_7 \mid x_5)$。图 14.4 所示为条件概率密度 $f(x_7 \mid x_5)$。图 14.4(b)显示了概率密度 $f(x_7 \mid x_5)$ 随采样时间的变化。基于 FLSA 方法将获得的 $f(x_7 \mid x_5)$ 估计值作为粗略信号，然后进行去噪和恢复。可以看到，在大约 480 个样本后，x_7 的条件概率超过正常范围，即发生故障。

故障溯源指的是寻找导致 x_7 发生故障的根本原因。现有的图模型可以清楚地显示节点之间的因果关系，因此可以很容易地分析出故障的传播路径。此时，需要基于已建立的因果结构及参数模型进行逆向推理。具体操作如下：从故障变量开始，从下至上计算其父节点的概率密度；比较正常和故障条件下的概率密度曲线，确定父节点是否存在故障；重复此步骤，逆向递推，直到找到故障的根本原

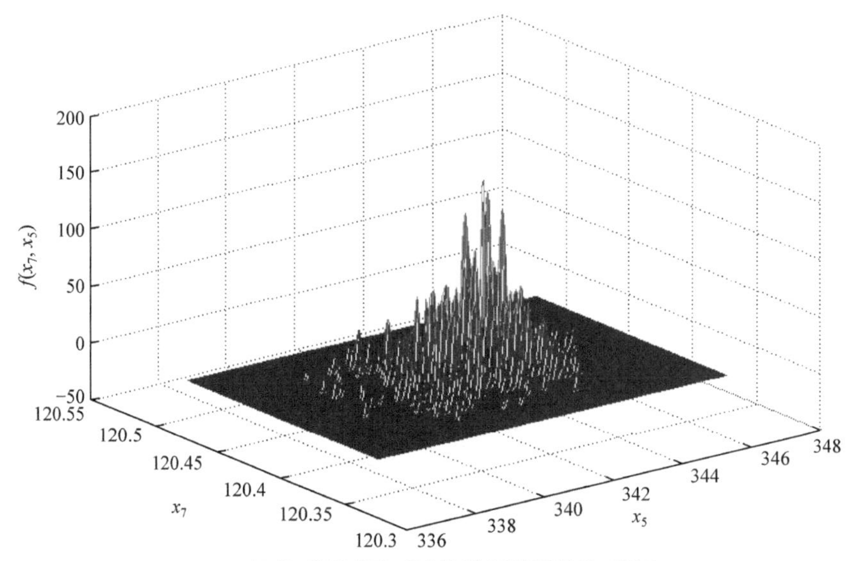

(a) 在x_5的影响下x_7的条件概率密度函数的三维图

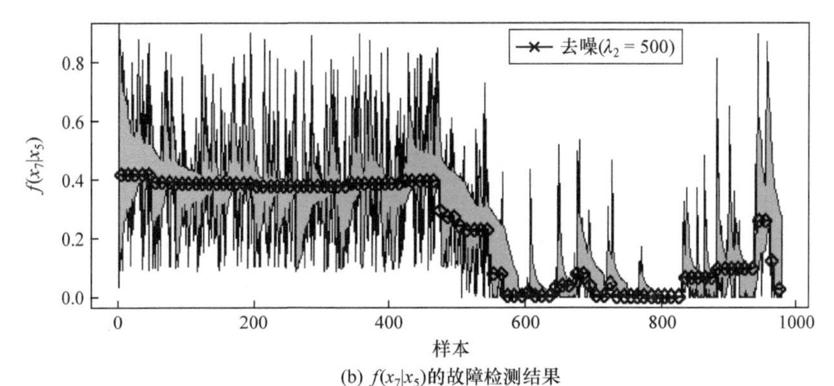

(b) $f(x_7|x_5)$的故障检测结果

图 14.4　条件概率密度 $f(x_7 \mid x_5)$

因。相应地，为了推断 x_7 发生故障的根源，分别计算 $f(x_5 \mid x_8)$、$f(x_5 \mid x_2)$、$f(x_2)$、$f(x_8)$ 的概率密度估计结果，如图 14.5 所示。

$f(x_5 \mid x_8)$、$f(x_5 \mid x_2)$、$f(x_2)$、$f(x_8)$ 的概率密度估计结果如图 14.5 所示。在变量 x_5 、x_8 中检测到故障的发生，但在变量 x_2 中没有检测到。不难发现，故障的传播路径为从 x_8 传播到 x_5 ，然后传播到 x_7 。结果表明，故障的根源是 x_8 。依据 TE 过程的机理分析，x_8 变量的物理含义是冷却水的温度，故障 IDV(4)是冷却水温度的阶跃变化，实验推理结果与过程机理完全一致，进而证明所提方法在故障溯源方面的准确性。

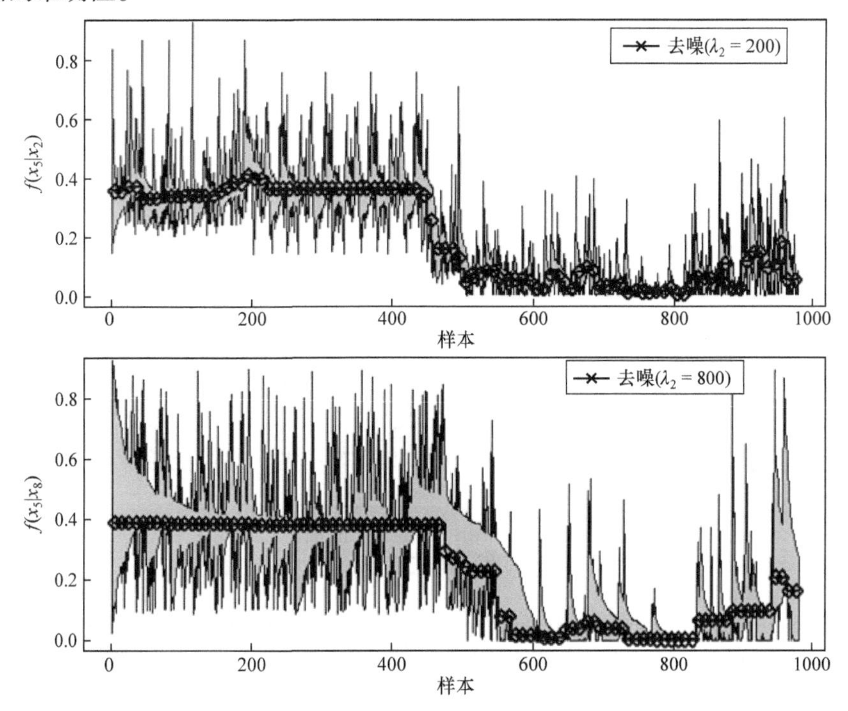

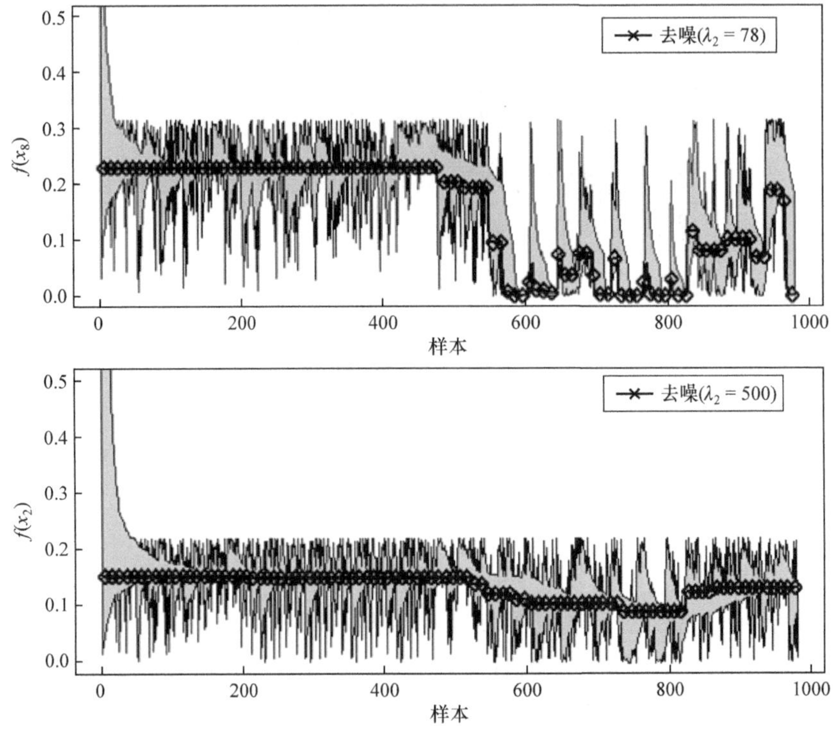

图 14.5　$f(x_5 | x_8)$、$f(x_5 | x_2)$、$f(x_2)$、$f(x_8)$ 的概率密度估计结果

14.5 结　论

本章提出一种直接面向连续过程变量的因果图模型构建方法，用于连续变量的故障检测和故障溯源。模型结构由多元因果关系决定，模型参数表现为变量间的条件概率，代表变量间因果连接的强度关系。例如，对于因果结构中的两个子节点，分别利用典型的概率密度估计方法估计每个节点的低维概率密度和两者之间的高维联合概率密度，从而计算得到两者之间的条件概率密度。为了判断 KDE 的准确性，还严格推导了估计质量的评价指标，并优化求解最优的估计参数。最后，基于 FLSA 算法构造用于概率密度变化检测的动态阈值。TE 过程的仿真实验验证了本章所提的方法不但能够准确检测故障的发生，而且能够成功地找到故障的根本原因。

参 考 文 献

[1] Chen X L, Wang J, Zhou J L. Process monitoring based on multivariate causality analysis and probability inference. IEEE Access, 2018, 6: 6360-6369.

[2] Chen X L, Wang J, Zhou J L. Probability density estimation and bayesian causal analysis based fault detection and root identification. Industrial Engineering Chemistry Research, 2018, 57(43): 14656-14664.

[3] 郑天标, 肖应旺. 基于核主元分析与核密度估计的非线性过程故障监测与识别. 计算机系统应用, 2022, 31(10): 329-334.

[4] Yu X, Wang X, Zhang W, et al. Optimal futures hedging strategies based on an improved kernel density estimation method. Soft Computing, 2021, 25(23): 1-15.

[5] 王萌萌, 梁泸丹, 寇俊克. 基于 MATLAB 的核密度估计研究. 科技视界, 2021, (4): 45-47.

[6] Zeng J, Luo S, Cai J, et al. Nonparametric density estimation of hierarchical probabilistic graph models for assumption-free monitoring. Industrial Engineering Chemistry Research, 2017, 56(5): 1278-1287.

[7] Jiang W, Nicholas Z. A probabilistic graphical model based stochastic input model construction. Journal of Computational Physics, 2014, 272(10): 664-685.

[8] Silverman B W. Density Estimation for Statistics and Data Analysis. London: Chapman and Hall, 1986.

[9] Bensi M, Kiureghian A D, Straub D. Efficient bayesian network modeling of systems. Reliability Engineering System Safety, 2013, 112: 200-213.

[10] Hong X, Gao J, Wei H, et al. Two-step scalable spectral clustering algorithm using landmarks and probability density estimation. Neurocomputing, 2022, 519: 173-186.

[11] Singh V P, Bokam J K, Singh S P. Best-case, worst-case and mean integral-square-errors for reduction of continuous interval systems. International Journal of Advanced Intelligence Paradigms, 2020, 17(1/2): 17-28.

[12] Rabiner L R. A tutorial on hidden markov models and selected applications in speech recognition. Proceedings of the IEEE, 1989, 77: 257-286.

[13] Leoand M, Russell E, Braatz R. Tennessee Eastman Process. London: Springer, 2001.

[14] Mcavoy T J, Ye N. Base control for the Tennessee Eastman problem. Computers & Chemical Engineering, 1994, 18(5): 383-413.